普通高等教育"十三五"规划教材

Web 前端开发实例教程
——HTML5+CSS3+JavaScript

张兵义　张连堂　张红娟　主编

电子工业出版社
Publishing House of Electronics Industry
北京·BEIJING

内 容 简 介

本书面向 Web 前端开发的读者，采用全新流行的 Web 标准，以 Web 前端开发技术三要素（HTML5、CSS3、JavaScript）等前端技术，由浅入深、完整详细地讲解采用手写方式编写符合 W3C 标准、兼容多种浏览器的代码。本书共分 12 章，主要内容包括：网站规划和网页设计基础、HTML 概述、编辑网页文档、网页布局与交互、CSS 基础、CSS 盒模型、使用 CSS 修饰常见的网页元素、使用 CSS 设置链接与导航、Div+CSS 布局页面、网页行为语言——JavaScript、珠宝商城前台页面和珠宝商城后台管理页面。

本书内容紧扣国家对高等学校培养高级应用型、复合型人才的技能水平和知识结构的要求，以珠宝商城项目案例的开发思路为主线，采用模块分解、任务驱动、子任务实现和代码设计四层结构，通过对模块中每个任务相应知识点的讲解，引导读者学习网页制作、设计、规划的基本知识及项目开发、测试的完整流程。

本书适合作为高等学校、职业院校计算机及相关专业或培训班的 Web 前端开发教材。

未经许可，不得以任何方式复制或抄袭本书之部分或全部内容。
版权所有，侵权必究。

图书在版编目（CIP）数据

Web 前端开发实例教程：HTML5+CSS3+JavaScript /张兵义等主编. —北京：电子工业出版社，2017.9
ISBN 978-7-121-32531-1

Ⅰ. ①W… Ⅱ. ①张… Ⅲ. ①超文本标记语言－程序设计－高等学校－教材②JAVA 语言－程序设计－高等学校－教材 Ⅳ. ①TP312

中国版本图书馆 CIP 数据核字（2017）第 202713 号

策划编辑：冉　哲
责任编辑：底　波
印　　刷：北京京师印务有限公司
装　　订：北京京师印务有限公司
出版发行：电子工业出版社
　　　　　北京市海淀区万寿路 173 信箱　邮编　100036
开　　本：787×1 092　1/16　印张：18.75　字数：480 千字
版　　次：2017 年 9 月第 1 版
印　　次：2019 年 7 月第 5 次印刷
定　　价：39.80 元

凡所购买电子工业出版社图书有缺损问题，请向购买书店调换。若书店售缺，请与本社发行部联系，联系及邮购电话：(010) 88254888，88258888。
质量投诉请发邮件至 zlts@phei.com.cn，盗版侵权举报请发邮件至 dbqq@phei.com.cn。
本书咨询联系方式：ran@phei.com.cn。

前 言

Web 前端开发是从网页制作演变而来的，名称上有很明显的时代特征。在互联网的演化进程中，网页制作是 Web 1.0 时代的产物，那时网站的主要内容都是静态的，用户使用网站的行为也以浏览为主。2005 年以后，互联网进入 Web 2.0 时代，各种类似桌面软件的 Web 应用大量涌现，网站的前端由此发生了翻天覆地的变化。网页不再只是承载单一的文字和图片，各种富媒体让网页的内容更加生动，网页上软件化的交互形式为用户提供了更好的使用体验，这些都是基于前端技术实现的。

Web 前端开发工程师是一个很新的职业，在国内乃至国际上真正受到重视的时间是近几年才开始的。对 Web 前端开发工程师最基本的要求是精通 Web 前端开发技术三要素：HTML（HTML5）、CSS（CSS3）、JavaScript，习惯于手写符合 W3C 标准、兼容多种浏览器的代码。

随着 Web 2.0 概念的普及和 W3C 组织的推广，网站重构的影响力正以惊人的速度增长。重构后的网站能带来更好的用户体验，用 XHTML+CSS 重新布局后的页面文件更小、下载速度更快。重构的本质是构建一个前端灵活的 MVC 框架，即 HTML 作为信息模型（Model），CSS 控制样式（View），JavaScript 负责调度数据和实现某种展现逻辑（Controller）。同时，代码需要具有很好的复用性和可维护性。这是高效率、高质量开发及协作开发的基础。

随着人们对用户体验的要求越来越高，前端开发的技术难度越来越大，Web 前端开发工程师这一职业终于从设计和制作页面中独立出来。前端开发的入门门槛其实非常低，与服务器端语言先慢后快的学习曲线相比，前端开发的学习曲线是先快后慢。因此，对于从事 IT 工作的人来说，前端开发是个不错的切入点。

一位好的 Web 前端开发工程师在知识体系上既要有广度，又要有深度，所以很多大公司即使出高薪也很难招聘到理想的前端开发工程师。以前会 Photoshop 和 Dreamweaver 就可以制作网页，现在只掌握这些已经远远不够了。无论是开发难度上，还是开发方式上，现在的网页制作都更接近传统的网站后台开发，所以现在不再叫网页制作，而是叫 Web 前端开发。Web 前端开发在产品开发环节中的作用变得越来越重要，而且需要专业的前端工程师才能做好，这方面的专业人才近两年来备受青睐。Web 前端开发是一项很特殊的工作，涵盖的知识面非常广，既有具体的技术，又有抽象的理念。简单地说，它的主要职能就是把网站的界面更好地呈现给用户。

为适应现代技术的飞速发展，培养出技术能力强、能快速适应网站开发行业需求的高级技能型人才，帮助众多喜爱网站开发的人员提高网站的设计及编码水平，作者结合自己多年从事教学工作和 Web 前端应用开发的实践经验，按照教学规律精心编写了本书。

本书采用"模块化设计、任务驱动学习"的编写模式。实现任务驱动学习的关键是"任务"的设计，它必须是社会实际生产、生活中的一个真实问题。为了解决这个真实的问题，需要把它分解成一系列的"子任务"；每一个子任务的解决过程就是一个模块的学习过程。每个模块学习一组概念、锻炼一组技能；全部模块加起来，即完成一种知识的学习，形成一种相应的能力。在任务驱动学习的具体实施中，以网站建设和网页设计为中心，以实例为引导，把介绍知识与实例设计、制作、分析融于一体，自始至终贯穿于本书之中。在实例的设计、制作过程中，把本章节的知识点融于实例之中，使读者能够快速掌握概念和操作方法。考虑 Web 前端开发较强的实践性，本书配备大量的页面例题和丰富的运行效果图，能够有效地帮助读者理解所学习的理论知识，系统、全面地掌握网页制作技术。

本书主要围绕 Web 标准的三大关键技术（HTML5、CSS3 和 JavaScript）来介绍 Web 前端开发的必备知识及相关应用。其中，HTML5 负责网页结构，CSS3 负责网页样式及表现，JavaScript 负责网页行为和功能。本书采用全新流行的 Web 标准，通过简单的"记事本"工具，以 HTML5 技术为基础，由浅入深，系统、全面地介绍 HTML5、CSS3、JavaScript 的基本知识及常用技巧。

本书以珠宝商城项目网站的设计与制作为讲解主线，围绕网站栏目的设计，详细、全面、系统地介绍了 Web 前端开发的基本知识及完整流程。本书所有例题、习题及上机实训均采用案例驱动的讲述方式，通过大量实例深入浅出、循序渐进地引导读者学习。本书在每章之后附有大量的实践操作习题，并在教学课件中给出习题答案，供读者在课外巩固所学的内容。

本书共分 12 章，主要内容包括：网站规划和网页设计基础、HTML 概述、编辑网页文档、网页布局与交互、CSS 基础、CSS 盒模型、使用 CSS 修饰常见的网页元素、使用 CSS 设置链接与导航、Div+CSS 布局页面、网页行为语言——JavaScript、珠宝商城前台页面和珠宝商城后台管理页面。

本书条理清晰、内容完整、实例丰富、图文并茂、系统性强，不仅可以作为高等学校计算机及相关专业课程的教材，也可以作为网站建设、相关软件开发人员和计算机爱好者的参考书。

本书由张兵义、张连堂、张红娟主编，参加编写的有张兵义（第 1、2、3 章）、张连堂（第 4、5 章）、张红娟（第 6、7 章）、雷鸣（第 8、9 章）、殷莺（第 10 章）、马海洲（第 11 章），第 12 章及资料的收集整理、课件的制作由刘大学、刘克纯、田金雨、骆秋容、王如雪、曹媚珠、陈文焕、刘有荣、李刚、孙明建、李索、徐维维、徐云林、沙世雁、缪丽丽、田金凤、陈文娟、李继臣、王如新、赵艳波、王茹霞、田同福完成。全书由刘瑞新教授主审、统稿。

由于作者水平有限，书中疏漏和不足之处在所难免，敬请广大师生、读者指正。

编　者

目 录

第1章 网站规划和网页设计基础 1
1.1 万维网 WWW 1
1.1.1 WWW 和浏览器的基本概念 1
1.1.2 网址 2
1.1.3 超文本 3
1.1.4 超文本标记语言 HTML 3
1.1.5 HTTP 3
1.1.6 搜索引擎 4
1.2 网站与网页的基本概念 4
1.2.1 网站、网页和主页 4
1.2.2 静态网页和动态网页 5
1.3 网站的规划与设计 5
1.4 定位网站的主题和名称 6
1.4.1 网站主题的确定 6
1.4.2 网站名称的确定 6
1.5 确定网站的 CI 形象 7
1.6 网站内容的设计 7
1.6.1 设计网站的栏目 8
1.6.2 确定网站的目录结构 8
1.6.3 设计网站的链接结构 9
1.7 网页的基本元素 10
1.8 网页布局结构 11
1.9 常见的网页编辑工具 12
1.10 Web 标准 13
1.10.1 什么是 Web 标准 13
1.10.2 建立 Web 标准的优点 14
1.10.3 理解表现和结构相分离 14
习题 1 15

第2章 HTML 概述 16
2.1 HTML 简介 16
2.1.1 Web 技术发展历程 16
2.1.2 HTML5 的特性 16
2.1.3 HTML5 元素 17
2.2 HTML 语法基础 17
2.2.1 HTML 语法结构 18

2.2.2 HTML 编写规范 ·············18
2.2.3 HTML5 文档结构 ·············19
2.3 创建 HTML 文档 ·············20
2.4 搭建支持 HTML5 的浏览器环境 ·············21
2.5 网页头部标签 ·············22
    2.5.1 <title>标签 ·············22
    2.5.2 <meta>标签 ·············22
    2.5.3 <link>标签 ·············23
    2.5.4 <script>标签 ·············23
    2.5.5 案例——制作珠宝商城页面摘要信息 ·············23
2.6 注释 ·············24
2.7 特殊符号 ·············24
习题 2 ·············25

第 3 章 编辑网页文档 ·············26

3.1 文字与段落排版 ·············26
    3.1.1 段落标签<p>···</p> ·············26
    3.1.2 强制换行标签
 ·············26
    3.1.3 标题标签<h#>···</h#> ·············27
    3.1.4 水平线标签<hr/> ·············28
    3.1.5 缩排标签<blockquote>···</blockquote> ·············29
    3.1.6 案例——制作珠宝商城关于我们页面 ·············29
3.2 超链接 ·············30
    3.2.1 超链接简介 ·············30
    3.2.2 超链接的应用 ·············30
    3.2.3 案例——制作珠宝商城服务指南及下载页面 ·············32
3.3 图像 ·············33
    3.3.1 Web 图像的格式及使用要点 ·············33
    3.3.2 图像标签<img> ·············34
    3.3.3 图像超链接 ·············35
    3.3.4 设置网页背景图像 ·············35
    3.3.5 图文混排 ·············36
3.4 列表 ·············37
    3.4.1 无序列表 ·············37
    3.4.2 有序列表 ·············38
    3.4.3 定义列表 ·············39
    3.4.4 嵌套列表 ·············40
习题 3 ·············41

第 4 章 网页布局与交互 ·············42

4.1 表格 ·············42

	4.1.1	表格的结构	42

- 4.1.1 表格的结构 ··················· 42
- 4.1.2 表格的基本语法 ············· 42
- 4.1.3 表格的属性 ··················· 43
- 4.1.4 不规范表格 ··················· 45
- 4.1.5 表格数据的分组 ············· 46
- 4.1.6 使用表格实现页面局部布局 ··· 48
- 4.2 使用结构元素构建网页布局 ······ 49
- 4.3 \<div\>标签 ······················· 53
- 4.4 \<span\>标签 ····················· 53
  - 4.4.1 基本语法 ····················· 53
  - 4.4.2 \<span\>标签与\<div\>标签的区别 ··· 54
  - 4.4.3 使用\<div\>标签和\<span\>标签布局网页内容 ··· 54
- 4.5 表单 ······························· 55
  - 4.5.1 表单的工作机制 ············· 55
  - 4.5.2 表单标签\<form\>···\</form\> ··· 55
  - 4.5.3 表单元素 ····················· 56
  - 4.5.4 案例——制作珠宝商城会员注册表单 ··· 59
  - 4.5.5 使用表格布局表单 ·········· 61
- 习题 4 ································· 62

第 5 章 CSS 基础 ···················· 64

- 5.1 CSS 简介 ·························· 64
  - 5.1.1 什么是 CSS ··················· 64
  - 5.1.2 CSS 的发展历史 ············· 64
  - 5.1.3 CSS3 的特点 ·················· 65
  - 5.1.4 CSS 编写规则 ················ 65
  - 5.1.5 CSS 的工作环境 ············· 67
- 5.2 HTML 与 CSS ···················· 67
  - 5.2.1 传统 HTML 的缺点 ········· 67
  - 5.2.2 CSS 的优势 ··················· 68
  - 5.2.3 CSS 的局限性 ················ 68
- 5.3 CSS 语法基础 ···················· 68
  - 5.3.1 CSS 样式规则 ················ 69
  - 5.3.2 基本选择符 ··················· 69
  - 5.3.3 复合选择符 ··················· 71
  - 5.3.4 通配符选择符 ················ 73
  - 5.3.5 特殊选择符 ··················· 74
- 5.4 CSS 的属性单位 ·················· 76
  - 5.4.1 长度、百分比单位 ·········· 76
  - 5.4.2 色彩单位 ····················· 77

5.5 网页中引用 CSS 的方法 ... 78
5.5.1 行内样式 ... 78
5.5.2 内部样式表 ... 79
5.5.3 链入外部样式表 ... 80
5.5.4 导入外部样式表 ... 81
5.5.5 案例——制作珠宝商城客服中心页面 ... 82

5.6 文档结构 ... 84
5.6.1 文档结构的基本概念 ... 84
5.6.2 继承 ... 85
5.6.3 样式表的层叠、特殊性与重要性 ... 86
5.6.4 元素类型 ... 88
5.6.5 案例——制作珠宝商城特色礼品局部页面 ... 89

习题 5 ... 92

第 6 章 CSS 盒模型 ... 93

6.1 盒模型的概念 ... 93

6.2 边框、外边距与内边距 ... 94
6.2.1 边框 ... 94
6.2.2 外边距 ... 97
6.2.3 内边距 ... 99
6.2.4 案例——盒模型的演示 ... 99

6.3 盒模型的尺寸 ... 101
6.3.1 盒模型的宽度与高度 ... 101
6.3.2 块级元素与行级元素宽度和高度的区别 ... 101

6.4 盒子的 margin 叠加问题 ... 102
6.4.1 行级元素之间的水平 margin 叠加 ... 102
6.4.2 块级元素之间的垂直 margin 叠加 ... 103

6.5 盒模型综合案例——珠宝商城顶部内容 ... 105

6.6 盒子的定位 ... 108
6.6.1 定位属性 ... 108
6.6.2 定位方式 ... 109

6.7 浮动与清除浮动 ... 113
6.7.1 浮动 ... 114
6.7.2 清除浮动 ... 117

6.8 综合案例——珠宝商城市场团队简介页面 ... 118
6.8.1 页面布局规划 ... 118
6.8.2 页面的制作过程 ... 119

习题 6 ... 122

第 7 章 使用 CSS 修饰常见的网页元素 ... 124

7.1 设置字体样式 ... 124

  7.1.1 字体类型 ... 124
  7.1.2 字体大小 ... 124
  7.1.3 字体粗细 ... 125
  7.1.4 字体倾斜 ... 125
  7.1.5 设置字体样式综合案例 ... 125
 7.2 设置文本样式 ... 126
  7.2.1 文本水平对齐方式 ... 126
  7.2.2 行高 ... 127
  7.2.3 文本的修饰 ... 127
  7.2.4 段落首行缩进 ... 127
  7.2.5 首字下沉 ... 127
  7.2.6 文本的截断 ... 128
  7.2.7 文本换行 ... 128
  7.2.8 文本的颜色 ... 128
  7.2.9 文本的背景颜色 ... 129
  7.2.10 设置文本样式综合案例 ... 129
 7.3 设置图像样式 ... 130
  7.3.1 图像缩放 ... 131
  7.3.2 图像边框 ... 132
  7.3.3 背景图像 ... 133
  7.3.4 背景重复 ... 133
  7.3.5 背景图像定位 ... 134
  7.3.6 背景图像大小 ... 136
 7.4 设置表格样式 ... 137
  7.4.1 常用的 CSS 表格属性 ... 137
  7.4.2 案例——使用隔行换色表格制作畅销商品销量排行榜 ... 140
 7.5 设置表单样式 ... 142
  7.5.1 使用 CSS 修饰常用的表单元素 ... 142
  7.5.2 案例——制作珠宝商城会员注册页面 ... 146
 7.6 综合案例——制作珠宝商城网购空间页面 ... 149
  7.6.1 页面布局规划 ... 149
  7.6.2 页面的制作过程 ... 150
 习题 7 ... 152

第 8 章 使用 CSS 设置链接与导航 ... 154

 8.1 使用 CSS 设置链接 ... 154
  8.1.1 设置文字链接的外观 ... 154
  8.1.2 图文链接 ... 157
  8.1.3 按钮式链接 ... 157
 8.2 使用 CSS 设置列表 ... 159

        8.2.1 表格布局的缺点 159
        8.2.2 列表布局的优势 160
        8.2.3 CSS 列表属性 160
        8.2.4 图文信息列表 165
    8.3 创建导航菜单 169
        8.3.1 普通的超链接导航菜单 169
        8.3.2 纵向列表模式的导航菜单 170
        8.3.3 横向列表模式的导航菜单 174
    8.4 综合案例——使用 CSS 修饰页面和制作导航菜单 177
        8.4.1 制作珠宝商城网购学堂主页 177
        8.4.2 制作珠宝商城网购学堂栏目页 186
    习题 8 190

第 9 章 Div+CSS 布局页面 191

    9.1 Div+CSS 布局理念 191
        9.1.1 认识 Div+CSS 布局 191
        9.1.2 正确理解 Web 标准 191
        9.1.3 将页面用 Div 分块 192
    9.2 典型的 CSS 布局样式 193
        9.2.1 两列布局样式 193
        9.2.2 三列布局样式 196
    9.3 综合案例——制作珠宝商城博客页面 200
    9.4 综合案例——制作珠宝商城网络服务中心页面 209
        9.4.1 页面布局规划 209
        9.4.2 页面的制作过程 210
    习题 9 216

第 10 章 网页行为语言——JavaScript 218

    10.1 JavaScript 概述 218
    10.2 在网页中调用 JavaScript 218
    10.3 JavaScript 基本交互方法 219
        10.3.1 信息对话框 219
        10.3.2 选择对话框 220
        10.3.3 提示对话框 221
    10.4 表单对象与交互性 222
    10.5 制作网页特效 226
        10.5.1 制作网页 Tab 选项卡切换效果 226
        10.5.2 循环滚动的图文字幕 229
        10.5.3 幻灯片广告 232
        10.5.4 制作二级纵向列表模式的导航菜单 234
    习题 10 237

第 11 章 珠宝商城前台页面 ··· 239

11.1 网站的开发流程 ··· 239
11.1.1 规划站点 ··· 239
11.1.2 网站制作 ··· 241
11.1.3 测试网站 ··· 241
11.1.4 发布站点 ··· 241

11.2 设计首页布局 ··· 241
11.2.1 创建站点目录 ··· 241
11.2.2 页面布局规划 ··· 242

11.3 制作首页 ··· 242
11.4 制作产品列表页 ··· 253
11.5 制作产品明细页 ··· 256
11.6 制作查看购物车页 ··· 262
习题 11 ··· 265

第 12 章 珠宝商城后台管理页面 ··· 267

12.1 制作后台管理登录页 ··· 267
12.2 制作查询商品页 ··· 271
12.3 制作添加商品页 ··· 280
12.4 制作会员管理页 ··· 283
12.5 栏目的整合 ··· 285
习题 12 ··· 286

参考文献 ··· 287

第1章 网站规划和网页设计基础

网站规划与网页设计是一门综合课程，涉及商业策划、平面设计、程序语言和数据库等，在网站的开发过程中，网页设计与制作被分为策划、前台和后台三部分，分别由不同的专业人员来完成。本书将通过案例来介绍如何完成网站规划和网页前台页面的设计与制作。

1.1 万维网WWW

对于网页设计开发者，在动手制作网页之前，应先了解万维网的基础知识。

1.1.1 WWW和浏览器的基本概念

WWW是World Wide Web的缩写，又称3W或Web，中文译名为"万维网"。它作为Internet上的新一代用户界面，摒弃了以往纯文本方式的信息交互手段，采用超文本（Hypertext）方式工作。利用该技术可以为企业提供全球范围的多媒体信息服务，使企业获取信息的手段有了根本性的改善，与之密切相关的是浏览器（Browser）。

浏览器实际上就是用于网上浏览的应用程序，其主要作用是显示网页和解释脚本。对一般设计者而言，不需要知道有关浏览器实现的技术细节，只要知道如何熟练掌握和使用它即可。用户只需要操作鼠标，就可以得到来自世界各地的文档、图片或视频等信息。浏览器种类很多，目前常用的有微软公司的Internet Explorer（简称IE）、Google公司的Chrome、Mozilla公司的Firefox、Opera、Apple公司的Safari、360安全浏览器等，各浏览器的Logo依次排列如图1-1所示。

图1-1 常用浏览器的Logo

1. Chrome

Chrome是由Google公司开发的网页浏览器，与Apple公司的Safari相抗衡，浏览速度在众多浏览器中走在前列，属于高端浏览器，其最新版本是Chrome 60。Chrome浏览器的代码是基于其他开放源代码软件所撰写的，包括WebKit和Mozilla，其目标是提升稳定性、速度和安全性，并创造出简单且有效的使用者界面。

2. IE浏览器

IE浏览器是目前市场上使用率较高的浏览器。2014年6月17日，微软公司推出了IE 11的正式版，该版本支持HTML5、CSS3以及大量的安全更新。需要说明的是，IE 11不再支持Windows XP。

3. Firefox

Mozilla Firefox（火狐浏览器）现在是市场占有率第三的浏览器，仅次于 Google 的 Chrome 和微软的 IE，其最新版本是 Firefox 54。最新版大幅提高了 JavaScript 引擎的渲染速度，使得很多富含图片、视频、游戏以及 3D 图片的富网站和网络应用能够更快地加载和运行。

4. Opera

Opera 是由 Opera Software 开发的网页浏览器，是浏览速度最快的浏览器。Opera 适用于各种平台、操作系统和嵌入式网络设备，其最新版本是 Opera 45。

5. Safari

Safari 浏览器是苹果计算机的最新操作系统 Mac OS X 中的浏览器，用来取代之前的 Internet Explorer for Mac，目前该浏览器已支持 Windows 平台。Safari 浏览器使用 Webkit 引擎，Webkit 是自由软件，开放源代码。Safari 浏览器的最新版本是 Safari 9.1。

6. 360 安全浏览器

360 安全浏览器（360 Safety Browser）是 360 安全中心推出的一款基于 IE 内核的浏览器，是世界之窗开发者凤凰工作室和 360 安全中心合作的产品。360 安全浏览器完全突破了传统的以查杀、拦截为核心的安全思路，在计算机系统内部构造了一个独立的虚拟空间——"360 沙箱"，使所有网页程序都密闭在此空间内运行。360 安全浏览器的最新版本是 8.1。

不同的浏览器对网页会有不同的显示效果，在 Internet Explore 中非常漂亮的页面，用其他浏览器浏览显示可能是一团糟。所以即使现在 Internet Explore 占据的市场份额较高，也要考虑使用其他浏览器的用户，也许这些用户正是潜在的访客。因此，最好把每个网页都放在不同的浏览器里观察，有什么问题马上解决。

随着宽屏显示器的普及，Web 设计师应注意设计网页宽度的问题。1024 像素分辨率以下的屏幕已经很少了，如果硬要照顾这个分辨率的话，一个 800 像素宽的页面在 1440 像素的屏幕上看起来也太不协调了。1024×768 像素、1280×1024 像素、1440×900 像素是使用最多的三种分辨率，一个网页能在这三种分辨率下都具有很好的显示效果是最好的。如果不行的话，应首先考虑 1024×768 像素，因为现在大多数用户都在使用这种分辨率。

1.1.2 网址

URL（Universal Resource Locator）是"统一资源定位器"的英文缩写，URL 就是 Web 地址，俗称"网址"。Internet 上的每一个网页都具有一个唯一的名称标识，通常称之为 URL 地址。这种地址可以是本地磁盘，也可以是局域网上的某一台计算机，更多的是 Internet 上的站点。URL 的基本结构为：

通信协议：//服务器名称[:通信端口编号]/文件夹 1[/文件夹 2…]/文件名

各部分含义如下所述。

（1）通信协议

通信协议是指 URL 所连接的网络服务性质，如 HTTP 代表超文本传输协议，FTP 代表文件传输协议等。

（2）服务器名称

服务器名称是指提供服务的主机的名称。冒号后面的数字是通信端口编号，可有可无，这个编号用来告诉 HTTP 服务器的 TCP/IP 软件该打开哪一个通信端口。因为一台计算机常常会同时作为 Web、FTP 等服务器使用，为便于区别，每种服务器要对应一个通信端口。

（3）文件夹与文件名

文件夹是存放文件的地方，如果是多级文件目录，必须指定是第一级文件夹还是第二级、第三级文件夹，直到找到文件所在的位置。文件名是指包括文件名与扩展名在内的完整名称。

1.1.3 超文本

超文本（HyperText）技术是一种把信息根据需要连接起来的信息管理技术。用户可以通过一个文本的连接指针打开另一个相关的文本。只要单击页面中的超链接（通常是带下画线的条目或图片），便可跳转到新的页面或另一位置，获得相关的信息。

超链接是内嵌在文本或图像中的。文本超链接在浏览器中通常带有下画线，只有当用户的鼠标指向它时，指针才会变成手指形状，如图 1-2 所示。

图 1-2　超链接指针形状

1.1.4 超文本标记语言 HTML

网页是 WWW 的基本文档，它是用 HTML（HyperText Markup Language，超文本标记语言）编写的。HTML 严格来说并不是一种标准的编程语言，它只是一些能让浏览器看懂的标记。当网页中包含正常文本和 HTML 标记时，浏览器会"翻译"由这些 HTML 标记提供的网页结构、外观和内容的信息，从而将网页按设计者的要求显示出来。如图 1-3 所示的是显示在 Windows "记事本"程序中用 HTML 编写的网页源代码；如图 1-4 所示的是经过浏览器"翻译"后显示的对应该源代码的网页画面。

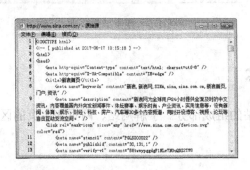
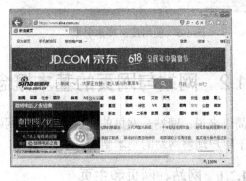

图 1-3　HTML 编写的网页源代码　　图 1-4　浏览器"翻译"后显示的网页画面

1.1.5 HTTP

HTTP（HyperText Transfer Protocol，超文本传输协议）是用于从 WWW 服务器传输超文本到本地浏览器的传送协议，用于传送 WWW 方式的数据。当用户想浏览一个网站时，只要在浏览器的地址栏里输入网站的地址就可以了，如 www.baidu.com，在浏览器的地址栏里面出现的却是 http://www.baidu.com。

HTTP 协议采用了请求/响应模型。客户端向服务器发送一个请求,请求头包含请求的方法、

URI、协议版本，以及包含请求修饰符、客户信息和内容的类似于 MIME 的消息结构。服务器以一个状态行作为响应，相应的内容包括消息协议的版本，成功或者错误编码加上包含服务器信息、实体元信息及可能的实体内容。

1.1.6 搜索引擎

搜索引擎（Search Engine）是指根据一定的策略、运用特定的计算机程序搜集互联网上的信息，在对信息进行组织和处理后，为用户提供检索服务的系统。

从用户的角度看，搜索引擎提供一个包含搜索框的页面，在搜索框中输入词语，通过浏览器提交给搜索引擎后，搜索引擎就会返回跟用户输入的内容相关的信息列表。搜索引擎本身是一个网络站点，它能够在 WWW 上主动搜索其他 Web 站点中的信息并记录下各个网页的 Internet 地址，并按要求进行排列，存放在可供查询的大型数据库中。这样，用户可以通过访问搜索引擎网络站点对所需信息进行查询。查询结果是一系列指向包含用户所需信息的网页的网络地址，通过单击超链接，就可以查看需要的信息了。

著名的搜索引擎有 http://www.sohu.com（搜狐）、http://www.google.com（谷歌）、http://www.baidu.com（百度）等。如图 1-5 所示的是使用搜狐搜索引擎查询"图书"的页面，在搜狐首页文本框中输入欲查找的内容"图书"，单击 按钮，得到如图 1-6 所示的搜索结果页面。

图 1-5　使用搜狐搜索引擎

图 1-6　搜索结果页面

1.2　网站与网页的基本概念

简单来说，网站是网页的集合，网页是网站的组成部分。了解网站、网页和主页的区别，有助于用户理解网站的基本结构。

1.2.1　网站、网页和主页

网站（Web Site，也称站点）被定义为已注册的域名、主页或 Web 服务器。网站由域名（也就是网站地址）和网站空间构成。网站是一系列网页的组合，这些网页拥有相同或相似的属性，并通过各种链接相关联。通过浏览器，可以实现网页的跳转，从而浏览整个网站。

网页（Web Page）是存放在 Web 服务器上供客户端用户浏览的文件，可以在 Internet 上传输。网页是按照网页文档规范编写的一个或多个文件，这种格式的文件由超文本标记语言创建，能将文字、图片、声音等各种多媒体文件组合在一起，这些文件被保存在特定计算机的特定目录中。几乎所有的网页都包含链接，可以方便地跳转到其他相关网页或是相关网站。

如果在浏览器的地址栏中输入网站地址，浏览器会自动连接到这个网址所指向的网络服务器，并出现一个默认的网页（一般为 index.html 或 default.html），这个最先打开的默认页面就被称为"主页"或"首页"。主页（Homepage）就是网站默认的网页，主页的设计至关重要，如果主页精致美观，就能体现网站的风格、特点，容易引起浏览者的兴趣，反之，则很难给浏览者留下深刻的印象。

1.2.2 静态网页和动态网页

1. 静态网页

静态网页是指客户端的浏览器发送 URL 请求给 WWW 服务器，服务器查找需要的超文本文件，不加处理直接下载到客户端，运行在客户端的页面是已经事先做好并存放在服务器中的网页。静态网页通常由纯粹的 HTML/CSS 语言编写。

2. 动态网页

动态网页能够根据不同浏览者的请求来显示不同的内容。无论网页本身是否具有视觉意义上的动态效果，只要采用动态网站技术生成的网页都称为动态网页，其本质主要体现在互交性方面。动态网页根据程序运行的区域不同，分为客户端动态网页与服务器端动态网页。

客户端动态网页不需要与服务器进行交互，实现动态功能的代码往往采用脚本语言形式直接嵌入到网页中。常见的客户端动态网页技术包括 JavaScript、ActiveX 和 Flash 等。

服务器端动态网页则需要与客户端共同参与，客户通过浏览器发出页面请求后，服务器根据 URL 携带的参数运行服务器端程序，产生的结果页面再返回客户端。动态网页比较注重交互性，即网页会根据客户的要求和选择而动态改变和响应。一般涉及数据库操作的网页（如注册、登录和查询等）都需要服务器端动态网页程序。

1.3 网站的规划与设计

在建设网站之前，需要对网站进行一系列的分析和设计，然后根据分析的结果提出合理的建设方案，这就是网站的规划与设计。网站的规划与设计一般应遵循以下 3 个原则。

- 最大限度地满足用户需要。
- 最有效地进行资源利用。
- 使用方便，界面友好，运行高效。

常规的网站规划与设计方法一般有以下 3 种：自顶向下、自底向上、不断增补。

1. 自顶向下的设计方法

所谓自顶向下，就是从整个网站的首页开始设计，然后向下一层一层地展开。采用这种方法要求建站者对整个网站的内容比较了解，对整个网站的大体轮廓比较清晰。

2. 自底向上的设计方法

自底向上的设计方法是，先设计树状信息结构的各个子节点，然后通过归纳，设计它们的树干节点，最后完成对根节点的设计。采用这种设计方法的优点是，网站的各部分可以根据网站内容进行因地制宜的设计，而不必拘泥于条条框框，较为有风格。

3. 不断增补的设计方法

这是在网站投入运行后常用的方法，是一种需求驱动的设计方法。当出现某种信息服务的需求时，就立即设计相应的信息服务页面。随着需求的增加，不断地增加网页，不断地调整相互之间的链接，使网站在短时间内建立起来。采用这种设计方法的优点是缩短规划分析期，效率较高。

需要注意的是，这三种方法一般都是相互穿插着进行的。例如，整个网站可以用自顶向下的设计方法，而网站的某一部分则可以采用自底向上或不断增补的设计方法来实现。

1.4 定位网站的主题和名称

1.4.1 网站主题的确定

所谓网站的主题也就是网站的题材。网站使用的主要题材有：新闻、购物商城、网络社区、科技、财经、娱乐、求职、行情资讯、教育、生活、办公等。在选择网站题材时要注意以下3点。

1. 主题小而内容精

网站的定位要准。制作一个包罗万象的网站，把所有自认为精彩的东西都放在上面，会让人感觉没有主题和特色，样样都有，却样样都很肤浅，而且有可能没有足够的能力去维护和及时更新。创新的内容是网站的灵魂，没有新颖的内容，网站就失去了生命力。

2. 题材最好是自己擅长的内容

一个企业的网站，要密切结合自己的业务范围来选择内容，不要脱离业务主题去搞什么国内国际新闻、娱乐动态等与本身业务不相关的东西，或者为了增加访问量而去办一些本身并不熟悉、技术难度又比较大的栏目，如网上聊天之类的东西。

3. 题材不要太滥、目标不要过高

题材"太滥"是指使用到处可见、人人都有的题材，如免费信息，软件下载等。"目标过高"是指在这一题材上已经有非常优秀、知名度很高的网站，要超过它们很难。

1.4.2 网站名称的确定

网站名称也是网站设计的一部分，而且是很关键的一个要素。例如，"电脑学习室"和"电脑之家"相比，显然后者更简练些。和现实生活一样，网站名称是否端正、响亮、易记，对网站的形象和宣传推广也有很大的影响。选择网站的名称时要注意以下3点。

1. 名称要端正

名称端正是指名称要合法、合情、合理，不能用反动、色情或危害社会安全的词语。

2. 名称要易记

根据中文网站浏览者的特点，除非特别需要，网站名称最好用中文名称，不要使用英文或者中英文混合型名称。例如，Sky Studio 和海阔天空工作室相比，后者更亲切、更好记。

3．名称要有特色

网站名称最好能体现一定的内涵,这样可以给浏览者更多的视觉冲击和空间想象力。例如,音乐前卫、网页陶吧、天籁绝音等,在体现出网站主题的同时,也显示出了网站的特色。总之,定位题材和名称是设计一个网站的第一步,也是很重要的一部分。

1.5 确定网站的 CI 形象

所谓 CI（Corporate Identity,企业形象）,是指通过强化视觉效果的手段来加深用户对企业形象的印象。一个杰出的网站,和实体公司一样,也需要整体的形象包装和设计。有创意的 CI 设计,对网站的宣传推广有事半功倍的效果。在网站主题和名称确定下来之后,用户需要考虑的就是网站的 CI 形象。在现实生活中,CI 策划的例子比比皆是,例如,雪碧公司拥有全球统一的标志、色彩和产品包装,给人们的印象极为深刻。

1．设计网站的标志（Logo）

首先设计者需要设计一个网站的标志（Logo）。如同商标一样,Logo 是站点特色和内涵的集中体现。Logo 可以是中文、英文字母、符号或图案,也可以是动物或人物等。例如,新浪网用字母 sina 加眼睛作为 Logo,体现网站的敏锐和动感的特色。Logo 的设计创意一般来自网站的名称和内容。

2．设计网站的标准色彩

网站给人的第一印象来自视觉的冲击,确定网站的标准色彩是相当重要的一步。不同的色彩搭配,将产生不同的效果,并可能影响到访问者的情绪。

"标准色彩"是指能体现网站形象和延伸内涵的色彩。例如,IBM 的深蓝色,肯德基的红色条纹,Windows 的红、蓝、黄、绿色块,都使浏览者觉得很贴切,很和谐。

一般来说,一个网站的标准色彩不宜超过 3 种,太多则让人眼花缭乱。标准色彩要用于网站的 Logo、标题、主菜单和主色块,给人以整体统一的感觉。其他色彩也可以使用,只是作为点缀和衬托,绝不能喧宾夺主。

3．设计网站的标准字体

标准字体是指用于 Logo、标题和主菜单的特有字体。一般网页默认的字体是宋体。为了体现站点的特有风格,设计者可以根据需要选择一些特别字体。例如,为了体现专业性可以使用粗仿宋体,为了体现设计精美可以用广告体,为了体现亲切、随意可以用手写体等。

4．设计网站的宣传标语

网站的宣传标语也可以说是网站的精神、网站的目标,最好用一句话甚至一个词来高度概括。它类似于实际生活中的广告语句,例如,雀巢的"味道好极了",Intel 的"给你一颗奔腾的心",都给人们留下极为深刻的印象。

1.6 网站内容的设计

确定网站的题材,并且收集和组织了许多相关的资料内容后,按照以下步骤组织内容来吸引浏览者浏览网站。

1.6.1 设计网站的栏目

网站栏目规划的主要任务是对所收集的大量内容进行有效的筛选,并将它们组织成一个合理的便于理解的逻辑结构。

初学者最容易犯的错误是确定题材后立刻开始制作。这样做的弊端是,当设计者制作完一页一页的网页之后才发现,网站结构不清晰,目录庞杂,内容东一块儿西一块儿,不但浏览者看着迷糊,设计者自己扩充和维护网站也相当困难。网站栏目的实质是一个网站的大纲索引,索引应将网站的主体明确显示出来。在拟订栏目时,要仔细考虑、合理安排。一般的网站栏目安排要注意以下 3 点。

1. 紧扣网站主题

一般的做法是,将网站的主题按一定的方法分类,并将它们作为网站的主栏目。例如,制作一个购物商场主题的网站,可以将栏目分为新品上架、热销商品、优惠商品、商城活动等。主题栏目个数在总栏目中要占绝对优势,这样的网站才显得专业,主题突出,容易给人留下深刻印象。

2. 设计最近更新或网站指南栏目

如果网站的首页没有安排版面放置最近更新的内容信息,就有必要设立一个"最近更新"栏目。这样做的目的是为了照顾常来的访客,让主页更人性化。

如果网站内容庞大(超过 15MB)、层次较多,而又没有站内的搜索引擎,建议设计"本站指南"栏目,这样可以帮助初访者快速找到想要的内容。

3. 设计可以互动交流的栏目

互动交流栏目不需要很多,但一定要有。例如,论坛、留言本和联系我们等,可以让浏览者留下自己的信息和看法。

1.6.2 确定网站的目录结构

网站的目录是指用户建立网站时创建的目录。目录的结构是一个容易忽略的问题,许多设计者都有未经规划、随意创建子目录的不良习惯。目录结构的好坏,对浏览者来说并没有什么太大的感觉,但对于站点本身的上传维护,以及内容的扩充和移植有着重要的影响。下面是建立目录结构的一些注意事项。

1. 不要将所有文件都存放在根目录下

有的设计者为了方便,将所有文件都放在根目录下。这样做会造成如下不利影响。

(1)文件管理混乱

设计者常常搞不清哪些文件需要编辑和更新,哪些无用的文件可以删除,哪些是相互关联的文件,影响工作效率。

(2)上传速度慢

服务器一般都会为根目录建立一个文件索引。如果所有文件都放在根目录下,那么即使只上传更新一个文件,服务器也需要将所有文件再检索一遍,建立新的索引文件。很明显,文件数量越多，等待的时间也将越长。因此，要尽可能减少根目录下的文件存放数量。

2．按栏目内容建立子目录

子目录的建立，首先按主菜单栏目内容建立栏目子目录。每个栏目又可以根据素材类别分别建立相应的目录，像 images、css、js 等。其他一些不需要经常更新的栏目，例如，关于本站、关于站长、站点经历等可以合并放在一个统一的目录下。

3．在每个主栏目下都建立独立的 images 目录

在一般情况下，一个站点根目录下都有一个 images 目录。刚开始学习制作主页时，初学者习惯将所有图片都存放在这个目录里。可是后来就会发现这样做很不方便，当需要将某个主栏目打包供网友下载，或者删除某个栏目时，图片的管理相当麻烦。经过实践证明，为每个主栏目建立一个独立的 images 目录是最方便管理的，而根目录下的 images 目录只用来放首页和一些次要栏目的图片。

4．目录的层次不要太深

目录的层次建议不要超过 3 层。原因很简单，这样便于设计者维护管理。

5．不要使用中文目录名

网络无国界，使用中文目录名可能对网址的正确显示造成困难。

6．数据库文件单独放置

数据库文件因为安全要求较高，所以最好放置在 HTTP 所不能访问到的目录下。这样可以避免恶意的用户通过 HTTP 方式获取数据库文件。

1.6.3　设计网站的链接结构

网站的链接结构是指页面之间相互链接的拓扑结构。它建立在目录结构基础之上，但可以跨越目录。形象地说，每个页面都是一个固定点，链接则是在两个固定点之间的连线。一个点可以和一个点连接，也可以和多个点连接。更重要的是，这些点并不是分布在一个平面上的，而是存在于一个立体的空间中。建立网站的链接结构有以下两种基本方式。

1．树状链接结构

树状链接结构类似于 DOS 的目录结构，首页链接指向一级页面，一级页面链接指向二级页面，如图 1-7 所示。浏览这样的链接结构，需要逐级进入，再逐级退出。其优点是条理清晰，访问者明确知道自己在什么位置，不会"迷路"。其缺点是浏览效率低，从一个栏目下的子页面到另一个栏目下的子页面，必须绕经首页。

2．网状链接结构

网状链接结构类似于网络服务器的链接，每个页面相互之间都建立了链接，如图 1-8 所示。这种链接结构的优点是浏览方便，随时可以到达自己喜欢的页面。其缺点是链接太多，容易使浏览者"迷路"，搞不清自己在什么位置，看了多少内容。

图1-7 树状链接结构

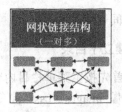
图1-8 网状链接结构

以上两种基本结构都只是理想方式，在实际的网站设计中，总是将这两种结构结合起来使用。设计者希望浏览者既可以方便、快速地到达自己需要的页面，又可以清晰地知道自己的位置。因此，最好的办法是，首页和一级页面之间用星状链接结构，一级和二级页面之间用树状链接结构。

1.7 网页的基本元素

在初次设计网页之前，首先应该认识一下构成网页的基本元素，只有这样，才能在设计中得心应手，根据需要合理地组织和安排网页内容。

如图1-9所示是珠宝商城的首页，其中包含了常见的网页元素，如导航栏、广告条、图片、交互表单、文本、超链接等。

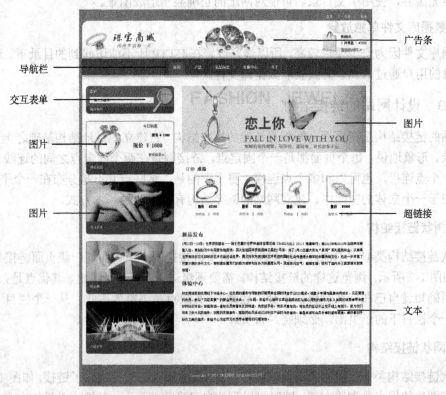
图1-9 网页的基本元素

1. 文本

文本一直是最重要的信息载体与交流工具。网页中的信息也以文本为主。与图片相比，文字虽然不如图片那样能够很快引起浏览者的注意，但能准确地表达信息的内容和含义。

为了克服文本固有的缺点，人们赋予了网页中文本更多的属性，如字体、字号、颜色、底纹和边框等。通过不同格式的区别，突出显示重要的内容。此外，用户还可以在网页中设计各种各样的文字列表，来清晰地表达一系列项目。

2. 图片和动画

图片在网页中具有提供信息、展示作品、装饰网页、表现个人情调和风格的作用。用户在网页中使用的图片格式主要包括 GIF、JPEG 和 PNG 等，其中使用最广泛的是 GIF 和 JPEG 两种格式。例如，图 1-9 中的广告条和商品图片。

3. 超链接

超链接技术是 WWW 流行起来的最主要的原因。它是从一个网页指向另一个目的端的链接。例如，指向另一个网页或相同网页上的不同位置。目的端通常是另一个网页，也可以是一幅图片、一个电子邮件地址、一个文件、一个程序或本网页中的其他位置。

例如，当指向一个 AVI 文件的超链接被单击后，该文件将在媒体播放软件中打开；如果单击的是指向一个网页的超链接，则该网页将显示在 Web 浏览器中。在图 1-9 中，商品图片下方的"购物车"文字，就是已经建立了超链接的文本。

4. 导航栏

导航栏的作用就是引导浏览者游历站点。事实上，导航栏就是一组超链接，这组超链接的目标就是本站点的主页及其他重要网页。在设计站点中的网页时，可以在站点的每个网页上显示一个导航栏，这样，浏览者就可以既快又容易地转向站点的其他网页。

在一般情况下，导航栏应放在网页中较引人注目的位置，通常是在网页的顶部或一侧。导航栏既可以是文本链接，也可以是一些图形按钮。图 1-9 中的导航栏就是一组文本链接。

5. 交互表单

网页中的表单通常用来接收用户在浏览器端的输入，然后将这些信息发送到用户设置的目标端。这个目标可以是文本文件、网页、电子邮件，也可以是服务器端的应用程序。表单一般用来收集联系信息，接收用户要求，获得反馈意见，让浏览者注册为会员并以会员的身份登录站点等。图 1-9 中的"查询"商品区域就是一个简单的交互表单。

6. 其他常见元素

网页中除了以上几种最基本的元素外，还有一些其他的常用元素，包括悬停按钮、JavaScript 特效、ActiveX 等各种特效。它们不仅能点缀网页，使网页更活泼有趣，而且在网上娱乐、电子商务等方面也有着不可忽视的作用。

1.8 网页布局结构

网页布局结构即网页内容的排版，排版是否合理直接影响页面的用户体验及相关性，并在一定程度上影响网站的整体结构。

从页面布局的角度看，一个页面的布局就类似一篇文章的排版，需要分为多个区块，较大的区块又可再细分为小区块。块内为多行逐一排列的文字、图片、超链接等内容，这些区块一般称为块级元素；而区块内的文字、图片或超链接等一般称为行级元素，如图1-10所示。

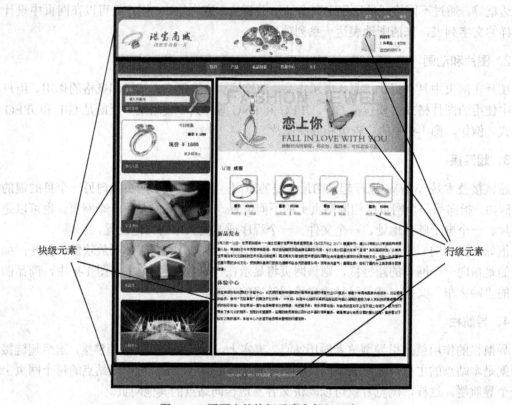

图1-10 页面中的块级元素和行级元素

页面的这种布局结构，其本质上是由各种HTML标签组织完成的。因此，本书将HTML标签分为块级标签和行级标签（也可以称为块级元素和行级元素）。

块级标签显示的外观按"块"显示，具有一定的宽度和高度，如<div>块标签、<p>段落标签等；行级标签显示的外观按"行"显示，类似文本的显示，如<img>图片标签、<a>超链接标签等。和行级标签相比，块级标签具有如下特点。

● 块级标签前后断行显示，默认状态下占据一整行。
● 块级标签具有一定的宽度和高度，可以通过设置width、height属性来控制。
● 块级标签常用作容器，即可以"容纳"其他块级标签或行级标签，而行级标签一般用于组织内容，即只能用于"容纳"文字、图片或其他行级标签。

1.9 常见的网页编辑工具

"工欲行其事，必先利其器"，制作网页的第一件事就是选择一种网页编辑工具。随着互联网的普及，HTML技术的不断发展和完善，随之而产生了众多网页编辑器。网页编辑器基本上可以分为"所见即所得"网页编辑器和"非所见即所得"网页编辑器（即源代码编辑器）两类，两者各有千秋。

"所见即所得"网页编辑器的优点就是直观、使用方便、容易上手，但它同时也存在难以精确达到与浏览器完全一致的显示效果的缺点。也就是说，在"所见即所得"网页编辑器中制作的网页放到浏览器中是很难达到真正想要的效果的。"非所见即所得"的网页编辑器就不存在这个问题，因为所有的 HTML 代码都是在用户的编辑下产生的。

1. Dreamweaver

Dreamweaver 是 Adobe 公司推出的所见即所得的主页编辑工具。Dreamweaver 采用了多种先进技术，能够快速高效地创建极具表现力和动感效果的网页，使网页创作过程变得非常简单。值得称道的是，Dreamweaver 不仅提供了强大的网页编辑功能，而且提供了完善的站点管理机制，可以说，它是一个集网页创作和站点管理两大利器于一身的创作工具。

2. Visual Studio

程序编辑器应当支持相应程序的自动语法检查，最好还应当支持程序的调试与编译。微软的 Visual Studio 无疑是非常强大的编辑器，Visual Studio 内置有 VB、C#、VC++等程序开发工具，集程序的调试、编译等功能于一身。但是，由于 Visual Studio 本身带有的部件太多，需要计算机有比较高的配置，否则运行速度会非常缓慢。

3. 记事本

任意文本编辑器都可以用于编写网页源代码，最常见的文本编辑器就是 Windows 自带的记事本。本书中所有的网页源代码均采用在记事本中手工输入，这样有助于设计人员对网页结构和样式有更深入的了解。

1.10 Web 标准

大多数网页设计人员都有这样的体验，每次主流浏览器版本的升级，都会使用户建立的网站变得过时，此时就需要升级或者重新建网站。同样，每当新的网络技术和交互设备出现时，设计人员也需要制作一个新版本来支持这种新技术或新设备。

解决这些问题的方法就是建立一种普遍认同的标准来结束这种无序和混乱，在 W3C（W3C.org）的组织下，Web 标准开始被建立（以 2000 年 10 月 6 日发布 XML 1.0 为标志），并在网站标准组织（WebStandards.org）的督促下推广执行。

1.10.1 什么是 Web 标准

Web 标准不是某一种标准，而是一系列标准的集合。网页主要由 3 部分组成：结构（Structure）、表现（Presentation）和行为（Behavior）。对应的标准也分为 3 类：结构化标准语言，主要包括 XHTML 和 XML；表现标准语言，主要为 CSS；行为标准，主要包括对象模型W3C DOM、ECMAScript 等。这些标准大部分由 W3C 起草和发布，也有一些是其他标准组织制定的标准，如 ECMA（European Computer Manufacturers Association）的 ECMAScript 标准。

1. 结构化标准语言

（1）HTML

HTML 是 HyperText Markup Language 的缩写，中文通常称为超文本标记语言，来源于标准通用置标语言（SGML），它是 Internet 上用于编写网页的主要语言。

（2）XML

XML 是 the eXtensible Markup Language（可扩展置标语言）的缩写。目前推荐遵循的标准是 W3C 于 2000 年 10 月 6 日发布的 XML1.0。和 HTML 一样，XML 同样来源于 SGML，但 XML 是一种能定义其他语言的语言。XML 最初设计的目的是弥补 HTML 的不足，以强大的扩展性满足网络信息发布的需要，后来逐渐被用于网络数据的转换和描述。

（3）XHTML

XHTML 是 the eXtensible HyperText Markup Language（可扩展超文本置标语言）的缩写，目前推荐遵循的标准是 W3C 于 2000 年 10 月 6 日发布的 XML1.0。XML 虽然数据转换能力强大，完全可以替代 HTML，但面对成千上万已有的站点，直接采用 XML 还为时过早。因此，在 HTML 4.0 的基础上，用 XML 的规则对其进行扩展，得到了 XHTML。

2．表现标准语言

CSS 是 Cascading Style Sheets（层叠样式表）的缩写。W3C 创建 CSS 标准的目的是以 CSS 取代 HTML 表格式布局、帧和其他表现的语言。纯 CSS 布局与结构式 HTML 相结合能帮助设计师分离外观与结构，使站点的访问及维护更加容易。

3．行为标准

（1）DOM

DOM 是 Document Object Model（文档对象模型）的缩写。根据 W3C DOM 规范，DOM 是一种与浏览器、平台和语言相关的接口，通过 DOM 用户可以访问页面其他的标准组件。简单理解，DOM 解决了 Netscape 的 JavaScript 和 Microsoft 的 JScript 之间的冲突，给予 Web 设计师和开发者一个标准的方法，来解决站点中的数据、脚本和表现层对象的访问问题。

（2）ECMAScript

ECMAScript 是 ECMA（European Computer Manufacturers Association）制定的标准脚本语言（JavaScript）。目前，推荐遵循的标准是 ECMAScript 262。

1.10.2 建立 Web 标准的优点

对于网站设计和开发人员来说，遵循网站标准就是建立和使用 Web 标准。建立 Web 标准的优点如下。

- 提供最大利益给最多的网站用户。
- 确保任何网站文档都能够长期有效。
- 简化代码，降低建设成本。
- 让网站更容易使用，能适应更多不同用户和更多网络设备。
- 当浏览器版本更新或者出现新的网络交互设备时，确保所有应用能够继续正确执行。

1.10.3 理解表现和结构相分离

了解了 Web 标准之后，下面将介绍如何理解表现和结构相分离。在此以一个实例来详细说明。首先必须明白一些基本的概念：内容、结构、表现和行为。

1．内容

内容就是页面实际要传达的真正信息，包含数据、文档或图片等。注意，这里强调的"真正"，是指纯粹的数据信息本身，不包含任何辅助信息，如图 1-11 所示的诗歌页面等。

> 登鹳雀楼 作者：王之涣 白日依山尽，黄河入海流。欲穷千里目，更上一层楼。

图 1-11　诗歌的内容

2．结构

可以看到上面的文本信息本身已经完整，但是混乱一团，难以阅读和理解，必须将其格式化。把其分成标题、作者、段落和列表等，如图 1-12 所示。

3．表现

虽然定义了结构，但内容还是原来的样式没有改变，如标题字体没有变大，正文的颜色也没有变化，没有背景，没有修饰等。所有这些用来改变内容外观的东西，称为"表现"。下面是对上面文本用表现处理过后的效果，如图 1-13 所示。

登鹳雀楼

作者：王之涣
- 白日依山尽，
- 黄河入海流。
- 欲穷千里目，
- 更上一层楼。

图 1-12　诗歌的结构　　　　

图 1-13　诗歌的表现

4．行为

行为是对内容的交互及操作效果。例如，使用 JavaScript 可以使内容动起来，可以判断一些表单提交，进行相应的一些操作。

所有 HTML 页面都由结构、表现和行为 3 个方面内容组成。内容是基础层，然后是附加上的结构层和表现层，最后再对这 3 个层做些"行为"。

习题 1

1. WWW 浏览常用的浏览器是什么浏览器？URL 的含义和功能是什么？
2. 举例说明常用的搜索引擎及使用搜索引擎查找信息的方法。
3. 网站的规划与设计的原则和方法是什么？
4. 举例说明怎样设计网站的目录结构和链接结构。
5. 什么是网站的 CI 形象？打开搜狐主页（http://www.sohu.com），查看其 CI 形象标志。
6. 打开新浪主页（http://www.sina.com.cn），说明网页基本元素的种类和特点。
7. 打开新浪主页（http://www.sina.com.cn），指出网页中的块级元素和行级元素。
8. 简述常见的网页编辑工具。
9. 什么是 Web 标准？举例说明网页的表现和结构相分离的含义。

第 2 章　HTML 概述

HTML 是制作网页的基础语言，是初学者必学的内容。虽然现在有许多所见即所得的网页制作工具（如 Dreamweaver、FrontPage 等），但这些工具生成的代码仍然是以 HTML 为基础的，学习 HTML 代码对设计网页非常重要。

2.1　HTML 简介

HTML 是 HyperText Markup Language（超文本标记语言）的缩写，是构成 Web 页面（page）、表示 Web 页面的符号标签语言。通过 HTML，将所需表达的信息按某种规则写成 HTML 文件，再通过专用的浏览器来识别，并将这些 HTML 文件翻译成可以识别的信息，就是所见到的网页。

2.1.1　Web 技术发展历程

HTML 最早源于 SGML（Standard General Markup Language，标准通用化标记语言），它由 Web 的发明者 Tim Berners-Lee 和其同事 Daniel W.Connolly 于 1990 年创立。在互联网发展的初期，互联网由于没有一种网页技术呈现的标准，所以多家软件公司就合力打造了 HTML 标准，其中最著名的就是 HTML4，这是一个具有跨时代意义的标准。HTML4 依然有缺陷和不足，人们仍在不断地改进它，使它更加具有可控制性和弹性，以适应网络上的应用需求。2000 年，W3C 组织公布发行了 XHTML 1.0 版本。

XHTML 1.0 是一种在 HTML4 基础上优化和改进的新语言，目的是基于 XML 应用，它的可扩展性和灵活性将适应未来网络应用更多的需求。不过 XHTML 并没有成功，大多数的浏览器厂商认为 XHTML 作为一个过渡化的标准没有必要，所以 XHTML 并没有成为主流，而 HTML5 便因此孕育而生。

HTML5 的前身名为 Web Applications 1.0，由 WHATWG 在 2004 年提出，于 2007 年被 W3C 接纳。W3C 随即成立了新的 HTML 工作团队，团队包括 AOL、Apple、Google、IBM、Microsoft、Mozilla、Nokia、Opera 以及数百个其他的开发商。这个团队于 2009 年公布了第一份 HTML5 正式草案，HTML5 将成为 HTML 和 HTMLDOM 的新标准。2012 年 12 月 17 日，W3C 宣布凝结了大量网络工作者心血的 HTML5 规范正式定稿，确定了 HTML5 在 Web 网络平台奠基石的地位。

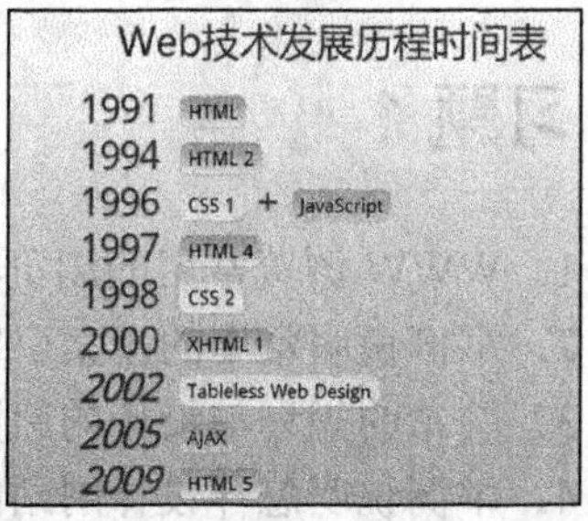

图 2-1　Web 技术发展历程时间表

Web 技术发展历程时间表如图 2-1 所示。

2.1.2　HTML5 的特性

HTML4 主要用于在浏览器中呈现富文本内容和实现超链接，HTML5 继承了这些特点，但更侧重于在浏览器中实现 Web 应用程序。对于网页的制作，HTML5 主要有两个方面的改动，即实现 Web 应用程序和用于更好地呈现内容。

1. 实现 Web 应用程序

HTML5 引入新的功能，以帮助 Web 应用程序的创建者更好地在浏览器中创建富媒体应用程序，这是当前 Web 应用的热点。多媒体应用程序目前主要由 Ajax 和 Flash 来实现，HTML5 的出现增强了这种应用。HTML5 用于实现 Web 应用程序的功能如下。

① 绘画的 Canvas 元素，该元素就像在浏览器中嵌入一块画布，程序可以在画布上绘画。
② 更好的用户交互操作，包括拖放、内容可编辑等。
③ 扩展的 HTMLDOM API（Application Programming Interface，应用程序编程接口）。
④ 本地离线存储。
⑤ Web SQL 数据库。
⑥ 离线网络应用程序。
⑦ 跨文档消息。
⑧ Web Workers 优化 JavaScript 执行。

2. 更好地呈现内容

基于 Web 表现的需要，HTML5 引入了更好地呈现内容的元素，主要有以下几项。
① 用于视频、音频播放的 video 元素和 audio 元素。
② 用于文档结构的 article、footer、header、nav、section 等元素。
③ 功能强大的表单控件。

2.1.3 HTML5 元素

根据内容类型的不同，可以将 HTML5 的标签元素分为 7 类，见表 2-1。

表 2-1 HTML5 的内容类型

内容类型	描述
内嵌	向文档中添加其他类型的内容，如 audio、video、canvas 和 iframe 等
流	在文档和应用的 body 中使用的元素，如 form、h1 和 small 等
标题	段落标题，如 h1、h2 和 hgroup 等
交互	与用户交互的内容，如音频和视频的控件、button 和 textarea 等
元数据	通常出现在页面的 head 中，设置页面其他部分的表现和行为，如 script、style 和 title 等
短语	文本和文本标签元素，如 mark、kbd、sub 和 sup 等
片段	用于定义页面片段的元素，如 article、aside 和 title 等

其中的一些元素如 canvas、audio 和 video，在使用时往往需要其他 API 来配合，以实现细粒度控制，但它们同样可以直接使用。

2.2 HTML 语法基础

每个网页都有其基本的结构，包括 HTML 文档的结构、标签的格式等。HTML 文档包含 HTML 标签和纯文本，它被 Web 浏览器读取并解析后以网页的形式显示出来，所以 HTML 文档又被称为网页。

2.2.1 HTML 语法结构

1. 标签

HTML 文档由标签和被标签的内容组成。标签能产生所需要的各种效果,其功能类似于一个排版软件,将网页的内容排成理想的效果。标签(tag)是用一对尖括号"<"和">"括起来的单词或单词缩写,各种标签的效果差别很大,但总的表示形式却大同小异,大多数都成对出现。在 HTML 中,通常标签都是由开始标签和结束标签组成的,开始标签用"<标签>"表示,结束标签用"</标签>"表示。其格式为:

<标签> 受标签影响的内容 </标签>

例如,一级标题标签<h1>表示为:

<h1>学习网页制作</h1>

需要注意以下两点。

① 每个标签都要用"<"(小于号)和">"(大于号)括起来,如<p>、<table>,以表示这是 HTML 代码而非普通文本。注意,"<"、">"与标签名之间不能留有空格或其他字符。

② 在标签名前加上符号"/"便是其结束标签,表示该标签内容的结束,如</h1>。标签也有不用</标签>结尾的,称之为单标签。例如,换行标签
。

2. 属性

标签仅仅规定这是什么信息,但要想显示或控制这些信息,就需要在标签后面加上相关的属性。标签通过属性来制作出各种效果,通常以"属性名="值""的形式来表示,用空格隔开后,还可以指定多个属性,并在指定多个属性时不用区分顺序。其格式为:

<标签 属性1="属性值1" 属性2="属性值2" …> 受标签影响的内容 </标签>

例如,一级标题标签<h1>有属性 align,align 表示文字的对齐方式,表示为:

<h1 align="left">学习网页制作</h1>

3. 元素

元素指的是包含标签在内的整体,元素的内容是开始标签与结束标签之间的内容。没有内容的 HTML 元素被称为空元素,空元素是在开始标签中关闭的。

例如,以下代码片段所示:

<h1>学习网页制作</h1>　　　　<!--该 h1 元素为有内容的元素-->

　　　　　　　　　　　　<!--该 br 元素为空元素,在开始标签中关闭-->

2.2.2 HTML 编写规范

页面的 HTML 代码书写必须符合 HTML 规范,这是用户编写拥有良好结构文档的基础,这些文档可以很好地工作于所有的浏览器,并且可以向后兼容。

1. 标签的规范

① 标签分单标签和双标签,双标签往往是成对出现的,所有标签(包括空标签)都必须关闭,如
、<img/>、<p>…</p>等。

② 标签名和属性建议都用小写字母。

③ 多数 HTML 标签可以嵌套，但不允许交叉。
④ HTML 文件一行可以写多个标签，但标签中的一个单词不能分两行写。
⑤ HTML 源文件中的换行、回车符和空格在显示效果中是无效的。

2．属性的规范

① 根据需要可以使用该标签的所有属性，也可以只用其中的几个属性。在使用时，属性之间没有顺序。
② 属性值都要用双引号括起来。
③ 并不是所有的标签都有属性，如换行标签就没有。

3．元素的嵌套

① 块级元素可以包含行级元素或其他块级元素，但行级元素却不能包含块级元素，它只能包含其他的行级元素。
② 有几个特殊的块级元素只能包含行级元素，不能再包含块级元素，这几个特殊的标签是：<h1>、<h2>、<h3>、<h4>、<h5>、<h6>、<p>、<dt>。

4．代码的缩进

HTML 代码并不要求在书写时缩进，但为了文档的构性和层次性，建议初学者使用标记时首尾对齐，内部的内容向右缩进几格。

2.2.3 HTML5 文档结构

HTML5 的语法格式兼容 HTML4 和 XHTML 1.0，也就是说可以使用 HTML4 或 XHTML 1.0 语法来编写 HTML5 网页。HTML5 文档是一种纯文本格式的文件，文档的基本结构为：

```
<!doctype html>
<html>
  <head>
    <meta charset="gb2312">
    <title>文档标题</title>
  </head>
  <body>
    网页内容
  </body>
</html>
```

1．文档类型

在使用 HTML 语法编写 HTML5 文档时，要求指定文档类型，以确保浏览器能在 HTML5 标准模式下渲染网页。文档类型声明的格式如下。

<!doctype html>

这行代码称为 doctype 声明，doctype 是 document type（文档类型）的简写。要建立符合标准的网页，doctype 声明是必不可少的关键组成部分。doctype 声明必须放在每一个 HTML5 文档的最顶部，在所有代码和标签之前。

2．HTML 文档标签\<html>…\</html>

HTML 文档标签的格式为：
    \<html> HTML 文档的内容 \</html>

\<html>处于文档的最前面，表示 HTML 文档的开始，即浏览器从\<html>开始解释，直到遇到\</html>为止。每个 HTML 文档均以\<html>开始，以\</html>结束。

3．HTML 文档头标签\<head>…\</head>

HTML 文档包括头部（head）和主体（body）。HTML 文档头标签的格式为：
    \<head> 头部的内容 \</head>

文档头部内容在开始标签\<html>和结束标签\</html>之间定义，其内容可以是标题名或文本文件地址、创作信息等网页信息说明。

4．HTML 文档编码

HTML5 文档直接使用 meta 元素的 charset 属性指定文档编码，格式为：
    \<meta charset="gb2312">

为了被浏览器正确解释和通过 W3C 代码校验，所有的 HTML5 文档都必须声明它们所使用的编码语言。文档声明的编码应该与实际的编码一致，否则就会出现乱码。对于中文网页的设计者来说，用户一般使用 GB2312（简体中文）。

5．HTML 文档主体标签\<body>…\</body>

HTML 文档主体标签的格式为：
    \<body>
        网页的内容
    \</body>

主体位于头部之后，以\<body>为开始标签，\</body>为结束标签。它定义网页上显示的主要内容与显示格式，是整个网页的核心，网页中要真正显示的内容都包含在主体中。

2.3 创建 HTML 文档

一个网页可以简单到只有几个文字，也可以复杂得像一张或几张海报。下面创建一个只有文本组成的简单页面，通过它来学习网页的编辑、保存过程。用任何网页编辑器都能编辑制作 HTML 文件。下面用最简单的"记事本"工具来编辑网页文件。

① 打开记事本。单击 Windows 的"开始"按钮，在"程序"菜单的"附件"子菜单中单击"记事本"命令。

② 创建新文件，并按 HTML 语言规则编辑。在"记事本"窗口中输入 HTML 代码，具体的内容如图 2-2 所示。

③ 保存网页。打开"记事本"的"文件"菜单，选择"保存"命令。此时将出现"另存为"对话框，在"保存在"下拉列表框中选择文件要存放的路径，在"文件名"文本框输入以.html 为后缀的文件名，如 first.html，在"保存类型"下拉列表框中选择"文本文档（*.txt）"项，如图 2-3 所示。最后单击"保存"按钮，将记事本中的内容保存在磁盘中。

④ 在"我的电脑"相应的存盘文件夹中双击 first.html 文件启动浏览器，即可看到网页的

显示结果。

图 2-2　输入 HTML 代码

图 2-3　"记事本"的"另存为"对话框

如果希望将该网页作为网站的首页（主页），当浏览者输入网址后，就显示该网页的内容，可以把这个文件设为默认文档，文件名为 index.html 或 index.htm。

2.4　搭建支持 HTML5 的浏览器环境

尽管各主流厂商的最新版浏览器都对 HTML5 提供了很好的支持，但 HTML5 毕竟是一种全新的 HTML 标签语言，许多功能必须在搭建好相应的浏览环境后才可以正常浏览。因此，在正式执行一个 HTML5 页面之前，必须先搭建支持 HTML5 的浏览器环境，并检查浏览器是否支持 HTML5 标签。

目前，Microsoft 的 IE 系列浏览器仅有 IE 9 及其以上版本支持 HTML5，本书所有的应用实例均是在 Windows 7 操作系统下的 IE 9 浏览器中运行的。

【例 2-1】制作简单的 HTML5 文档检测浏览器是否支持 HTML5，本例文件 2-1.html 在 IE 9 浏览器中的显示效果如图 2-4 所示。

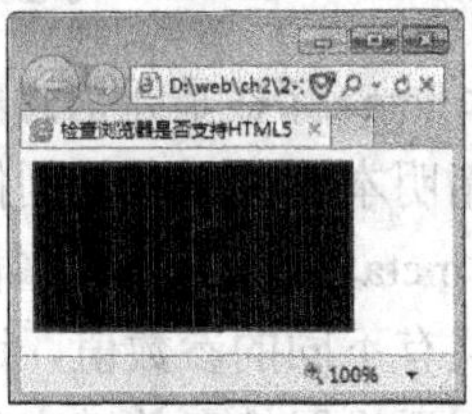

代码如下。

```
<!doctype html>
<html>
    <head>
        <meta charset="gb2312">
        <title>检查浏览器是否支持 HTML5</title>
    </head>
    <body>
        <canvas id="my" width="200" height="100" style="border:3px solid #f00;
        background-color:#00f">        <!--HTML5 的 canvas 画布标签-->
        该浏览器不支持 HTML5
        </canvas>
    </body>
</html>
```

图 2-4　页面显示效果

【说明】在 HTML 页面中插入一段 HTML5 的 canvas 画布标签，当浏览器支持该标签时，将显示一个矩形；反之，则在页面中显示"该浏览器不支持 HTML5"的提示。

2.5 网页头部标签

在网页的头部中，通常存放一些介绍页面内容的信息，例如，页面标题、描述、关键词、链接的 CSS 样式文件和客户端的 JavaScript 脚本文件等。

其中，页面标题及页面描述称为页面的摘要信息。摘要信息的生成在不同的搜索引擎中会存在比较大的差别，即使是同一个搜索引擎也会由于页面的实际情况而有所不同。一般情况下，搜索引擎会提取页面标题标签中的内容作为摘要信息的标题，而描述则常来自页面描述标签的内容或直接从页面正文中截取。如果希望自己发布的网页能被百度、谷歌等搜索引擎搜索，那么在制作网页时就需要注意编写网页的摘要信息。

2.5.1 <title>标签

<title>标签是页面标题标签，它将 HTML 文件的标题显示在浏览器的标题栏中，用以说明文件的用途，这个标签只能应用于<head>与</head>之间。<title>标签是对文件内容的概括，一个好的标题能使读者从中判断出该文件的大概内容。

网页的标题不会显示在文本窗口中，而以窗口的名称显示出来，每个文档只允许有一个标题。网页的标题能给浏览者带来方便，如果浏览者喜欢该网页，将它加入书签中或保存到磁盘上，标题就作为该页面的标志或文件名。另外，使用搜索引擎时显示的结果也是页面的标题。

<title>标签位于<head>与</head>中，用于标示文档标题，格式为：

    <title> 标题名 </title>

例如，搜狐网站的主页，对应的网页标题为：

    <title>搜狐</title>

打开网页后，将在浏览器窗口的标题栏显示"搜狐"网页标题。在网页文档头部定义的标题内容不在浏览器窗口中显示，而是在浏览器的标题栏中显示。尽管文档头部定义的信息很多，但能在浏览器标题栏中显示的信息只有标题内容。

2.5.2 <meta>标签

<meta>标签是元信息标签，在 HTML 中是一个单标签。该标签可重复出现在头部标签中，用来指明本页的作者、制作工具、所包含的关键字，以及其他一些描述网页的信息。

<meta>标签分两大属性：HTTP 标题属性（http-equiv）和页面描述属性（name）。不同的属性又有不同的参数值，这些不同的参数值就实现了不同的网页功能。下面主要讲解 name 属性，用于设置搜索关键字和描述。<meta>标签的 name 属性的语法格式为：

    <meta name="参数" content="参数值">

name 属性主要用于描述网页摘要信息，与之对应的属性值为 content，content 中的内容主要是便于搜索引擎查找信息和分类信息用的。

name 属性主要有以下两个参数：keywords 和 description。

1. keywords（关键字）

keywords 用来告诉搜索引擎网页使用的关键字。例如，国内著名的搜狐网，其主页的关键字设置如下。

    <meta name="keywords" content="搜狐,门户网站,新媒体,网络媒体,新闻,财经,体育,娱乐,时尚,汽车,房产,科技,图片,论坛,微博,博客,视频,电影,电视剧"/>

2. description（网站内容描述）

description 用来告诉搜索引擎网站主要的内容。例如，搜狐网站主页的内容描述设置如下。

<meta name="Description" content="搜狐网为用户提供 24 小时不间断的最新资讯，及搜索、邮件等网络服务。内容包括全球热点事件、突发新闻、时事评论、热播影视剧、体育赛事、行业动态、生活服务信息，以及论坛、博客、微博、我的搜狐等互动空间。" />

当浏览者通过百度搜索引擎搜索"搜狐"时，就可以看到搜索结果中显示出网站主页的标题、关键字和内容描述，如图 2-5 所示。

图 2-5 页面摘要信息

2.5.3 <link>标签

<link>标签是关联标签，用于定义当前文档与 Web 集合中其他文档的关系，建立一个树状链接组织。<link>标签并不将其他文档实际链接到当前文档中，只是提供链接该文档的一个路径。<link>标签最常用的是用来链接 CSS 样式文件，格式为：

<link rel="stylesheet" href="外部样式表文件名.css" type="text/css">

2.5.4 <script>标签

<script>标签是脚本标签，用于为 HTML 文档定义客户端脚本信息。此标签可在文档中包含一段客户端脚本程序。此标签可以位于文档中的任何位置，但常位于<head>标签内，以便于维护。格式为：

<script type="text/javascript" src="脚本文件名.js"></script>

2.5.5 案例——制作珠宝商城页面摘要信息

【例 2-2】制作珠宝商城页面摘要信息，由于摘要信息不能显示在浏览器窗口中，因此这里只给出本例文件 2-2.html 的代码，代码如下。

```
<html>
<head>
    <title>珠宝商城</title>
    <meta name="keywords" content="珠宝商城,网上购物,在线支付,电子商务" />
    <meta name="description" content="珠宝商城销售产品近 60 种，注册用户遍及全国 32 个省、市、自治区和直辖市。我们的宗旨是"闪亮生活每一天"。"/>
</head>
<body>
</body>
</html>
```

【说明】位于头部的摘要信息都不会在网页上直接显示，而是通过浏览器内部方式起作用。

2.6 注释

注释的作用是方便阅读和调试代码，便于以后维护和修改。当浏览器遇到注释时会自动忽略注释内容，访问者在浏览器中是看不见这些注释的，只有在用文本编辑器打开文档源代码时才可见。

注释标签的格式为：

    `<!-- 注释内容 -->`

注释并不局限于一行，长度不受限制。结束标签与开始标签可以不在一行上。例如，以下代码将在页面中显示段落的信息，而加入的注释不会显示在浏览器中，如图 2-6 所示。

图 2-6 注释的运行结果

    `<!--这是一段注释。注释不会在浏览器中显示。-->`
    `<p>学习网页制作</p>`

2.7 特殊符号

由于大于号">"和小于号"<"等已作为 HTML 的语法符号，因此，如果要在页面中显示这些特殊符号，就必须使用相应的 HTML 代码表示，这些特殊符号对应的 HTML 代码称为字符实体。常用的特殊符号及对应的字符实体见表 2-2。这些字符实体都以"&"开头，以";"结束。

表 2-2 常用的特殊符号及对应的字符实体

特殊符号	字符实体	示 例
空格	` `	珠宝商城 热线：400-111-3333
大于号（>）	`&gt;`	3>2
小于号（<）	`&lt;`	2<3
引号（"）	`&quot;`	HTML 属性值必须使用成对的"括起来
版权号（©）	`&copy;`	Copyright © 珠宝商城

【例 2-3】制作珠宝商城页面的版权信息，页面中包括版权符号、空格，本例文件 2-3.html 在浏览器中显示的效果如图 2-7 所示。

图 2-7 珠宝商城页面的版权信息

代码如下。

```
<html>
<head>
<title>版权信息</title>
</head>
```

```
<body>
    <hr>            <!--水平分隔线-->
    <p style="font-size:12px;text-align:center">Copyright &copy; 2017 珠宝商城 All rights reserved.
  热线：400-111-3333 </p>
</body>
</html>
```

【说明】HTML语言忽略多余的空格，最多只空一个空格。在需要空格的位置，既可以用" "插入一个空格，也可以输入全角中文空格。另外，这里对段落使用了行内CSS样式style="font-size:12px;text-align:center"来控制段落文字的大小及对齐方式，关于CSS样式的应用将在后面的章节中详细讲解。

习题2

1. 简述HTML文档的基本结构及语法规范。
2. 制作珠宝商城页面的摘要信息。其中，网页标题为"珠宝商城-闪亮生活每一天"；搜索关键字为"珠宝商城，供求信息，项目合作，企业加盟"；内容描述为"珠宝商城多年从事家用产品的商机发布与产品推广，始终奉行品质第一，服务第一，顾客满意度最佳的经营理念为宗旨。"
3. 制作购物商城的版权信息，如图2-8所示。

图2-8 题3图

第3章 编辑网页文档

网页内容的表现形式多种多样,包括文本、超链接、图像、列表和多媒体元素等,本章将重点介绍如何在页面中添加与编辑这些网页元素,以实现页面的基本排版。

3.1 文字与段落排版

在网页制作过程中,通过文字与段落的基本排版即可制作出简单的网页。以下讲解常用的文字与段落排版所使用的标签。

3.1.1 段落标签<p>…</p>

段落标签放在段落的头部和尾部,用于定义一个段落。<p>…</p>标签不但能使后面的文字换到下一行,还可以使两段之间多加一空行,相当于

标签。段落标签的格式为:

     文字

其中,属性align用来设置段落文字在网页上的对齐方式:left(左对齐)、center(居中)和right(右对齐),默认为left。格式中的"|"表示"或者",即多项选其一。

【例3-1】列出包含<p>标签的多种属性,本例文件3-1.html在浏览器中显示的效果如图3-1所示,代码如下。

```
<html>
<head>
<title>段落p标签示例</title>
</head>
<body>
<p align="center">珠宝商城优惠促销</p>
<p align="right">作者:金镶玉</p>
<p align="left">15周年店庆活动即日……(此处省略文字)</p>
<p align="center">Copyright &copy; 2017 珠宝商城</p>
</body>
</html>
```

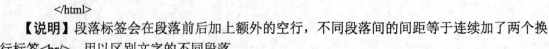

图3-1 <p>标签示例

【说明】段落标签会在段落前后加上额外的空行,不同段落间的间距等于连续加了两个换行标签
,用以区别文字的不同段落。

3.1.2 强制换行标签

网页内容并不都是像段落那样,有时候没有必要用多个<p>标签去分割内容。如果编辑网页内容只是为了换行,而不是从新段落开始的话,可以使用
标签。

放在一行的末尾,可以使后面的文字、图像、表格等显示于下一行,而又不会在行与行之间留下空行,即强制文本换行。由于浏览器会自动忽略HTML文档中的空白和换行部分,这使
成为最常用的标签之一。强制换行标签的格式为:

    文字

浏览器解释时，从该处换行。换行标签单独使用，可使页面清晰、整齐。

【例 3-2】制作珠宝商城联系方式的页面。本例文件 3-2.html 的显示效果如图 3-2 所示。代码如下。

```
<html>
<head>
<title>br 标签</title>
</head>
<body>
联系人：金镶玉<br/>
邮政编码：475000<br/>
联系地址：开封市未来大道<br/><br/>
联系电话：400-111-3333 <br/>
Email：jw@163.com<br/>
</body>
</html>
```

图 3-2　页面显示效果

【说明】用户可以使用段落标签<p>制作页面中"联系地址"和"联系电话"之间较大的空隙，也可以使用两个
标签实现这一效果。

3.1.3　标题标签<h#>…</h#>

在页面中，标题是一段文字内容的核心，所以总是用加强的效果来表示。网页中的信息可以分为主要点、次要点，可以通过设置不同大小的标题，增加文章的条理性。标题文字标签的格式为：

　　<h# align="left|center|right"> 标题文字　</h#>

"#"用来指定标题文字的大小，#取 1～6 之间的整数值，取 1 时文字最大，取 6 时文字最小。

属性 align 用来设置标题在页面中的对齐方式，包括 left（左对齐）、center（居中）或 right（右对齐），默认为 left。

<h#>…</h#>标签默认显示宋体，在一个标题行中无法使用不同大小的字体。

【例 3-3】列出 HTML 中的各级标题，本例文件 3-3.html 在浏览器中显示的效果如图 3-3 所示，代码如下。

```
<html>
<head>
<title>标题示例</title>
</head>
<body>
<h1>一级标题</h1>
<h2>二级标题</h2>
<h3>三级标题</h3>
<h4>四级标题</h4>
<h5>五级标题</h5>
<h6>六级标题</h6>
</body>
</html>
```

图 3-3　各级标题

3.1.4 水平线标签<hr/>

在页面中插入一条水平标尺线（Horizontal Rules），可以将不同功能的文字分隔开，看起来整齐、明了。当浏览器解释到 HTML 文档中的<hr/>标签时，会在此处换行，并加入一条水平线段。线段的样式由标签的参数决定。水平线标签的格式为：

    <hr align="left|center|right" size="横线粗细" width="横线长度" color="横线色彩" noshade="noshade" />

其中，属性 size 设定线条粗细，以像素为单位，默认值为2。

属性 width 设定线段长度，可以是绝对值（以像素为单位）或相对值（相对于当前窗口的百分比）。所谓绝对值，是指线段的长度是固定的，不随窗口尺寸的改变而改变。所谓相对值，是指线段的长度相对于窗口的宽度而定，窗口的宽度改变时，线段的长度也随之增减，默认值为 100%，即始终填满当前窗口。

属性 color 设定线条色彩，默认为黑色。色彩可以用相应的英文名称或以"#"引导的一个十六进制代码来表示，见表 3-1。

表 3-1 色彩代码表

色 彩	色彩英文名称	十六进制代码
黑色	black	#000000
蓝色	blue	#0000ff
棕色	brown	#a52a2a
青色	cyan	#00ffff
灰色	gray	#808080
绿色	green	#008000
乳白色	ivory	#fffff0
橘黄色	orange	#ffa500
粉红色	pink	#ffc0cb
红色	red	#ff0000
白色	white	#ffffff
黄色	yellow	#ffff00
深红色	crimson	#cd061f
黄绿色	greenyellow	#0b6eff
水蓝色	dodgerblue	#0b6eff
淡紫色	lavender	#dbdbf8

属性 noshade 设定线条为平面显示（没有三维效果），若省略则有阴影或立体效果。

【例 3-4】<hr/>标签的基本用法，本例文件 3-4.html 在浏览器中显示的效果如图 3-4 所示，代码如下。

```
<html>
<head>
<title>hr 标签示例</title>
</head>
<body>
    <p>珠宝商城优惠促销<br/>
    <hr color="orange"/>
    15 周年店庆活动即日开始，所有产品 6 折销售。<br/>
```

图 3-4 <hr/>标签示例

```
            </p>
    </body>
</html>
```

【说明】<hr/>标签强制执行一个简单的换行，将导致段落的对齐方式重新回到默认值设置（左对齐）。

3.1.5 缩排标签<blockquote>…</blockquote>

<blockquote>标签可定义一个块引用。<blockquote>与</blockquote>之间的所有文本都会从常规文本中分离出来，经常会在左、右两边进行缩进，而且有时会使用斜体。也就是说，块引用拥有它们自己的空间。缩排标签的格式为：

<blockquote>文本</blockquote>

【例 3-5】<blockquote>标签的基本用法，本例文件 3-5.html 在浏览器中显示的效果如图 3-5 所示，代码如下。

```
<html>
<head>
<title>blockquote 标签示例</title>
</head>
<body>
这里有一段长文本引用：
<blockquote>
珠宝商城多年从事家用产品的商机发布与产品推广，始终奉行品质第一，服务第一，顾客满意度最佳的经营理念为宗旨。
</blockquote>
请注意，浏览器在 blockquote 标签前后添加了换行，并增加了外边距。
</body>
</html>
```

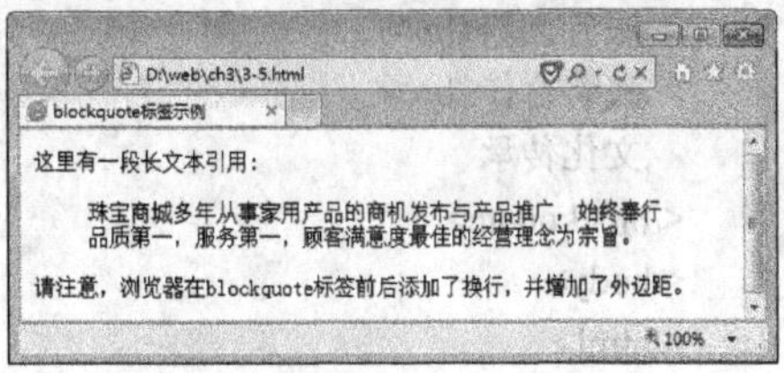

图 3-5 blockquote 标签示例

【说明】浏览器会自动在 blockquote 标签前后添加换行，并增加外边距。

3.1.6 案例——制作珠宝商城关于我们页面

【例 3-6】使用文字与段落的基本排版知识制作珠宝商城关于我们页面，本例文件 3-6.html 在浏览器中显示的效果如图 3-6 所示。

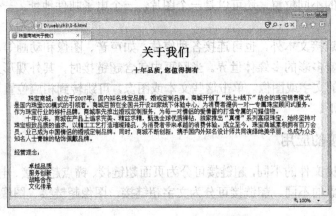

图 3-6 页面显示效果

代码如下。

```
<html>
<head>
<title>珠宝商城关于我们</title>
</head>
<body>
    <h1 align="center">关于我们</h1>            <!--一级标题居中对齐-->
    <h3 align="center">十年品质,您值得拥有</h3>    <!--三级标题居中对齐-->
    <hr/>                                       <!--水平分隔线-->
    <p>    珠宝商城,创立于 2007 年,……(此处省略文字)<br/>
        十年以来,商城在产品上追求完美……(此处省略文字)</p>
经营理念:<br/>
<blockquote>
    卓越品质<br/>
    服务创新<br/>
    战略合作<br/>
    文化传承
</blockquote>
</body>
</html>
```

【说明】在本例中,段落的开头为了实现首行缩进的效果,在段落标签<p>后面连续加上 4 个" "空格符号。

3.2 超链接

一个网站是由多个页面组成的,创建超链接有利于页面与页面之间的跳转,从而将整个网站中的页面有机地连接起来,它是网页中至关重要的元素。超链接在本质上属于网页的一部分,通过超链接将各个网页连接在一起后,才能真正构成一个网站。

3.2.1 超链接简介

所谓的超链接是指从一个网页指向一个目标的连接关系,这个目标可以是另一个网页,也可以是相同网页上的不同位置,还可以是一个图片,一个电子邮件地址,一个文件,甚至是一个应用程序。

超链接除了可连接文本外,也可连接各种媒体,如声音、图像和动画等,通过它们可以将网站建设成一个丰富多彩的多媒体世界。当网页中包含超链接时,其外观形式为彩色(一般为蓝色)且带下画线的文字或图像。单击这些文本或图像,可跳转到相应位置。鼠标指针指向超链接时,将变成手形。

3.2.2 超链接的应用

根据超链接目标文件的不同,超链接可分为页面超链接、锚点超链接、电子邮件超接链等;根据超链接单击对象的不同,超链接可分为文字超链接、图像超链接、图像映射等。

1. 锚点标签<a>…</a>

锚点标签由<a>定义，它在网页上建立超文本链接。通过单击一个词、句或图像，可从此处转到另一个链接资源（目标资源），这个目标资源有唯一的地址（URL）。具有以上特点的词、句或图像就称为热点。<a>标签的格式为：

    <a href="URL" target="打开窗口方式"> 热点 </a>

href 属性为超文本引用，它的值为一个 URL，是目标资源的有效地址。如果要创建一个不连接到其他位置的空超链接，可用"#"代替 URL。target 属性设定链接被单击后所要开始窗口的方式，可选值为：_blank、_parent、_self、_top。

2. 指向其他页面的链接

创建指向其他页面的链接，就是在当前页面与其他相关页面之间建立超链接。根据目标文件与当前文件的目录关系，有4种写法。注意，应该尽量采用相对路径。

（1）链接到同一目录内的网页文件

格式为：

    <a href="目标文件名.htm"> 热点文本 </a>

其中，"目标文件名"是链接所指向的文件。

（2）链接到下一级目录中的网页文件

格式为：

    <a href="子目录名/目标文件名.htm"> 热点文本 </a>

（3）链接到上一级目录中的网页文件

格式为：

    <a href="../目标文件名.htm"> 热点文本 </a>

其中，"../"表示退到上一级目录中。

（4）链接到同级目录中的网页文件

格式为：

    <a href="../子目录名/目标文件名.htm"> 热点文本 </a>

表示先退到上一级目录中，然后再进入目标文件所在的目录。

3. 指向本页中的链接

要在当前页面内实现超链接，需要定义两个标签：一个为超链接标签，另一个为书签标签。

（1）超链接标签

超链接标签的格式为：

    <a href="#记号名"> 热点文本 </a>

即单击"热点文本"，将跳转到"记号名"开始的文本。

（2）书签标签

书签就是用<a>标签对文本做一个记号。如果有多个链接，对不同目标文本要设置不同的书签名。书签名在<a>标签的 name 属性中定义，格式为：

    <a name="记号名"> 目标文本附近的字符串 </a>

4. 指向下载文件的链接

如果链接到的文件不是 HTML 文件，则该文件将作为下载文件，其格式为：

    <a href="下载文件名"> 热点文本 </a>

5. 指向电子邮件的链接

单击指向电子邮件的链接，将打开默认的电子邮件程序，如 FoxMail、Outlook Express 等，并自动填写邮件地址。指向电子邮件链接的格式为：

<a href="mailto:E-mail 地址"> 热点文本 </a>

例如，E-mail 地址是 jw@163.com，可以建立如下链接：

信箱:<a href="mailto:jw@163.com">和我联系</a>

3.2.3 案例——制作珠宝商城服务指南及下载页面

【例 3-7】制作珠宝商城服务指南及下载的页面，本例文件包括 3-6.html、3-7.html 两个展示网页和 guide.rar 下载文件。在浏览器中显示的效果如图 3-7 和图 3-8 所示。

图 3-7 页面之间的链接

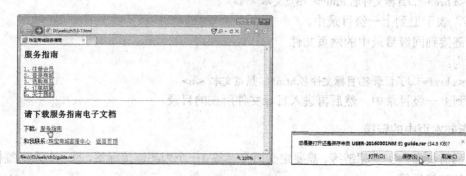 

图 3-8 下载链接

代码如下。

```
<html>
    <head>
        <title>珠宝商城服务指南</title>
    </head>
    <body>
        <h2><a name="top">服务指南</a></h2>
        <a href="#" target="_blank">1、注册会员</a><br/>
        <a href="#">2、登录商城</a><br/>
        <a href="#">3、选购商品</a><br/>
        <a href="#">4、订单结算</a><br/>
```

```
            <a href="3-6.html">5、关于我们</a><br/>
            <hr>
            <h2>请下载服务指南电子文档</h2>
            下载：<a href="guide.rar">服务指南</a><br/><br/>
            和我联系:<a href="mailto:jw@163.com">珠宝商城客服中心</a>  <a href="#top">返回页顶</a>
        </body>
</html>
```

【说明】

① 当把鼠标指针移到超链接上时，鼠标指针变为手形，单击"关于我们"链接则打开指定的网页 3-6.html。如果在<a>标签中省略属性 target，则在当前窗口中显示；当 target="_blank"时，将在新的浏览器窗口中显示。

② 在图 3-7 所示的网页中单击下载热点"服务指南"，将打开下载文件对话框。单击"保存"按钮，将该文件下载到指定位置。

3.3 图像

图像是美化网页最常用的元素之一。HTML 的一个重要特性就是可以在文本中加入图像，既可以把图像作为文档的内在对象加入，又可以通过超链接的方式加入，同时还可以将图像作为背景加入到文档中。

3.3.1 Web 图像的格式及使用要点

1. 常用的 Web 图像格式

虽然有很多种计算机图像格式，但由于受网络带宽和浏览器的限制，在 Web 上常用的图像格式有 3 种：GIF、JPEG 和 PNG。

（1）GIF

GIF 是 Internet 上应用最广泛的图像文件格式之一，是一种索引颜色的图像格式。该格式在网页中使用较多，它的特点是体积小，支持小型翻页型动画，GIF 图像最多可以使用 256 种颜色，最适合制作徽标、图标、按钮和其他颜色、风格比较单一的图片。

（2）JPEG

JPEG 也是 Internet 上应用最广泛的图像文件格式之一，适用于摄影或连续色调图像。JPEG 文件可以包含多达数百万种颜色，因此 JPEG 格式的文件体积较大，图片质量较佳。通常可以通过压缩 JPEG 文件在图像品质和文件大小之间取得良好的平衡。当网页中对图片的质量有要求时，建议使用此格式。

（3）PNG

PNG 是一种新型的无专利权限的图像格式，兼有 GIF 和 JPEG 的优点。它的显示速度很快，只需下载 1/64 的图像信息就可以显示出低分辨率的预览图像。它可以用来代替 GIF 格式，同样支持透明层，在质量和体积方面都具有优势，适合在网络中传输。

2. 使用网页图像的要点

① 高质量的图像因其图像体积过大，不太适合网络传输。一般在网页设计中选择的图像

不要超过 8KB，如果必须选用较大图像时，可先将其分成若干小图像，显示时再通过表格将这些小图像拼合起来。

② 如果在同一个文件中多次使用相同的图像时，最好使用相对路径查找该图像。相对路径是相对于文件而言的，从相对文件所在目录依次往下直到文件所在的位置。例如，文件 X.Y 与 A 文件夹在同一目录下，那么文件 B.A 在目录 A 下的 B 文件夹中，它对于文件 X.Y 的相对路径则为 A/B/B.A，如图 3-9 所示。

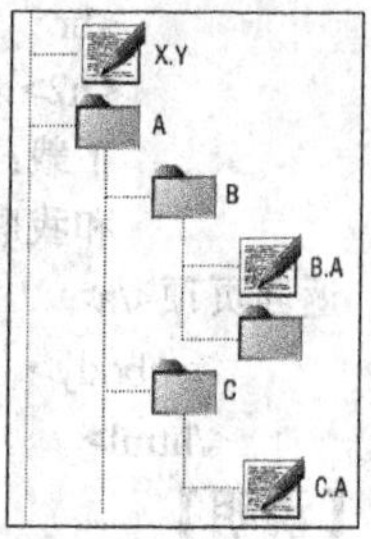

图 3-9 相对路径

3.3.2 图像标签 <img>

在 HTML 中，用 <img> 标签在网页中添加图像，图像是以嵌入的方式添加到网页中的。图像标签的格式为：

<img src="图像文件名" alt="替代文字" title="鼠标悬停提示文字" width="图像宽度" height="图像高度" border="边框宽度" align="环绕方式|对齐方式" />

标签中的属性说明见表 3-2，其中 src 是必需的属性。

表 3-2 图像标签的常用属性

属 性	说 明
src	指定图像源，即图像的 URL 路径
alt	如果图像无法显示，代替图像的说明文字
title	为浏览者提供额外的提示或帮助信息，方便用户使用
width	指定图像的显示宽度（像素数或百分数），通常只设为图像的真实大小以免失真。若需要改变图像大小，最好事先使用图像编辑工具进行修改。百分数是指相对于当前浏览器窗口的百分比
height	指定图像的显示高度（像素数或百分数）
border	指定图像的边框大小，用数字表示，默认单位为像素，默认情况下图片没有边框，即 border=0
align	指定图像的对齐方式，设定图像在水平（环绕方式）或垂直方向（对齐方式）上的位置，包括 left（图像居左，文本在图像的右边）、right（图像居右，文本在图像的左边）、top（文本与图像在顶部对齐）、middle（文本与图像在中央对齐）或 bottom（文本与图像在底部对齐）

需要注意的是，在 width 和 height 属性中，如果只设置了其中的一个属性，则另一个属性会根据已设置的属性按源图等比例显示。如果对两个属性都进行了设置，且其比例和源图大小的比例不一致的话，那么显示的图像会相对于源图变形或失真。

1. 图像的替换文本说明

有时，由于网络过忙或者用户在图片还没有下载完全就单击了浏览器的停止键，用户不能在浏览器中看到图片，这时替换文本说明就十分有必要了。替换文本说明应简洁而清晰，能为用户提供足够的图片说明信息，在无法看到图片的情况下也可以了解图片的内容信息。

在使用 <img> 标签时，最好同时使用 alt 属性和 title 属性，避免因图片路径错误带来的错误信息；同时，增加了鼠标提示信息也方便浏览者的使用。

2. 调整图像大小

在 HTML 中，通过 <img> 标签的属性 width 和 height 来调整图像大小，其目的是通过指定图像的高度和宽度加快图像的下载速度。默认情况下，页面中显示的是图像的原始大小。如果不设置 width 和 height 属性，浏览器就要等到图像下载完毕才显示网页，因此延缓了其他页面元素的显示。

width 和 height 的单位可以是像素，也可以是百分比。百分比表示显示图像大小为浏览器窗口大小的百分比。例如，设置产品图像的宽度和高度，代码如下。

    `<img src="images/ring.jpg" width="200" height="155">`

3．图像的边框

在网页中显示的图像如果没有边框，会显得有些单调，可以通过<img>标签的 border 属性为图像添加边框，添加边框后的图像显得更醒目、美观。

border 属性的值用数字表示，单位为像素；默认情况下图像没有边框，即 border=0；图像边框的颜色不可调整，默认为黑色；当图片作为超链接使用时，图像边框的颜色和文字超链接的颜色一致，默认为深蓝色。

3.3.3 图像超链接

图像也可作为超链接热点，单击图像则跳转到被链接的文本或其他文件。格式为：

    `<a href="URL"> <img src="图像文件名" /> </a>`

例如，制作产品图像的超链接，代码如下。

    `<a href="ring.html">`　　　　　　　　`<!-- 单击图像则打开 ring.html -->`
        `<img src="images/ring.jpg" alt="天使之恋" title="天使之恋" />`
    `</a>`

需要注意的是，当用图像作为超链接热点时，图像按钮会因为超链接而加上超链接的边框，如图 3-10 所示。

去除图像超链接边框的方法是为图像标签添加样式"style="border:none""，代码如下。

    `<a href="ring.html">`　　　　　　　　`<!-- 单击图像则打开 ring.html -->`
        `<img src="images/ring.jpg" alt="天使之恋" title="天使之恋" style="border:none" />`
    `</a>`

去除图像超链接边框后的链接效果如图 3-11 所示。

图 3-10　图像作为超链接热点时加上的边框　　图 3-11　去除图像超链接边框后的链接效果

3.3.4 设置网页背景图像

在网页中可以利用图像作为背景，就像在照相时经常要取一些背景一样。但要注意不要让背景图像影响网页内容的显示，因为背景图像只是起到渲染网页的作用。此外，背景图片最好不要设置边框，这样有利于生成无缝背景。

背景属性将背景设置为图像，属性值为图片的 URL。如果图像尺寸小于浏览器窗口，那么图像将在整个浏览器窗口进行复制。格式为：

    `<body background="背景图像路径">`

设置网页背景图像应注意以下要点。
- 背景图像是否增加了页面的加载时间，背景图像文件大小不应超过 10KB。
- 背景图像是否与页面中的其他图像搭配良好。
- 背景图像是否与页面中的文字颜色搭配良好。

例如，设置产品图像作为网页的背景图像，浏览效果如图 3-12 所示，代码如下。

图 3-12　设置网页背景图像

```
<body background="images/ring.jpg">
```

3.3.5 图文混排

图文混排技术是指设置图像与同一行中的文本、图像、插件或其他元素的对齐方式。在制作网页时往往要在网页中的某个位置插入一个图像，使文本环绕在图像的周围。<img>标签的 align 属性用来指定图像与周围元素的对齐方式，实现图文混排效果，其取值见表 3-3。

表 3-3　图像标签的常用属性

align 的取值	说　　明
left	在水平方向上向上左对齐
center	在水平方向上向上居中对齐
right	在水平方向上向上右对齐
top	图片顶部与同行其他元素顶部对齐
middle	图片中部与同行其他元素中部对齐
bottom	图片底部与同行其他元素底部对齐

与其他元素不同的是，图像的 align 属性既包括水平对齐方式，又包括垂直对齐方式。align 属性的默认值为 bottom。

【例 3-8】使用图文混排技术制作珠宝商城礼品包装的图文简介，本例文件 3-8.html 在浏览器中显示的效果如图 3-13 所示。

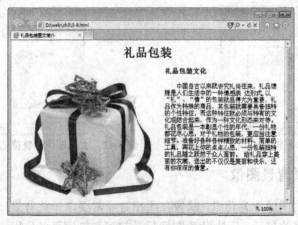

图 3-13　页面的显示效果

代码如下。

```
<html>
<head>
<meta charset="gb2312" />
```

```
        <title>礼品包装图文简介</title>
    </head>
    <body>
        <h1 align="center">礼品包装</h1>
        <hr/>
        <img src="images/gi.jpg" width="400" height="362" align="left" alt="礼品包装"/>
        <h3 align="left">礼品包装文化</h3>
            中国自古以来就讲究礼尚往来，……（此处省略文字）
    </body>
</html>
```

【说明】如果不设置文本对图像的环绕，图像在页面中将占用一整片空白区域。利用<img>标签的 align 属性，可以使文本环绕图像。使用该标签设置文本环绕方式后，将一直有效，直到遇到下一个设置标签为止。

3.4 列表

在制作网页时，列表经常被用到写提纲和品种说明书。通过列表标记的使用能使这些内容在网页中条理清晰、层次分明、格式美观地表现出来。本节将重点介绍列表标签的使用。

列表的存在形式主要分为：无序列表、有序列表、定义列表及嵌套列表等。

3.4.1 无序列表

所谓无序列表就是列表中列表项的前导符号没有一定的次序，而是用黑点、圆圈、方框等一些特殊符号标识。无序列表并不是使列表项杂乱无章，而是使列表项的结构更清晰、更合理。

当创建一个无序列表时，主要使用 HTML 的<ul>标签和<li>标签来标记。其中<ul>标签标识一个无序列表的开始；<li>标签标识一个无序列表项。格式为：

```
<ul type="符号类型">
    <li type="符号类型 1"> 第一个列表项
    <li type="符号类型 2"> 第二个列表项
    …
</ul>
```

从浏览器上看，无序列表的特点是，列表项目作为一个整体，与上下段文本间各有一行空白；表项向右缩进并左对齐，每行前面有项目符号。

<ul>标签的 type 属性用来定义一个无序列表的前导字符，如果省略了 type 属性，浏览器会默认显示为"disc"前导字符。type 取值可以为 disc（实心圆）、circle（空心圆）、square（方框）。设置 type 属性的方法有两种。

1. 在<ul>后指定符号的样式

在<ul>后指定符号的样式，可设定直到</ul>的加重符号。例如：

```
<ul type="disc">            符号为实心圆点●
<ul type="circle">          符号为空心圆点○
<ul type="square">          符号为方块■
<ul img src="mygraph.gif">  符号为指定的图片文件
```

2. 在<li>后指定符号的样式

在<li>后指定符号的样式,可以设置从该<li>起直到</ul>的项目符号。格式就是将前面的 ul 换为 li。

【例 3-9】制作珠宝商城会员注册解答的无序列表,本例文件 3-9.html 在浏览器中显示的效果如图 3-14 所示,代码如下。

```
<html>
    <head>
    <title>无序列表</title>
    </head>
    <body>
        <h2 align="center">会员注册解答</h2>
        <ul type="circle">           <!--列表样式为空心圆点-->
            <li>如何填写注册信息?
            <li>如何激活会员账号?
            <li>密码如何安全设置?
            <li>如何获得商城认证?
        </ul>
    </body>
</html>
```

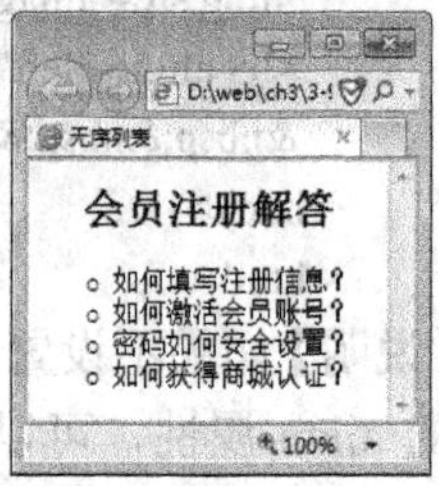

图 3-14 无序列表

【说明】由于在<ul>后指定符号的样式为 type="circle",因此每个列表项显示为空心圆点。

3.4.2 有序列表

有序列表是一个有特定顺序的列表项的集合。在有序列表中,各个列表项有先后顺序之分,它们之间以编号来标记。使用<ol>标签可以建立有序列表,表项的标签仍为<li>。格式为:

```
<ol type="符号类型">
    <li type="符号类型 1"> 表项 1
    <li type="符号类型 2"> 表项 2
    ...
</ol>
```

在浏览器中显示时,有序列表整个表项与上下段文本之间各有一行空白;列表项目向右缩进并左对齐;各表项前带顺序号。

有序的符号标识包括:阿拉伯数字、小写英文字母、大写英文字母、小写罗马数字、大写罗马数字。<ol>标签的 type 属性用来定义一个有序列表的符号样式,在<ol>后指定符号的样式,可设定直到</ol>的表项加重记号。格式为:

```
<ol type="1">          序号为数字
<ol type="A">          序号为大写英文字母
<ol type="a">          序号为小写英文字母
<ol type="I">          序号为大写罗马字母
<ol type="i">          序号为小写罗马字母
```

在<li>后指定符号的样式,可设定该表项前的加重记号。格式只需把上面的 ol 改为 li。

【例 3-10】制作珠宝商城会员注册步骤的有序列表,本例文件 3-10.html 在浏览器中显示的效果如图 3-15 所示,代码如下。

```
<html>
    <head>
```

```
            <title>有序列表</title>
        </head>
        <body>
            <h2 align="center">会员注册步骤</h2>
            <ol type="i">    <!--列表样式为小写罗马字母-->
                <li>填写会员信息
                <li>接收电子邮件
                <li>激活会员账号
                <li>注册成功
            </ol>
        </body>
</html>
```

图 3-15　有序列表

【说明】在<ol>后指定列表样式为type="i"，因此每个列表项显示为小写罗马字母。

3.4.3　定义列表

定义列表又称为释义列表或字典列表，定义列表不是带有前导字符的列项目，而是一列实物以及与其相关的解释。当创建一个定义列表时，主要用到 3 个 HTML 标签：<dl>标签、<dt>标签和<dd>标签。可以使用 dl 创建自定义列表，使用 dt 和 dd 定义列表中具体的数据项。一般情况下使用 dt 定义列表的二级列表项，也可以认为是 dd 的一个概要信息，使用 dd 来定义最底层的列表项。格式为：

```
<dl>
    <dt>…第一个标题项…</dt>
    <dd>…对第一个标题项的解释文字…</dd>
    <dt>…第二个标题项…</dt>
        …
    <dd>…对第二个标题项的解释文字…</dd>
</dl>
```

默认情况下，浏览器一般会在左边界显示条目的名称，并在下一行缩进显示其定义或解释。如果<dd>标签中内容很多，可以嵌套<p>标签使用。

【例 3-11】使用定义列表显示珠宝商城客服中心的联系方式，本例文件 3-11.html 的浏览效果如图 3-16 所示。

代码如下。

```
<html>
<head>
<title>定义列表</title>
</head>
<body>
    <h2 align="center">客服中心联系方式</h2>
    <dl>
        <dt>电话：</dt>
        <dd>400-111-3333</dd>
        <dt>地址：</dt>
        <dd>开封市未来大道</dd>
        <dt>邮编：</dt>
        <dd>475000</dd>
    </dl>
```

图 3-16　定义列表

```
        </body>
</html>
```

【说明】在上面的示例中，<dl>列表中每一项的名称不再是<li>标签，而是用<dt>标签进行标记的，后面跟着由<dd>标签标记的条目定义或解释。

3.4.4 嵌套列表

所谓嵌套列表就是无序列表与有序列表嵌套混合使用。嵌套列表可以把页面分为多个层次，给人以很强的层次感。有序列表和无序列表不仅可以自身嵌套，而且彼此可互相嵌套。嵌套方式可分为：无序列表中嵌套无序列表、有序列表中嵌套有序列表、无序列表中嵌套无序列表、有序列表中嵌套有序列表等方式，读者需要灵活掌握。

【例 3-12】制作珠宝商城会员中心页面，在无序列表中嵌套无序列表、有序列表和定义列表，本例文件 3-12.html 在浏览器中显示的效果如图 3-17 所示，代码如下。

```
<html>
    <head>
        <title>嵌套列表</title>
    </head>
    <body>
        <h2>珠宝商城会员中心</h2>
        <ul>                        <!--无序列表-->
            <li>会员注册解答
            <ul type="circle">      <!--嵌套无序列表-->
                <li>如何填写注册信息？
                <li>如何激活会员账号？
                <li>密码如何安全设置？
                <li>如何获得商城认证？
            </ul>
            <hr />                  <!--水平分隔线-->
            <li>会员注册步骤
            <ol type="i">           <!--嵌套有序列表-->
                <li>填写会员信息
                <li>接收电子邮件
                <li>激活会员账号
                <li>注册成功
            </ol>
            <hr/>                   <!--水平分隔线-->
            <li>联系方式
            <dl>                    <!--嵌套定义列表-->
                <dt>电话：</dt>
                <dd>400-111-3333</dd>
                <dt>地址：</dt>
                <dd>开封市未来大道</dd>
                <dt>邮编：</dt>
                <dd>475000</dd>
            </dl>
        </ul>
    </body>
</html>
```

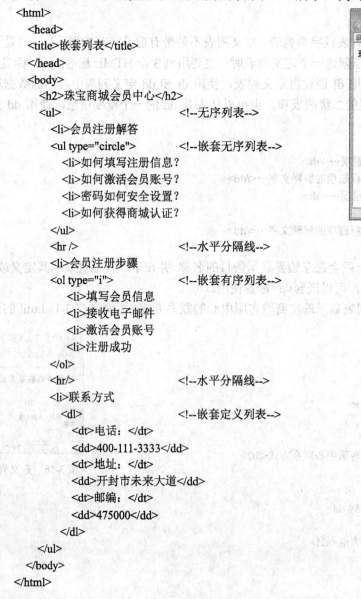

图 3-17 嵌套列表

习题 3

1. 使用文本与段落的基本排版技术制作如图 3-18 所示的页面。
2. 使用嵌套列表制作如图 3-19 所示的珠宝商城支付向导页面。

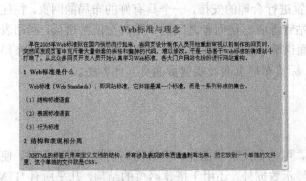 

图 3-18　题 1 图　　　　　　　　　　图 3-19　题 2 图

3. 使用图文混排技术制作如图 3-20 所示的商城简介页面。
4. 使用锚点链接和电子邮件链接制作如图 3-21 所示的网页。

图 3-20　题 3 图　　　　　　　　　　图 3-21　题 4 图

第 4 章 网页布局与交互

网页的布局是指对网页上元素的位置进行合理的安排,一个具有好的布局的网页,往往给浏览者带来赏心悦目的感受;表单是网站管理者与访问者之间进行信息交流的桥梁,利用表单可以收集用户意见,做出科学决策。前面讲解了网页的基本排版方法,并未涉及元素的布局与页面交互,本章将重点讲解使用 HTML 标签布局页面及实现页面交互的方法。

4.1 表格

表格是网页中的一个重要容器元素,可包含文字和图像。表格使网页结构紧凑整齐,使网页内容的显示一目了然。表格除了用来显示数据外,还用于搭建网页的结构,几乎所有 HTML 页面都或多或少地采用了表格。表格可以灵活地控制页面的排版,使整个页面层次清晰。学好网页制作,熟练掌握表格的各种属性是很有必要的。

4.1.1 表格的结构

表格是由行和列组成的二维表,而每行又由一个或多个单元格组成,用于放置数据或其他内容。表格中的单元格是行与列的交叉部分,它是组成表格的最基本单元。单元格的内容是数据,也称数据单元格,数据单元格可以包含文本、图片、列表、段落、表单、水平线或表格等元素。表格中的内容按照相应的行或列进行分类和显示,如图 4-1 所示。

图 4-1 表格的基本结构

4.1.2 表格的基本语法

在 HTML 语法中,表格主要通过 3 个标签来构成:<table>、<tr>和<td>。表格的标签为<table>,行的标签为<tr>,表项的标签为<td>。表格的语法格式为:

```
<table border="n" width="x|x%" height="y|y%" cellspacing="i" cellpadding="j">
    <caption align="left|right|top|bottom valign=top|bottom">标题</caption>
    <tr> <th>表头 1</th> <th>表头 2</th> <th>…</th> <th>表头 n</th></tr>
    <tr> <td>表项 1</td> <td>表项 2</td> <td>…</td> <td>表项 n</td></tr>
    …
    <tr> <td>表项 1</td> <td>表项 2</td> <td>…</td> <td>表项 n</td></tr>
</table>
```

在上面的语法中,使用<caption>标签可为每个表格指定唯一的标题。一般情况下标题会出现在表格的上方,<caption>标签的 align 属性可以用来定义表格标题的对齐方式。在 HTML 标准中规定,<caption>标签要放在打开的<table>标签之后,且网页中的表格标题不能多于一个。

表格是按行建立的，在每一行中填入该行每一列的表项数据。表格的第一行为表头，文字样式为居中、加粗显示，通过<th>标签实现。

在浏览器中显示时，<th>标签的文字按粗体显示，<td>标签的文字按正常字体显示。

表格的整体外观由<table>标签的属性决定，下面将详细讲解如何设置表格的属性。

4.1.3 表格的属性

表格是网页布局中的重要元素，它有丰富的属性，可以对其设置进而美化表格。

1．设置表格的边框

可以使用<table>标签的 border 属性为表格添加边框并设置边框宽度及颜色。表格的边框按照数据单元将表格分割成单元格，边框的宽度以像素为单位，默认情况下表格边框为0。

2．设置表格大小

如果需要表格在网页中占用适当的空间，可以通过 width 和 height 属性指定像素值来设置表格的宽度和高度，也可以通过表格宽度占浏览器窗口的百分比来设置表格的大小。

width 属性和 height 属性不但可以设置表格的大小，还可以设置表格单元格的大小，为表格单元设置 width 或 height 属性，将影响整行或整列单元的大小。

3．设置表格背景颜色

表格背景默认为白色，根据网页设计要求，设置 bgcolor 属性，可以设定表格背景颜色，以增强视觉效果。

4．设置表格背景图像

表格背景图像可以是 GIF、JPEG 或 PNG 三种图像格式。设置 background 属性，可以设定表格背景图像。

同样，可以使用 bgcolor 属性和 background 属性为表格中的单元格添加背景颜色或背景图像。需要注意的是，为表格添加背景颜色或背景图像时，必须使表格中的文本数据颜色与表格的背景颜色或背景图像形成足够的反差。否则，将不容易分辨表格中的文本数据。

5．设置表格单元格间距

使用 cellspacing 属性可以调整表格的单元格和单元格之间的间距，使得表格布局不会显得过于紧凑。

6．设置表格单元格边距

单元格边距是指单元格中的内容与单元格边框的距离，使用 cellpadding 属性可以调整单元格中的内容与单元格边框的距离。

7．设置表格在网页中的对齐方式

表格在网页中的位置有 3 种：居左、居中和居右。使用 align 属性设置表格在网页中的对齐方式，在默认情况下，表格的对齐方式为左对齐。格式为：

            <table align="left|center|right">

当表格位于页面的左侧或右侧时，文本填充在另一侧；当表格居中时，表格两边没有文本；

当 align 属性省略时，文本在表格的下面。

8．表格数据的对齐方式

（1）行数据水平对齐

使用 align 可以设置表格中数据的水平对齐方式，如果在<tr>标签中使用 align 属性，将影响整行数据单元的水平对齐方式。align 属性的值可以是 left、center、right，默认值为 left。

（2）单元格数据水平对齐

如果在某个单元格的<td>标签中使用 align 属性，那么 align 属性将影响该单元格数据水平对齐方式。

（3）行数据垂直对齐

如果在<tr>标签中使用 valign 属性，那么 valign 属性将影响整行数据单元的垂直对齐方式。valign 值可以是 top、middle、bottom、baseline，默认值为 middle。

【例 4-1】制作产品季度销量一览表，本例文件 4-1.html 在浏览器中显示的效果如图 4-2 所示。

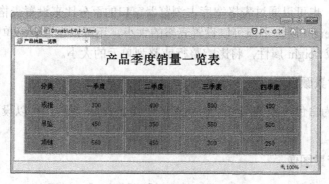

图 4-2　产品季度销量一览表

代码如下。

```
<html>
  <head>
    <title>产品销量一览表</title>
  </head>
  <body>
    <h1 align="center">产品季度销量一览表</h1>
    <table width="720" height="200" border="3" bordercolor="#cccccc" align="center" bgcolor="#cb60b3" cellspacing="5" cellpadding="3">
      <tr bgcolor="#9960b3">            <!--设置表格第 1 行-->
        <th>分类</th>                   <!--设置表格的表头-->
        <th>一季度</th>                 <!--设置表格的表头-->
        <th>二季度</th>                 <!--设置表格的表头-->
        <th>三季度</th>                 <!--设置表格的表头-->
        <th>四季度</th>                 <!--设置表格的表头-->
      </tr>
      <tr>                              <!--设置表格第 2 行-->
        <td align="center">戒指</td>    <!--单元格内容居中对齐-->
        <td align="center">300</td>
        <td align="center">400</td>
```

```html
            <td align="center">500</td>
            <td align="center">400</td>
        </tr>
        <tr>                                    <!--设置表格第3行-->
            <td align="center">吊坠</td>        <!--单元格内容居中对齐-->
            <td align="center">450</td>
            <td align="center">350</td>
            <td align="center">550</td>
            <td align="center">500</td>
        </tr>
        <tr>                                    <!--设置表格第4行-->
            <td align="center">项链</td>        <!--单元格内容居中对齐-->
            <td align="center">560</td>
            <td align="center">450</td>
            <td align="center">300</td>
            <td align="center">250</td>
        </tr>
    </table>
</body>
</html>
```

【说明】

① <th>标签用于定义表格的表头，一般是表格的第1行数据，以粗体、居中的方式显示。

② 在 IE 浏览器中，表格和单元格的背景色必须使用颜色的英文单词或十六进制代码，而不能使用颜色的十六进制缩写形式。例如，上面代码中的 bordercolor="#cccccc"不能缩写为 bordercolor="#ccc"。否则，边框颜色将显示为黑色。但是，在 CSS 样式中允许使用十六进制缩写形式，请读者参见后续的 CSS 样式表章节。

4.1.4 不规范表格

colspan 和 rowspan 属性用于建立不规范表格，所谓不规范表格是单元格的个数不等于行乘以列的数值。在实际应用中经常使用不规范表格，需要把多个单元格合并为一个单元格，也就是要用到表格的跨行、跨列功能。

1. 跨行

跨行是指单元格在垂直方向上合并，语法如下。

```html
<table>
    <tr>
        <td rowspan="所跨的行数">单元格内容</td>
    </tr>
</table>
```

其中，rowspan 指明该单元格应有多少行的跨度，在<th>和<td>标签中使用。

2. 跨列

跨列是指单元格在水平方向上合并，语法如下。

```html
<table>
    <tr>
```

```
        <td colspan="所跨的行数">单元格内容</td>
    </tr>
</table>
```

其中，colspan 指明该单元格应有多少列的跨度，在<th>和<td>标签中使用。

3. 跨行、跨列

【例 4-2】 制作一个跨行、跨列展示的产品销量表格，本例文件 4-2.html 在浏览器中显示的效果如图 4-3 所示。

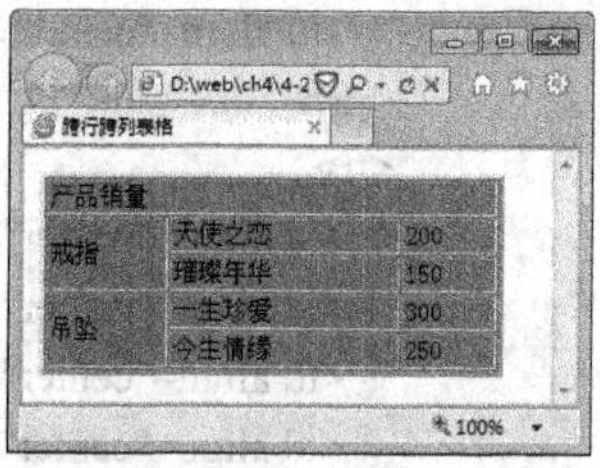

代码如下。

```html
<html>
    <head>
        <title>跨行跨列表格</title>
    </head>
    <body>
        <table width="300" border="3" bgcolor="#cb60b3">
            <tr>
                <td colspan="3">产品销量</td>        <!--设置单元格水平跨 3 列-->
            </tr>
            <tr>
                <td rowspan="2">戒指</td>           <!--设置单元格垂直跨 2 行-->
                <td>天使之恋</td>
                <td>200</td>
            </tr>
            <tr>
                <td>璀璨年华</td>
                <td>150</td>
            </tr>
            <tr>
                <td rowspan="2">吊坠</td>           <!--设置单元格垂直跨 2 行-->
                <td>一生珍爱</td>
                <td>300</td>
            </tr>
            <tr>
                <td>今生情缘</td>
                <td>250</td>
            </tr>
        </table>
    </body>
</html>
```

图 4-3 跨行、跨列的效果

【说明】 表格跨行、跨列以后，并不改变表格的特点。表格中同行的内容总高度一致，同列的内容总宽度一致，各单元格的宽度或高度互相影响，结构相对稳定，不足之处是不能灵活地进行布局控制。

4.1.5 表格数据的分组

表格数据的分组标签包括<thead>、<tbody>和<tfoot>，主要用于对报表数据进行逻辑分组。其中，<thead>标签定义表格的头部；<tbody>标签定义表格的主体，即报表详细的数据描述；

<tfoot>标签定义表格的脚部,即对各分组数据进行汇总的部分。

如果使用<thead>、<tbody>和<tfoot>元素,就必须全部使用。它们出现的次序是:<thead>、<tbody>、<tfoot>,必须在<table>内部使用这些标签,<thead>内部必须拥有<tr>标签。

【例4-3】制作产品销量季度数据报表,本例文件4-3.html的浏览效果如图4-4所示。

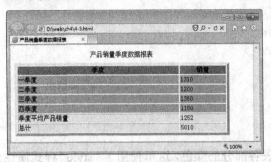

图4-4 产品销量季度数据报表

代码如下。

```
<html>
<head>
<title>产品销量季度数据报表</title>
</head>
<body>
<table width="550" border="6">              <!--设置表格宽度为550px,边框6px-->
  <caption>产品销量季度数据报表</caption>    <!--设置表格的标题-->
  <thead style="background: #0af">          <!--设置报表的页眉-->
    <tr>
      <th>季度</th>
      <th>销量</th>
    </tr>
  </thead>                                  <!--页眉结束-->
  <tbody style="background: #6cc">          <!--设置报表的数据主体-->
    <tr>
      <td>一季度</td>
      <td>1310</td>
    </tr>
    <tr>
      <td>二季度</td>
      <td>1200</td>
    </tr>
    <tr>
      <td>三季度</td>
      <td>1350</td>
    </tr>
    <tr>
      <td>四季度</td>
      <td>1150</td>
    </tr>
  </tbody>                                  <!--数据主体结束-->
```

```
            <tfoot style="background: #ff6">                    <!--设置报表的数据页脚-->
                <tr>
                    <td>季度平均产品销量</td>
                    <td>1252</td>
                </tr>
                <tr>
                    <td>总计</td>
                    <td>5010</td>
                </tr>
            </tfoot>                                             <!--页脚结束-->
        </table>
    </body>
</html>
```

【说明】为了区分报表各部分的颜色，这里使用了"style"样式属性分别为<thead>、<tbody>和<tfoot>设置背景色，此处只是为了演示页面效果。

4.1.6 使用表格实现页面局部布局

在讲解了以上表格基本语法的基础上，下面介绍表格在页面局部布局中的应用。在设计页面时，常需要利用表格来定位页面元素。使用表格可以导入表格化数据、设计页面分栏、定位页面上的文本和图像等。使用表格还可以实现页面局部布局，类似于产品展示、新闻列表这样的效果，可以采用表格来实现。

【例 4-4】使用表格布局珠宝商城产品展示页面，本例文件 4-4.html 在浏览器中显示的效果如图 4-5 所示。

代码如下。

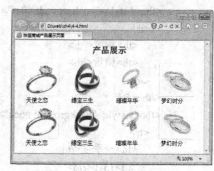

图 4-5 产品展示页面

```
<!doctype html>
<html>
<head>
<title>珠宝商城产品展示页面</title>
</head>
<body>
    <h2 align="center">产品展示</h2>
    <table width="528" border="0" align="center">
        <tr>
            <td height="95" align="center"><img src="images/pi.jpg"/></td>
            <td align="center"><img src="images/pi1.jpg"/></td>
            <td align="center"><img src="images/pi2.jpg"/></td>
            <td align="center"><img src="images/pi3.jpg"/></td>
        </tr>
        <tr>
            <td width="102" height="20" align="center">天使之恋</td>
            <td width="102" align="center">缘定三生</td>
            <td width="102" align="center">璀璨年华</td>
            <td width="102" align="center">梦幻时分</td>
        </tr>
        <tr>
            <td height="95" align="center"><img src="images/pi.jpg"/></td>
```

```
                <td align="center"><img src="images/pi1.jpg"/></td>
                <td align="center"><img src="images/pi2.jpg"/></td>
                <td align="center"><img src="images/pi3.jpg"/></td>
            </tr>
            <tr>
                <td width="102" height="20" align="center">天使之恋</td>
                <td width="102" align="center">缘定三生</td>
                <td width="102" align="center">璀璨年华</td>
                <td width="102" align="center">梦幻时分</td>
            </tr>
        </table>
    </body>
</html>
```

【说明】使用表格布局具有结构相对稳定、简单通用等优点，但表格布局仅适用于页面中数据规整的局部布局，而页面整体布局一般采用主流的 Div+CSS 布局，Div+CSS 布局将在后续章节进行详细讲解。

4.2 使用结构元素构建网页布局

HTML5 可以使用结构元素构建网页布局，使 Web 设计和开发变得容易起来。HTML5 提供了各种切割和划分页面的手段，允许用户创建的切割组件不仅能用来逻辑地组织站点，而且能够赋予网站聚合的能力。HTML5 可谓是"信息到网站设计的映射方法"，因为它体现了信息映射的本质，划分信息，并给信息加上标签，使其变得容易使用和理解。

在 HTML5 中，为了使文档的结构更加清晰明确，使用文档结构元素构建网页布局。HTML5 中的主要文档结构元素包括：

<section>标签：代表文档中的一段或一节。
<nav>标签：用于构建导航。
<header>标签：页面的页眉。
<footer>标签：页面的页脚。
<article>标签：表示文档、页面、应用程序或网站中一体化的内容。
<aside>标签：代表与页面内容相关、有别于主要内容的部分。
<hgroup>标签：代表段或者节的标题。
<time>标签：表示日期和时间。
<mark>标签：文档中需要突出的文字。
使用结构元素构建网页布局如图 4-6 所示。

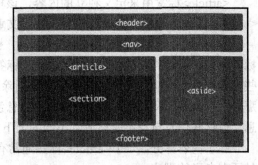

图 4-6 使用结构元素构建网页布局

1. <section>标签

<section>标签用来定义文档中的节（section、区段），如章节、页眉、页脚或文档中的其他部分。例如，下面的代码定义了文档中的区段，解释了 PRC 的含义。

```
    <section>
      <h1>PRC</h1>
      <p>中华人民共和国成立于1949年</p>
    </section>
```

2. <nav>标签

<nav>标签用来定义导航链接的部分。例如，下面的代码定义了导航条中常见的首页、上一页和下一页链接。

```
    <nav>
      <a href="index.html">首页</a>
      <a href="prev.html">上一页</a>
      <a href="next.html">下一页</a>
    </nav>
```

3. <header>标签

<header>标签用来定义文档的页眉。例如，下面的代码定义了文档的欢迎信息。

```
    <header>
      <h1>欢迎光临我的主页</h1>
      <p>我的名字是金镶玉</p>
    </header>
```

4. <footer>标签

<footer>标签用来定义 section 或 document 的页脚，通常该标签包含网站的版权、创作者的姓名、文档的创作日期及联系信息。例如，下面的代码定义了网站的版权信息。

```
    <footer>
      <p>Copyright &copy; 2017 珠宝商城 版权所有</p>
    </footer>
```

5. <article>标签

<article>标签用来定义独立的内容，该标签定义的内容可独立于页面中的其他内容使用。<article>标签经常应用于论坛帖子、新闻文章、博客条目和用户评论等应用中。

<section>标签可以包含<article>标签，<article>标签也可以包含<section>标签。<section>标签用来分组相类似的信息，而<article>标签则用来放置诸如一篇文章或博客一类的信息，这些内容可在不影响内容含义的情况下被删除或被放置到新的上下文中。正如它的名称所暗示的那样，<article>标签提供了一个完整的信息包。相比之下，<section>标签包含的是有关联的信息，但这些信息自身不能被放到不同的上下文中，否则其代表的含义就会丢失。

除了内容部分，一个<article>标签通常有它自己的标题（一般放在<header>标签里面），有时还有自己的脚注。

【例 4-5】使用<article>标签定义新闻内容，本例文件 4-5.html 在浏览器中的显示效果如图 4-7 所示。

代码如下。

```
    <!doctype html>
    <html>
    <head>
```

```html
        <meta charset="gb2312">
        <title>article 标签示例</title>
    </head>
    <body>
        <article>
            <header>
                <h1>天使之恋钻戒</h1>
                <p>发布日期:2017/06/08</p>
            </header>
            <p><b>天使之恋钻戒</b>，珠宝商城全力打造…（文章正文）</p>
            <footer>
                <p>Copyright &copy; 2017 珠宝商城 版权所有</p>
            </footer>
        </article>
    </body>
</html>
```

图 4-7 页面显示效果

【说明】这个示例讲述的是使用<article>标签定义新闻的方法。在<header>标签中嵌入了新闻的标题部分，标题"天使之恋钻戒"被嵌入到<h1>标签中，新闻的发布日期被嵌入到<p>标签中；在标题部分下面的<p>标签中嵌入了新闻的正文；在结尾处的<footer>标签中嵌入了新闻的版权，作为脚注。整个示例的内容相对比较独立、完整，因此，对这部分内容使用了<article>标签。

<article>标签是可以嵌套使用的，内层的内容在原则上需要与外层的内容相关联。例如，针对该新闻的评论就可以使用嵌套<article>标签的方法实现；用来呈现评论的<article>标签被包含在表示整体内容的<article>标签里面。

【例 4-6】使用嵌套的<article>标签定义新闻内容及评论，本例文件 4-6.html 在浏览器中的显示效果如图 4-8 所示。

代码如下。

```html
<!doctype html>
<html>
    <head>
        <meta charset="gb2312">
        <title>嵌套定义 article 标签示例</title>
    </head>
    <body>
        <article>
            <header>
                <h1>天使之恋钻戒</h1>
                <p>发布日期:2017/06/08</p>
            </header>
            <p><b>天使之恋钻戒</b>，珠宝商城全力打造…（文章正文）</p>
            <section>
                <h2>评论</h2>
                <article>
                    <header>
                        <h3>发表者：小明</h3>
                        <p>2 小时前</p>
```

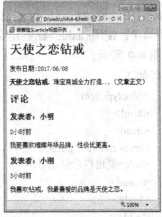

图 4-8 页面显示效果

```
            </header>
            <p>我更喜欢璀璨年华品牌,性价比更高。</p>
        </article>
        <article>
            <header>
                <h3>发表者:小刚</h3>
                <p>3 小时前</p>
            </header>
            <p>我喜欢钻戒,我最喜爱的品牌是天使之恋。</p>
        </article>
    </section>
</article>
```

【说明】

① 这个示例比例 4-5 的内容更加完整了,添加了新闻的评论内容,示例的整体内容还是比较独立、完整的,因此使用了<article>标签。其中,示例的内容又分为几部分,新闻的标题放在了<header>标签中,新闻正文放在了<header>标签后面的<p>标签中,然后<section>标签把正文与评论部分进行了区分,在<section>标签中嵌入了评论的内容,在评论中的<article>标签中又可以分为标题与评论内容部分,分别放在<header>标签和<p>标签中。

② 在 HTML5 中,<article>标签可以看作一种特殊的<section>标签,它比<section>标签更强调独立性。即<section>标签强调分段或分块,而<article>标签强调独立性。具体来说,如果一块内容相对来说比较独立、完整,应使用<article>标签;但如果用户需要将一块内容分成几段,则应使用<section>标签。另外,用户不要为没有标题的内容区块使用<section>标签。

6. <aside>标签

<aside>标签用来表示当前页面或新闻的附属信息部分,它可以包含与当前页面或主要内容相关的引用、侧边栏、广告、导航条,以及其他类似的有别于主要内容的部分。

【例 4-7】使用<aside>标签定义网页的侧边栏信息,本例文件 4-7.html 在浏览器中的显示效果如图 4-9 所示。

代码如下。

```
<!doctype html>
<html>
<head>
<meta charset="gb2312">
<title>侧边栏示例</title>
</head>
<body>
<aside>
    <nav>
        <h2>评论</h2>
        <ul>
            <li><a href="http://blog.sina.com.cn/1683">肥猫</a>     12-24 14:25</li>
            <li><a href="http://blog.sina.com.cn/u/1345">无情剑客</a>     12-22 23:48<br/>
                <a href="http://blog.sina.com.cn/s/1256">顶,拜读一下小哥的文章</a>
            </li>
            <li>
```

图 4-9 页面显示效果

```
            <a href="http://blog.sina.com.cn/u/1259295385">新浪官博</a>09-20 08:50<br/>
                <a href="#">恭喜！您已经成功开通了博客</a>
            </li>
        </ul>
      </nav>
    </aside>
  </body>
</html>
```

【说明】本例为一个典型的博客网站中的侧边栏部分，因此放在了<aside>标签中；该侧边栏又包含导航作用的链接，因此放在<nav>标签中；侧边栏的标题是"评论"，放在了<h2>标签中；在标题之后使用了一个无序列表<ul>标签，用来存放具体的导航链接。

4.3 <div>标签

前面讲解的几类标签一般用于组织小区块的内容，为了方便管理，许多小区块还需要放到一个大区块中进行布局。div 的英文全称为 division，意为"区分"。<div>标签是一个块级元素，用来为 HTML 文档中大块内容提供结构和背景，它可以把文档分割为独立的、不同的部分，其中的内容可以是任何 HTML 元素。

如果有多个<div>标签把文档分成多部分，可以使用 id 或 class 属性来区分不同的<div>。由于<div>标签没有明显的外观效果，所以需要为其添加 CSS 样式属性，才能看到区块的外观效果。<div>标签的格式为：

<div align="left|center|right"> HTML 元素 </div>

其中，属性 align 用来设置文本块、文字段或标题在网页上的对齐方式，取值为：left、center 和 right，默认为 left。

4.4 <span>标签

<div>标签主要用来定义网页上的区域，通常用于较大范围的设置，而<span>标签用来组合文档中的行级元素。

4.4.1 基本语法

<span>标签用来定义文档中一行的一部分，是行级元素。行级元素没有固定的宽度，根据<span>元素的内容决定。<span>元素的内容主要是文本，其语法格式为：

<span>内容</span>

例如，显示产品的定价，特意将定价一行中的价格数字设置为紫色显示，以吸引浏览者的注意，如图 4-10 所示。

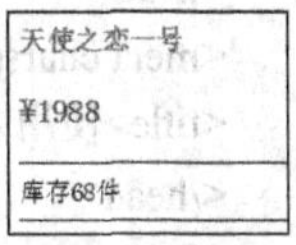

代码如下：

<span style="color:#cb60b3;"> ¥1988</span>

图 4-10 范围标签<span>

其中，<span>…</span>标签限定页面中某个范围的局部信息，style="color:#cb60b3;"用于为范围添加突出显示的样式（紫色）。

4.4.2 <span>标签与<div>标签的区别

<span>标签与<div>标签在网页上的使用，都可以用来产生区域范围，以定义不同的文字段落，且区域间彼此是独立的。不过，两者在使用上还是有一些差异的。

1．区域内是否换行

<div>标签区域内的对象与区域外的上下文会自动换行，而<span>标签区域内的对象与区域外的对象不会自动换行。

2．标签相互包含

<div>与<span>标签区域可以同时在网页上使用，一般在使用上建议用<div>标签包含<span>标签；但<span>标签最好不包含<div>标签，否则会造成<span>标签的区域不完整，形成断行的现象。

4.4.3 使用<div>标签和<span>标签布局网页内容

下面通过一个综合的案例讲解如何使用<div>标签和<span>标签布局网页内容，包括文本、水平线、列表、图像和链接等常见的网页元素。

【例4-8】使用<div>标签和<span>标签布局网页内容，通过为<div>标签添加"style"样式设置标签的宽度、高度及背景色区块的外观效果。本例文件4-8.html在浏览器中显示的效果如图4-11所示。

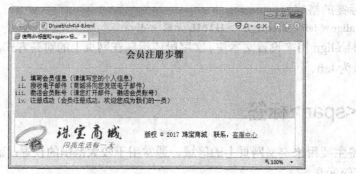

图4-11 使用<div>标签和<span>标签布局网页内容

代码如下。

```
<!doctype html>
<html>
  <head>
    <meta charset="gb2312">
    <title>使用 div 标签和<span>标签布局网页内容</title>
  </head>
  <body>
    <div style="width:720px; height:170px; background:#ddd">
      <h2 align="center">会员注册步骤</h2>
      <hr/>
      <ol type="i">              <!--列表样式为小写罗马字母-->
        <li>填写会员信息（请填写您的个人信息）
        <li>接收电子邮件（商城将向您发送电子邮件）
```

```
                    <li>激活会员账号（请您打开邮件，激活会员账号）
                    <li>注册成功（会员注册成功，欢迎您成为我们的一员）
                </ol>
            </div>
            <div style="width:718px;height:86px;border:1px solid #f96">
                <span><img src="images/logo.png" align="middle"/>  版权 &copy; 2017 珠宝商城  联系：<a href="#">客服中心</a></span>
            </div>
        </body>
</html>
```

【说明】

① 本例中设置了两个<div>分区：内容分区和版权分区。

② 内容分区<div>标签的样式为 style="width:720px; height:170px; background:#ddd"，表示标签的宽度为 720px、高度为 170px 及背景色为浅灰色。

③ 版权分区<div>标签的样式为 style="width:718px;height:86px;border:1px solid #f96"，表示标签的宽度为 718px、高度为 86px 及边框为 1px 橘红色实线。

④ 版权分区中的<span>标签中组织的内容包括图像、文本、超链接 3 种行级元素。

4.5 表单

表单是网页中最常用的元素，是网站服务器端与客户端之间沟通的桥梁。表单在网上随处可见，它们被用于在登录页面输入账号、对博客进行评论、搜索产品等，如图 4-12 所示的搜索产品表单。

4.5.1 表单的工作机制

表单被广泛用于各种信息的搜集与反馈。一个完整的交互表单由两部分组成：一是客户端包含的表单页面，用于填写浏览者进行交互的信息；另一个是服务端的应用程序，用于处理浏览者提交的信息。当访问者在 Web 浏览器中显示的表单中输入信息后，单击"提交"按钮，这些信息将被发送给服务器，服务器端脚本或应用程序将对这些信息进行处理，并将结果发送回访问者。表单的工作机制如图 4-13 所示。

图 4-12 搜索产品表单

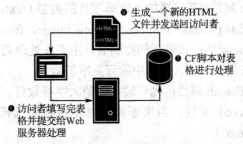

图 4-13 表单的工作机制

4.5.2 表单标签<form>…</form>

网页上具有可输入表项及项目选择等控制所组成的栏目称为表单。<form>标签用于创建供用户输入的 HTML 表单，<form>标签是成对出现的，在开始标签<form>和结束标签</form>之间的部分就是一个表单。

在一个 HTML 页面中允许有多个表单，表单的基本语法及格式为：

  <form name="表单名" action="URL" method="get|post">

  …

  </form>

<form>标签主要处理表单结果的处理和传送，常用属性的含义如下。

name 属性：表单的名字，在一个网页中用于唯一识别一个表单。

action 属性：表单处理的方式，往往是 E-mail 地址或网址。

method 属性：表单数据的传送方向，是获得（GET）表单还是送出（POST）表单。

4.5.3　表单元素

表单是一个容器，可以存放各种表单元素，如按钮、文本域等。表单中通常包含一个或多个表单元素，常见的表单元素见表 4-1。

表 4-1　常见的表单元素

表单元素	功　　能
input	该标签规定用户可输入数据的输入字段
keygen	该标签规定用于表单的密钥对生成器字段
object	该标签用来定义一个嵌入的对象
output	该标签用来定义不同类型的输出，如脚本的输出
select	该标签用来定义下拉列表/菜单
textarea	该标签用来定义一个多行的文本输入区域

1．<input>元素

<input>元素用来定义用户输入数据的输入字段，根据不同的 type 属性，输入字段可以是文本字段、密码字段、复选框、单选按钮、按钮、隐藏域、电子邮件、日期时间、数值、范围、图像、文件等。<input>元素的基本语法及格式为：

  <input type="表项类型" name="表项名" value="默认值" size="x" maxlength="y" />

<input>元素常用属性的含义如下。

type 属性：指定要加入表单项目的类型（text，password，checkbox，radio，button，hidden，email，date pickers，number，range，image，file，submit 或 reset 等）。

name 属性：该表项的控制名，主要在处理表单时起作用。

size 属性：输入字段中的可见字符数。

maxlength 属性：允许输入的最大字符数目。

checked 属性：当页面加载时是否预先选择该 input 元素（适用于 type="checkbox"或 type="radio"）。

step 属性：输入字段的合法数字间隔。

max 属性：输入字段的最大值。

min 属性：输入字段的最小值。

required 属性：设置必须输入字段的值。

pattern 属性：输入字段的值的模式或格式。

readonly 属性：设置字段的值无法修改。
placeholder 属性：设置用户填写输入字段的提示。
autocomplete 属性：设置是否使用输入字段的自动完成功能。
autofocus 属性：设置输入字段在页面加载时是否获得焦点（不适用于 type="hidden"）。
disabled 属性：当页面加载时是否禁用该 input 元素（不适用于 type="hidden"）。

（1）文字和密码的输入

使用<input>元素的 type 属性，可以在表单中加入表项，并控制表项的风格。如果 type 属性值为 text，则输入的文本以标准的字符显示；如果 type 属性值为 password，则输入的文本显示为"*"。在表项前应加入表项的名称，如"您的姓名"等，以告诉浏览者在随后的表项中应输入的内容。文本框和密码框的格式为：

  <input type="text" name="文本框名">
  <input type="password" name="密码框名">

（2）重置和提交

表单按钮用于控制网页中的表单。表单按钮有 4 种类型，即提交按钮、重置按钮、普通按钮和图片按钮。使用提交按钮（submit）可以将填写在文本域中的内容发送到服务器；使用重置按钮（reset）可以将表单输入框的内容返回初始值；使用普通按钮（button）可以制作一个用于触发事件的按钮；使用图片按钮（image）可以制作一个美观的按钮。

4 种按钮的格式为：

  <input type="reset" value="按钮名">
  <input type="submit" value="按钮名">
  <input type="button" value="按钮名">
  <input type="image" src="图片来源">

（3）复选框和单选钮

在页面中有些地方需要列出几个项目，让浏览者通过选择钮来选择项目。选择钮可以是复选框（checkbox）或单选钮（radio）。用<input>元素的 type 属性可设置选择钮的类型；value 属性可设置该选择钮的控制初值，用以告诉表单制作者选择结果；用 checked 属性表示是否为默认选中项；name 属性是控制名，同一组的选择钮的控制名是一样的。复选框和单选钮的格式为：

  <input type="radio" name="单选钮名" value="提交值" checked="checked">
  <input type="checkbox" name="复选框名" value="提交值" checked="checked">

（4）电子邮件输入框

当用户需要通过表单提交电子邮件信息时，可以将<input>元素的 type 属性设置为 email 类型，即可设计用于包含 email 地址的输入框。当用户提交表单时，会自动验证输入 email 值的合法性。格式为：

  <input type="email" name="电子邮件输入框名">

（5）日期时间选择器

HTML5 提供了日期时间选择器 date pickers，拥有多个可供选取日期和时间的新型输入文本框，类型如下。

date：选取日、月、年。
month：选取月、年。
week：选取周和年。
time：选取时间（小时和分钟）。

datetime：选取时间日、月、年（UTC世界标准时间）。
datetime-local：选取时间日、月、年（本地时间）。
日期时间选择器的语法格式为：

<input type="选择器类型" name="选择器名">

（6）URL输入框

当用户需要通过表单提交网站的URL地址时，可以将<input>元素的type属性设置为url类型，即可设计用于包含url地址的输入框。当用户提交表单时，会自动验证输入url值的合法性。格式为：

<input type="url" name="url输入框名">

（7）数值输入框

当用户需要通过表单提交数值型数据时，可以将<input>元素的type属性设置为number类型，即可设计用于包含数值型数据的输入框。当用户提交表单时，会自动验证输入数值型数据值的合法性。格式为：

<input type="number" name="数值输入框名">

（8）范围滑动条

当用户需要通过表单提交一定范围内的数值型数据时，可以将<input>元素的type属性设置为range类型，即可设计用于设置输入数值范围的滑动条。当用户提交表单时，会自动验证输入数值范围的合法性。格式为：

<input type="range" name="范围滑动条名">

另外，用户在使用数值输入框和范围滑动条时可以配合使用max（最大值）、min（最小值）、step（数字间隔）和value（默认值）属性来规定对数值的限定。

2. 选择栏<select>

当浏览者选择的项目较多时，如果用选择钮来选择，占页面的空间就会较大，这时可以用<select>标签和<option>标签来设置选择栏。选择栏可分为两种：弹出式和字段式。

（1）<select>标签

<select>标签的格式为：

```
<select size="x" name="控制操作名" multiple>
  <option …> … </option>
  <option …> … </option>
   …
</select>
```

<select>标签各个属性的含义如下。

size：可选项，用于改变下拉框的大小。size属性的值是数字，表示显示在列表中选项的数目，当size属性的值小于列表框中的列表项数目时，浏览器会为该下拉框添加滚动条，用户可以使用滚动条来查看所有的选项，size默认值为1。

name：选择栏的名称。

multiple：如果加上该属性，表示允许用户从列表中选择多项。

（2）<option>标签

<option>标签的格式为：

<option value="可选择的内容" selected ="selected"> … </option>

<option>标签各个属性的含义如下。

selected：用来指定选项的初始状态，表示该选项在初始时被选中。
value：用于设置当该选项被选中并提交后，浏览器传送给服务器的数据。

选择栏有两种形式：弹出式选择栏和字段式选择栏。字段式选择栏与弹出式选择栏的主要区别在于，前者在<select>中的 size 属性值取大于 1 的值，此值表示在选择栏中不拖动滚动条可以显示的选项的数目。

3．多行文本域<textarea>…</textarea>

在意见反馈栏中往往需要浏览者发表意见和建议，且提供的输入区域一般较大，可以输入较多的文字。使用<textarea>标签可以定义高度超过一行的文本输入框，<textarea>标签是成对标签，开始标签<textarea>和结束标签</textarea>之间的内容就是显示在文本输入框中的初始信息。格式为：

```
<textarea name="文本域名" rows="行数" cols="列数">
    初始文本内容
</textarea>
```

其中的行数和列数是指不拖动滚动条就可看到的部分。

4.5.4 案例——制作珠宝商城会员注册表单

前面讲解了表单元素的基本用法，其中，文本字段比较简单，也是最常用的表单标签。选择栏在具体的应用过程中有一定的难度，读者需要结合实践、反复练习才能够掌握。下面通过一个综合的案例将这些表单元素集成在一起，制作珠宝商城会员注册表单。

【例 4-9】制作珠宝商城会员注册表单，本例文件 4-9.html 在浏览器中显示的效果如图 4-14 所示。

代码如下。

```
<!doctype html>
<html>
    <head>
        <meta charset="gb2312">
        <title>会员注册表</title>
    </head>
    <body>
        <h2>会员注册</h2>
        <form>
            <p>
            账号：<input type="text" required name="username">
            </p>
            <p>
            密码：<input type="password" required name="pass">
            </p>
            <p>
            性别：<input type="radio" name="sex" value="男" checked>男
                <input type="radio" name="sex" value="女">女
            </p>
            <p>
            爱好：<input type="checkbox" name="like" value="音乐">音乐
```

图 4-14　会员注册表单

```
            <input type="checkbox" name="like" value="上网" checked>上网
            <input type="checkbox" name="like" value="足球">足球
            <input type="checkbox" name="like" value="下棋">下棋
        </p>
        <p>
            职业：<select size="3" name="work">
                <option value="政府职员">政府职员</option>
                <option value="工程师" selected>工程师</option>
                <option value="工人">工人</option>
                <option value="教师" selected>教师</option>
                <option value="医生">医生</option>
                <option value="学生">学生</option>
            </select>
        </p>
        <p>
            收入：<select name="salary">
                <option value="1000 元以下">1000 元以下</option>
                <option value="1000-2000 元">1000-2000 元</option>
                <option value="2000-3000 元">2000-3000 元</option>
                <option value="3000-4000 元" selected>3000-4000 元</option>
                <option value="4000 元以上">4000 元以上</option>
            </select>
        </p>
        <p>
            电子邮箱：<input type="email" required name="email" id="email" placeholder="您的电子邮箱">
        </p>
        <p>
            生日：<input type="date" min="1960-01-01" max="2017-3-16" name="birthday" id="birthday" value="1990-11-11">
        </p>
        <p>
            博客地址：<input type="url" name="blog" placeholder="您的博客地址" id="blog">
        </p>
        <p>
            年龄：<input type="number" name="age" id="age" value="25" autocomplete="off" placeholder="您的年龄">
        </p>
        <p>
            工作年限：<input type="range" min="1" step="1" max="20" name="slider" name="workingyear" id="workingyear" placeholder="您的工作年限" value="3">
        </p>
        <p>
            个人简介：<textarea name="think" cols="40" rows="4"></textarea>
        </p>
        <p>
                <input type="submit" name="submit" value="提交"/>  
                <input type="reset" name="reset" value="重写" />
        </p>
```

            </form>
        </body>
    </html>

【说明】"职业"选择栏使用的是弹出式选择栏;"收入"选择栏使用的是字段式选择栏,其<select>标签中的 size 属性值设置为 3。

4.5.5 使用表格布局表单

从上面的珠宝商城会员注册表单案例中可以看出,由于表单没有经过布局,页面整体看起来不太美观。在实际应用中,可以采用以下两种方法布局表单:一是使用表格布局表单;二是使用 CSS 样式布局表单。本节主要讲解使用表格布局表单。

【例 4-10】使用表格布局制作珠宝商城联系我们表单,表格布局示意图如图 4-15 所示,最外围的虚线表示表单,表单内部包含一个 6 行 3 列的表格。其中,第一行和最后一行使用了跨 2 列的设置。本例文件 4-10.html 在浏览器中显示的效果如图 4-16 所示。

图 4-15 表格布局示意图

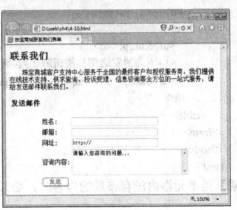
图 4-16 页面显示效果

代码如下。
```
<!doctype html>
<html>
    <head>
        <title>珠宝商城联系我们表单</title>
    </head>
    <body>
<h2>联系我们</h2>
<p>     珠宝商城客户支持中心服务于……(此处省略文字)</p>
<form>
    <table>
        <tr>
            <td><h3>发送邮件</h3></td>
            <td colspan="2"> </td>     <!--内容跨 2 列并且用"空格"填充-->
        </tr>
        <tr>
            <td> </td>                 <!--内容用"空格"填充以实现布局效果-->
            <td>姓名:</td>
            <td> <input type="text" name="username" size="30"></td>
```

```html
                </tr>
                <tr>
                    <td> </td>              <!--内容用"空格"填充以实现布局效果-->
                    <td>邮箱:</td>
                    <td> <input type="text" name="email" size="30"></td>
                </tr>
                <tr>
                    <td> </td>              <!--内容用"空格"填充以实现布局效果-->
                    <td>网址:</td>
                    <td> <input type="text" name="url" size="30" value="http://"></td>
                </tr>
                <tr>
                    <td> </td>              <!--内容用"空格"填充以实现布局效果-->
                    <td>咨询内容:</td>
                    <td> <textarea name="intro" cols="40" rows="4">请输入您咨询的问题...</textarea></td>
                </tr>
                <tr>
                    <td> </td>              <!--内容用"空格"填充以实现布局效果-->
                    <!--下面的发送图片按钮跨2列-->
                    <td colspan="2"> <input type="image" src="images/submit.gif" /></td>
                </tr>
            </table>
        </form>
    </body>
</html>
```

【说明】当单元格内没有布局的内容时,必须使用"空格"填充以实现布局效果。

习题4

1. 使用跨行、跨列的表格制作珠宝商城公告栏分类信息,如图4-17所示。
2. 使用<div>标签组织段落、列表等网页内容,制作公司简介页面,如图4-18所示。

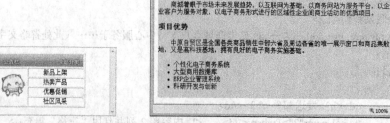

图4-17 题1图   图4-18 题2图

3. 制作珠宝商城客户调查表单,如图4-19所示。
4. 使用表格布局技术制作用户注册表单,如图4-20所示。

图4-19 题3图

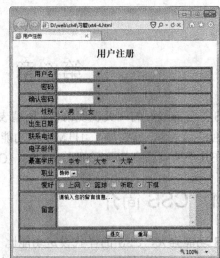
图4-20 题4图

5. 制作如图4-21所示的调查问卷表单。

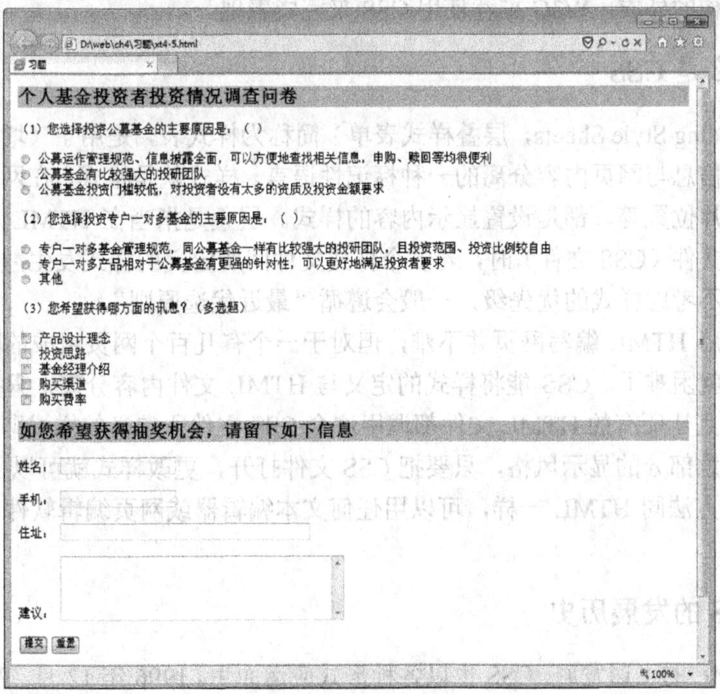

图4-21 题5图

第 5 章 CSS 基础

CSS 是目前最好的网页表现语言，所谓表现就是赋予结构化文档内容显示的样式，包括版式、颜色和大小等，它扩展了 HTML 的功能，使网页设计者能够以更有效的方式设置网页格式。现在几乎所有漂亮的网页都用了 CSS，CSS 已经成为网页设计必不可少的工具之一。

5.1 CSS 简介

CSS 功能强大，CSS 的样式设定功能比 HTML 多，几乎可以定义所有的网页元素。CSS 的表现与 HTML 的结构相分离，CSS 通过对页面结构的风格进行控制，进而控制整个页面的风格。也就是说，页面中显示的内容放在结构里，而修饰、美化放在表现里，做到结构（内容）与表现分开，这样，当页面使用不同的表现时，呈现的样式是不一样的，就像人穿了不同的衣服，表现就是结构的外衣，W3C 推荐使用 CSS 来完成表现。

5.1.1 什么是 CSS

CSS（Cascading Style Sheets，层叠样式表单）简称为样式表，是用于（增强）控制网页样式并允许将样式信息与网页内容分离的一种标记性语言。样式就是格式，在网页中，像文字的大小、颜色及图片位置等，都是设置显示内容的样式。层叠是指当在 HTML 文档中引用多个定义样式的样式文件（CSS 文件）时，若多个样式文件间所定义的样式发生冲突，将依据层次顺序处理。如果不考虑样式的优先级，一般会遵循"最近优选原则"。

众所周知，用 HTML 编写网页并不难，但对于一个有几百个网页组成的网站来说，统一采用相同的格式就困难了。CSS 能将样式的定义与 HTML 文件内容分离，只要建立定义样式的 CSS 文件，并且让所有的 HTML 文件都调用这个 CSS 文件所定义的样式即可。如果要改变 HTML 文件中任意部分的显示风格，只要把 CSS 文件打开，更改样式就可以了。

CSS 的编辑方法同 HTML 一样，可以用任何文本编辑器或网页编辑软件，还可用专门的 CSS 编辑软件。

5.1.2 CSS 的发展历史

伴随着 HTML 的飞速发展，CSS 也以各种形式应运而生。1996 年 12 月，W3C 推出了 CSS 规范的第一个版本 CSS1.0。这一规范立即引起了各方的积极响应，随即 Microsoft 公司和 Netscape 公司纷纷表示自己的浏览器能够支持 CSS1.0，从此 CSS 技术的发展几乎一马平川。1998 年，W3C 发布了 CSS2.0/2.1 版本，这也是至今流行最广且主流浏览器都采用的标准。随着计算机软件、硬件及互联网日新月异地发展，浏览者对网页的视觉和用户体验提出了更高的要求，开发人员对如何快速提供高性能、高用户体验的 Web 应用也提出更高的要求。

早在 2001 年 5 月，W3C 就着手开发 CSS 第 3 版规范——CSS3 规范，它被分为若干个相互独立的模块。CSS3 的产生大大简化了编程模型，它不是仅对已有功能的扩展和延伸，而更多的是对 Web UI 设计理念和方法的革新。CSS3 配合 HTML5 标准，将引起一场 Web 应用的变革，甚至是整个 Internet 产业的变革。

5.1.3 CSS3 的特点

Web 开发者可以借助 CSS3 设计圆角、多背景、用户自定义字体、3D 动画、渐变、盒阴影、文字阴影、透明度等来提高 Web 设计的质量，开发者将不必再依赖图片或 JavaScript 去完成这些任务，极大地提高了网页的开发效率。

1．CSS3 在选择符上的支持

利用属性选择符，用户可以根据属性值的开头或结尾很容易选择某个元素，利用兄弟选择符可以选择同级兄弟节点或紧邻下一个节点的元素，利用伪类选择符可以选择某一类元素，CSS3 在选择符上的丰富支持让用户可以灵活地控制样式。

2．CSS3 在样式上的支持

CSS3 在样式上新增的功能如下。
- 开发者最期待 CSS3 的特性是"圆角"，这个功能可以给网页设计工程师省去很多时间和精力去切图拼凑一个圆角。
- CSS3 可以轻松地实现阴影、盒阴影、文本阴影、渐变等特效。
- CSS3 对于连续文本换行提供了一个属性 word-wrap，用户可以设置其为 normal（不换行）或 break-word（换行），解决了连续英文字符出现页面错位的问题。
- 使用 CSS3 还可以给边框添加背景。

3．CSS3 对于动画的支持

CSS3 支持的动画类型有：transform 变换动画、transition 过渡动画和 animation 动画。

5.1.4 CSS 编写规则

利用 CSS 样式设计虽然很强大，但如果设计人员管理不当将导致样式混乱、维护困难。下面学习 CSS 编写中的一些技巧和规则，使读者在今后设计页面时胸有成竹，代码可读性高，结构良好。

1．目录结构命名规则

存放 CSS 样式文件的目录一般命名为 style 或 css。

2．样式文件的命名规则

在项目初期，会把不同类别的样式放于不同的 CSS 文件，是为了 CSS 编写和调试方便；在项目后期，为了网站性能上的考虑，会整合不同的 CSS 文件到一个 CSS 文件，这个文件一般命名为 style.css 或 css.css。

3．选择符的命名规则

所有选择符必须由小写英文字母或"_"下画线组成，必须以字母开头，不能为纯数字。设计者要用有意义的单词或缩写组合来命名选择符，做到"见其名，知其意"，这样就节省了查找样式的时间。样式名必须能够表示样式的大概含义（禁止出现如 Div1、Div2、Style1 等命

名），读者可以参考表 5-1 中的样式命名。

表 5-1 样式命名参考

页面功能	命名参考	页面功能	命名参考	页面功能	命名参考
容器	wrap/container/box	头部	header	加入	joinus
导航	nav	底部	footer	注册	register
滚动	scroll	页面主体	main	新闻	news
主导航	mainnav	内容	content	按钮	button
顶导航	topnav	标签页	tab	服务	service
子导航	subnav	版权	copyright	注释	note
菜单	menu	登录	login	提示信息	msg
子菜单	submenu	列表	list	标题	title
子菜单内容	subMenuContent	侧边栏	sidebar	指南	guide
标志	logo	搜索	search	下载	download
广告	banner	图标	icon	状态	status
页面中部	mainbody	表格	table	投票	vote
小技巧	tips	列定义	column_1of3	友情链接	friendlink

当定义的样式名比较复杂时用下画线把层次分开，如以下定义导航标志的选择符的 CSS 代码。

#nav_logo{…}
#nav_logo_ico{…}

4．CSS 代码注释

为代码添加注释是一种良好的编程习惯。注释可以增强 CSS 文件的可读性，后期维护也将更加便利。

在 CSS 中添加注释非常简单，它以"/*"开始，以"*/"结尾。注释可以是单行，也可以是多行，并且可以出现在 CSS 代码的任何地方。

（1）结构性注释

结构性注释仅是用风格统一的大注释块从视觉上区分被分隔的部分，如以下代码所示。

/* header（定义网页头部区域）--*/

（2）提示性注释

在编写 CSS 文档时，可能需要某种技巧解决某个问题。在这种情况下，最好将这个解决方案简要地注释在代码后面，如以下代码所示。

```
.news_list li span {
    float:left;        /*设置新闻发布时间向左浮动，与新闻标题并列显示*/
    width:80px;
    color:#999;        /*定义新闻发布时间为灰色，弱化发布的时间在视觉上的感觉*/
}
```

5．CSS 代码的格式

代码缩进可以保证 CSS 代码清晰可读。在实际使用中，可以按"Tab"键来缩进选择符，而按两次"Tab"键来缩进声明和结束大括号。这样的排版规则可以使查询 CSS 规则非常容易，即使在样式表不断增大的情况下，仍然可以避免混乱。

5.1.5 CSS 的工作环境

CSS 的工作环境需要浏览器的支持，否则即使编写出再漂亮的样式代码，如果浏览器不支持 CSS，那么它也只是一段字符串而已。

1. CSS 的显示环境

浏览器是 CSS 的显示环境。目前，浏览器的种类多种多样，虽然 IE、Opera、Chrome、Firefox 等主流浏览器都支持 CSS，但它们之间仍存在着符合标准的差异。也就是说，相同的 CSS 样式代码在不同的浏览器中可能显示的效果有所不同。在这种情况下，设计人员只有不断地测试，了解各主流浏览器的特性，才能让页面在各种浏览器中正确地显示。

2. CSS 的编辑环境

能够编辑 CSS 的软件很多，如 Dreamweaver、Edit Plus、EmEditor 和 topStyle 等，这些软件有些还具有"可视化"功能，但本书不建议读者太依赖"可视化"。本书中所有的 CSS 样式均采用手工输入的方法，不仅能够使设计人员对 CSS 代码有更深入的了解，还可以节省很多不必要的属性声明，效率反而比"可视化"软件还要快。

5.2 HTML 与 CSS

HTML 是网页的主体，由多个元素组成，但这些元素保留的只是基本默认的属性，而 CSS 就是网页的样式，CSS 定义了元素的属性。它们的关系通俗来讲就是 HTML 是人的身体，CSS 则是人的衣服。

5.2.1 传统 HTML 的缺点

在 CSS 还没有被引入页面设计之前，传统的 HTML 语言要实现页面美工设计是十分麻烦的。例如，页面中有一个<h2>标签定义的标题，如果要把它设置为红色，并对字体进行相应的设置，则需要引入<font>标签，代码如下。

```
<h2><font color="red" face="黑体">CSS 美化网页</font></h2>
```

看上去这样的修改并不是很麻烦，但当页面的内容不仅只有一段，而是整个页面甚至整个站点时，情况就变得复杂了。

以下是传统 HTML 修饰页面的示例，页面显示效果如图 5-1 所示。

代码如下。

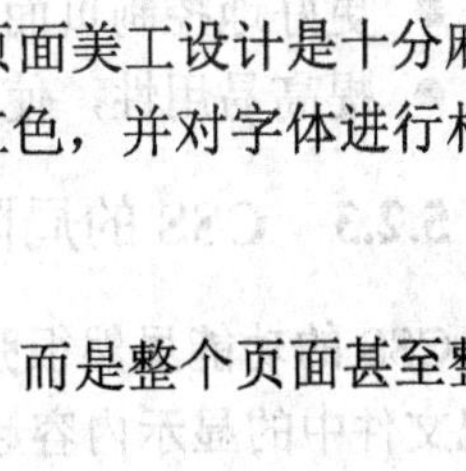

```
<html>
<head>
<title>传统 HTML 的缺点</title>
</head>
<body>
<h2><font color="red" face="黑体"> CSS 美化网页</font></h2>
<p>CSS 是目前最好的网页表现语言</p>
<h2><font color="red" face="黑体"> CSS 美化网页</font></h2>
<p>CSS 是目前最好的网页表现语言</p>
<h2><font color="red" face="黑体"> CSS 美化网页</font></h2>
<p>CSS 是目前最好的网页表现语言</p>
```

图 5-1 页面显示效果

```
</body>
</html>
```

从页面显示效果可以看出，页面中 3 个标题都是红色黑体字。如果要将这 3 个标题改成蓝色，在传统的 HTML 语言中就需要对每个标题的<font>标签进行修改。如果是一个规模很大的网站，而且需要对整个网站进行修改，那么工作量就会很大，甚至无法实现。

其实，传统 HTML 的缺陷远不止上例中所反映的这一个方面，相比 CSS 为基础的页面设计方法，其所体现的不足之处主要有以下几点。

- 维护困难。为了修改某个标签的格式，需要花费大量的时间，尤其对于整个网站而言，后期修改和维护的成本很高。
- 网页过"胖"。由于没有统一对页面各种风格样式进行控制，HTML 页面往往体积过大，占用很多宝贵的带宽。
- 定位困难。在整体布局页面时，HTML 对于各个模块的位置调整显得捉襟见肘，过多的其他标签同样也导致页面的复杂和后期维护的困难。

5.2.2 CSS 的优势

CSS 文档是一种文本文件，可以使用任何一种文本编辑器对其进行编辑，通过将其与 HTML 文档相结合，真正做到将网页的表现与内容分离。即便是一个普通的 HTML 文档，通过对其添加不同的 CSS 规则，也可以得到风格迥异的页面。使用 CSS 美化页面具有如下优势。

- 表现（样式）和内容（结构）分离。
- 易于维护和改版。
- 缩减页面代码，提高页面浏览速度。
- 结构清晰，容易被搜索引擎搜索到。
- 更好地控制页面布局。
- 提高易用性，使用 CSS 可以结构化 HTML。

5.2.3 CSS 的局限性

CSS 的功能虽然很强大，但也有某些局限性。CSS 样式表的主要不足是，其局限于主要对标记文件中的显示内容起作用。显示顺序在某种程度上可以改变，可以插入少量文本内容，但在源 HTML 中做较大改变时，用户需要使用另外的方法，例如，使用 XSL 转换。

由于 CSS 样式表比 HTML 出现得要晚，这就意味着一些较老的浏览器不能识别使用 CSS 编写的样式，并且 CSS 在简单文本浏览器中的用途也很有限，例如，为手机或移动设备编写的简单浏览器等。另外，浏览器支持的不一致性也导致不同的浏览器显示出不同的 CSS 版面编排。

5.3 CSS 语法基础

前面介绍了 CSS 如何在网页中定义和引用，接下来要讲解 CSS 是如何定义网页外观的。其定义的网页外观由一系列规则组成，包括样式规则、选择符和继承。

5.3.1 CSS 样式规则

CSS 为样式化网页内容提供了一条捷径,即样式规则,每一条规则都是单独的语句。

1. 样式规则

样式表的每个规则都有两个主要部分:选择符(selector)和声明(declaration)。选择符决定哪些因素要受到影响,声明由一个或多个属性值对组成。其语法为:

   selector{属性:属性值[[;属性:属性值]…]}

语法说明:

selector 表示希望进行格式化的元素;声明部分包括在选择器后的大括号中;用"属性:属性值"描述要应用的格式化操作。

例如,分析一条如图 5-2 所示的 CSS 规则。

选择符:h1 代表 CSS 样式的名字。

声明:声明包含在一对大括号"{}"内,用于告诉浏览器如何渲染页面中与选择符相匹配的对象。声明内部由属性及其属性值组成,并用冒号隔开,以分号结束,声明的形式可以是一个或多个属性的组合。

图 5-2 CSS 规则

属性(property):定义的具体样式(如颜色、字体等)。

属性值(value):属性值放在属性名和冒号后面,具体内容跟随属性的类别而呈现不同形式,一般包括数值、单位及关键字。

例如,将 HTML 中<body>和</body>标签内的所有文字设置为"华文中宋"、文字大小为 12px、黑色文字、白色背景显示,则只需要在样式中进行如下定义。

```
body
{
    font-family:"华文中宋";        /*设置字体*/
    font-size:12px;               /*设置文字大小为 12px*/
    color:#000;                   /*设置文字颜色为黑色*/
    background-color:#fff;        /*设置背景颜色为白色*/
}
```

从上述代码片段中可以看出,这样的结构对于阅读 CSS 代码十分清晰,为方便以后编辑,还可以在每行后面添加注释说明。但是,这种写法虽然使得阅读 CSS 变得方便,却无形中增加了很多字节,对于有一定基础的 Web 设计人员可以将上述代码改写为如下格式。

   body{font-family:"华文中宋";font-size:12px;color:#000;background-color:#fff;}
   /*定义 body 的样式为 12px 大小的黑色华文中宋字体,且背景颜色为白色*/

2. 选择符的类型

选择符决定了格式化将应用于哪些元素。CSS 选择符包括基本选择符、复合选择符、通配符选择符和特殊选择符。最简单的选择符可以对给定类型的所有元素进行格式化,复杂的选择符可以根据元素的 class 或 id、上下文、状态等来应用格式化规则。下面讲解基本选择符。

5.3.2 基本选择符

基本选择符包括标签选择符、class 类选择符和 id 选择符。

1. 标签选择符

标签选择符是指以文档对象模型（DOM）作为选择符，即选择某个 HTML 标签为对象，设置其样式规则。一个 HTML 页面由许多不同的标签组成，而标签选择符就是声明哪些标签采用哪种 CSS 样式，因此，每一种 HTML 标签的名称都可以作为相应的标签选择符的名称。标签选择符就是网页元素本身，定义时直接使用元素名称。其格式为：

```
E
{
  /*CSS 代码*/
}
```

其中，E 表示网页元素（Element）。例如，以下代码表示标签选择符。

```
body{                        /*body 标签选择符*/
  font-size:13pt;            /*定义 body 文字大小*/
}
div{                         /*div 标签选择符*/
  border:3px double #f00;    /*边框为 3px 红色双线*/
  width: 300px ;             /*把所有的 div 元素定义为宽度为 300 像素*/
}
```

应用上述样式的代码如下。

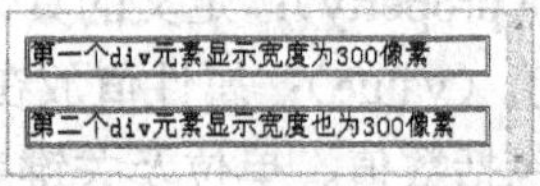

```
<body>
<div>第一个 div 元素显示宽度为 300 像素</div><br/>
<div>第二个 div 元素显示宽度也为 300 像素</div>
</body>
```

浏览器中的显示效果如图 5-3 所示。

图 5-3　标签选择符

2. class 类选择符

class 类选择符用来定义 HTML 页面中需要特殊表现的样式，也称自定义选择符，使用元素的 class 属性值为一组元素指定样式，类选择符必须在元素的 class 属性值前加 "."。class 类选择符的名称可以由用户自定义，属性和值与 HTML 标签选择符一样，必须符合 CSS 规范。

其格式为：

```
<style type="text/css">
<!--
.类名称 1{属性:属性值; 属性:属性值 …}
.类名称 2{属性:属性值; 属性:属性值 …}
    …
.类名称 n{属性:属性值; 属性:属性值 …}
-->
</style>
```

使用 class 类选择符时，需要使用英文 "."（点）进行标识，如以下示例代码。

```
.blue{
  color:#00f;                /*class 类 blue 定义为蓝色文字*/
}
p{                           /*p 标签选择符*/
  border:2px dashed #f00;    /*边框为 2px 红色虚线*/
  width:280px ;              /*所有 p 元素定义为宽度为 280 像素*/
}
```

应用 class 类选择符的代码如下。
    <h3 class="blue">标题可以应用该样式，文字为蓝色</h3>
    <p class="blue">段落也可以应用该样式，文字为蓝色</p>
浏览器中的显示效果如图 5-4 所示。

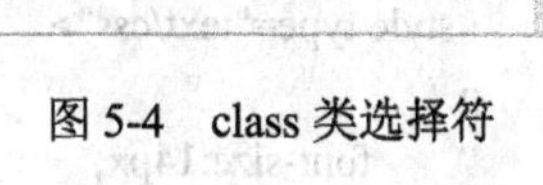

图 5-4　class 类选择符

3．id 选择符

id 选择符用来对某个单一元素定义单独的样式。id 选择符只能在 HTML 页面中使用一次，针对性更强。定义 id 选择符时要在 id 名称前加上一个"#"号。其格式为：

```
<style type="text/css">
<!--
    #id 名 1{属性:属性值; 属性:属性值 …}
    #id 名 2{属性:属性值; 属性:属性值 …}
    …
    #id 名 n{属性:属性值; 属性:属性值 …}
-->
</style>
```

其中，"#id 名"是定义的 id 选择符名称。该选择符名称在一个文档中是唯一的，只对页面中的唯一元素进行样式定义。这个样式定义在页面中只能出现一次，其适用范围为整个 HTML 文档中所有由 id 选择符所引用的设置。

如以下示例代码。

```
#top {
    line-height:20px;           /*定义行高*/
    margin:15px 0px 0px 0px;    /*定义外补丁*/
    font-size:24px;             /*定义字号大小*/
    color:#f00;                 /*定义字体颜色*/
}
```

应用 id 选择符的代码如下。

<div>id 选择符以&ldquo;#&rdquo;开头（此 div 不带 id）
</div>

图 5-5　id 选择符

<div id="top">id 选择符以&ldquo;#&rdquo;开头（此 div 带 id）</div>

浏览器中的显示效果如图 5-5 所示。

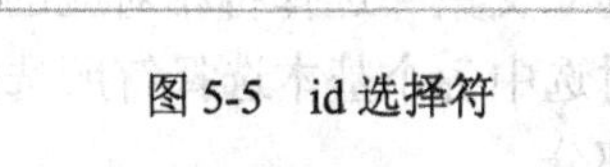

5.3.3　复合选择符

复合选择符包括"交集"选择符、"并集"选择符和"后代"选择符。

1．"交集"选择符

"交集"选择符由两个选择符直接连接构成，其结果是选中两者各自元素范围的交集。其中，第一个选择符必须是标签选择符，第二个选择符必须是 class 类选择符或 id 选择符。这两个选择符之间不能有空格，必须连续书写。

例如，如图 5-6 所示的"交集"选择符。第一个选择符是段落标签选择符，第二个选择符是 class 类选择符。

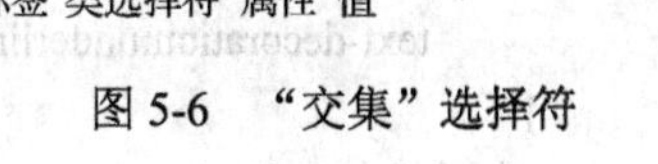

图 5-6　"交集"选择符

【例 5-1】"交集"选择符示例，文件 5-1.html 在浏览器中的显示效果如图 5-7 所示。

代码如下。

```html
<html>
<head>
<title>"交集"选择符示例</title>
<style type="text/css">
p {
    font-size:14px;              /*定义文字大小*/
    color:#00F;                  /*定义文字颜色为蓝色*/
    text-decoration:underline;   /*让文字带有下画线*/
}
.myContent {
    font-size:20px;              /*定义文字大小为 18px*/
    text-decoration:none;        /*让文字不再带有下画线*/
    border:1px solid #C00;       /*设置文字带边框效果*/
}
</style>
</head>
<body>
<p>1."交集"选择符示例</p>
<p class="myContent">2."交集"选择符示例</p>
<p>3."交集"选择符示例</p>
</body>
</html>
```

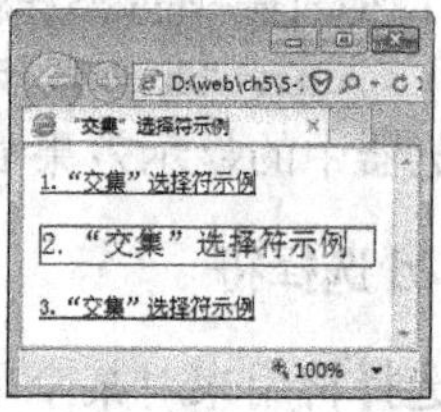

图 5-7 "交集"选择符

【说明】页面中只有第二个段落使用了"交集"选择符，可以看到两个选择符样式交集的结果为字体大小为 20px、红色边框且无下画线。

2. "并集"选择符

与"交集"选择符相对应的还有一种"并集"选择符，或者称为"集体声明"。它的结果是同时选中各个基本选择符所选择的范围。任何形式的基本选择符都可以作为"并集"选择符的一部分。

例如，如图 5-8 所示的"并集"选择符。集合中分别是 <h1>、<h2>和<h3>标签选择符，"集体声明"将为多个标签设置同一样式。

图 5-8 "并集"选择符

【例 5-2】"并集"选择符示例，文件 5-2.html 在浏览器中的显示效果如图 5-9 所示。代码如下。

```html
<html>
<head>
<title>"并集"选择符示例</title>
<style type="text/css">
h1,h2,h3{
    color: purple;               /*定义文字颜色为紫色*/
}
h2.special,#one{
    text-decoration:underline;   /*让文字带有下画线*/
}
</style>
</head>
```

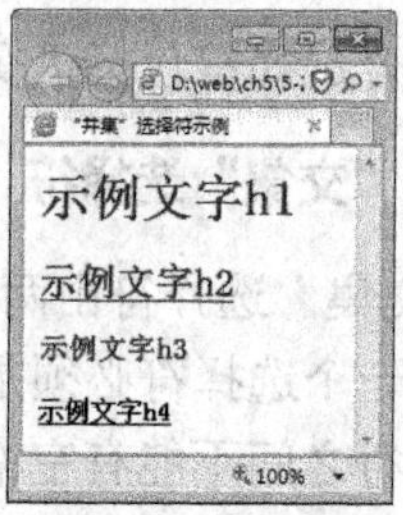

图 5-9 "并集"选择符

```
<body>
<h1>示例文字 h1</h1>
<h2 class="special">示例文字 h2</h2>
<h3>示例文字 h3</h3>
<h4 id="one">示例文字 h4</h4>
</body>
</html>
```

【说明】页面中<h1>、<h2>和<h3>标签使用了"并集"选择符,可以看到这3个标签设置同一样式——文字颜色均为紫色。

3. "后代"选择符

在 CSS 选择符中,还可以通过嵌套的方式,对选择符或 HTML 标签进行声明。当标签发生嵌套时,内层的标签就成为外层标签的后代。"后代"选择符在样式中会常常用到,因布局中常常用到容器的外层和内层,如果用到"后代"选择符就可以对某个容器层的子层进行控制,使其他同名的对象不受该规则影响。

"后代"选择符能够简化代码,实现大范围的样式控制。例如,当用户对<h1>标签下面的<span>标签进行样式设置时,就可以使用"后代"选择符进行相应的控制。"后代"选择符的写法就是把外层的标签写在前面,内层的标签写在后面,之间用空格隔开。

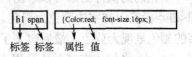

图 5-10 "后代"选择符

例如,如图 5-10 所示的"后代"选择符。外层的标签是<h1>,内层的标签是<span>,标签<span>就成为标签<h1>的后代。

【例 5-3】"后代"选择符示例,文件 5-3.html 在浏览器中的显示效果如图 5-11 所示。代码如下。

```
<html>
<head>
<title>"后代"选择符示例</title>
<style type="text/css">
p span{
    color:red;           /*定义段落中 span 标签文字颜色为红色*/
}
span{
    color:blue;          /*定义普通 span 标签文字颜色为蓝色*/
}
</style>
</head>
<body>
<p>嵌套使用<span>CSS 标签</span>的方法</p>
嵌套之外的<span>标签</span>不生效
</body>
</html>
```

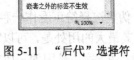

图 5-11 "后代"选择符

5.3.4 通配符选择符

通配符选择符是一种特殊的选择符,用"*"表示,与 Windows 通配符"*"具有相似的功能,可以定义所有元素的样式。其格式为:

```
* {CSS 代码}
```
例如，通常在制作网页时首先将页面中所有元素的外边距和内边距设置为0，代码如下。
```
*{
    margin:0px;      /*外边距设置为0*/
    padding:0px;     /*内边距设置为0*/
}
```
此外，还可以对特定元素的子元素应用样式，如以下代码。
```
* {color:#000;}      /*定义所有文字的颜色为黑色*/
p {color:#00f;}      /*定义段落文字的颜色为蓝色*/
p * {color:#f00;}    /*定义段落子元素文字的颜色为红色*/
```
应用上述样式的代码如下。
```
<h2>通配符选择符</h2>
<div>默认的文字颜色为黑色</div>
<p>段落文字颜色为蓝色</p>
<p><span>段落子元素的文字颜色为红色</span></p>
```
浏览器中的浏览效果如图 5-12 所示。

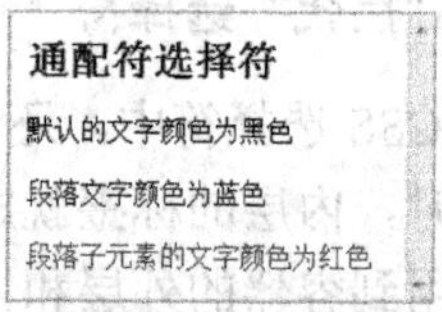

图 5-12 通配符选择符

从代码的执行结果可以看出，由于通配符选择符定义了所有文字的颜色为黑色，所以\<h2>和\<div>标签中文字的颜色为黑色。接着又定义了 p 元素的文字颜色为蓝色，所以\<p>标签中文字的颜色呈现为蓝色。最后定义了 p 元素内所有子元素的文字颜色为红色，所以\<p>\和\\</p>之间的文字颜色呈现为红色。

5.3.5 特殊选择符

前面已经讲解了多个常用的选择符，除此之外还有两个比较特殊的、针对属性操作的选择符——伪类选择符和伪元素。首先讲解伪类选择符。

1. 伪类选择符

伪类选择符可看作一种特殊的类选择符，是能被支持 CSS 的浏览器自动识别的特殊选择符。其最大的用处是，可以对链接在不同状态下的内容定义不同的样式效果。伪类之所以名字中有"伪"字，是因为它所指定的对象在文档中并不存在，它指定的是一个或与其相关的选择符的状态。伪类选择符和类选择符不同，不能像类选择符一样随意用别的名字。

伪类可以让用户在使用页面的过程中增加更多的交互效果，例如，应用最为广泛的锚点标签\<a>的几种状态（未访问链接状态、已访问链接状态、鼠标指针悬停到链接上的状态及被激活的链接状态），具体代码如下所示。
```
a:link {color:#FF0000;}       /*未访问的链接状态*/
a:visited {color:#00FF00;}    /*已访问的链接状态*/
a:hover {color:#FF00FF;}      /*鼠标指针悬停到链接上的状态*/
a:active {color:#0000FF;}     /*被激活的链接状态*/
```
需要注意的是，active 样式要写到 hover 样式后面，否则是不生效的。因为当浏览者按鼠标未松手（active）时其实也是获取焦点（hover）的时候，所以如果把 hover 样式写到 active 样式后面就把样式重写了。

【例 5-4】伪类的应用。当鼠标指针悬停在超链接时背景色变为其他颜色，文字字体变大，并添加了边框线，待鼠标离开超链接时又恢复到默认状态，这种效果就可以通过伪类实现。本例文件 5-4.html 在浏览器中的显示效果如图 5-13 所示。

 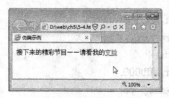

鼠标指针悬停的时候　　　　　　　　鼠标指针离开超链接

图 5-13　伪类的应用

代码如下。

```
<html>
<head>
<meta charset="gb2312">
<title>伪类示例</title>
<style type="text/css">
a:hover {
    background-color:#ff0;         /*定义背景颜色*/
    border:1px dashed #00f;        /*定义边框粗细、类型及其颜色*/
    font-size:32px;                /*定义字体大小*/
}
</style>
</head>
<body>
    <p>接下来的精彩节目——请看我的<a href="#">变脸</a></p>
</body>
</html>
```

2．伪元素

与伪类的方式类似,伪元素通过对插入到文档中的虚构元素进行触发,从而达到某种效果。CSS 的主要目的是给 HTML 元素添加样式,然而,在一些案例中给文档添加额外的元素是多余的或是不可能的。CSS 有一个特性——允许用户添加额外元素而不扰乱文档本身,这就是"伪元素"。

伪元素语法的形式为:

　　选择符：伪元素{属性: 属性值; }

伪元素的具体内容及作用见表 5-2。

表 5-2　伪元素的内容及作用

伪元素	作用
:first-letter	将特殊的样式添加到文本的首字母
:first-line	将特殊的样式添加到文本的首行
:before	在某元素之前插入某些内容
:after	在某元素之后插入某些内容

【例 5-5】伪元素的应用。本例文件 5-5.html 在浏览器中的显示效果如图 5-14 所示。

代码如下。

```
<html>
<head>
```

```
<title>伪元素示例</title>
<style type="text/css">
h4:first-letter {
    color: #ff0000;
    font-size:36px;
}
p:first-line {
    color: #ff0000;
}
</style>
</head>
<body>
<h4>尊贵的客户，您好！欢迎进入珠宝商城客户服务中心。</h4>
<p>我们的服务宗旨是"品质第一，服务第一，顾客满意度最佳"，为客户创造完美的体验，携手并进，共创美好明天。</p>
</body>
</html>
```

图 5-14　伪元素的显示效果

【说明】

① 在以上示例代码中，分别对"h4:first-letter"、"p:first-line"进行了样式指派。从图 5-14 中可以看出，凡是<h4>与</h4>之间的内容，都应用了首字号增大且变为红色的样式；凡是<p>与</p>之间的内容，都应用了首行文字变为红色的样式。

② IE 浏览器在伪类和伪元素的支持上十分有限，比如:before 与:after 就不被 IE 所支持。相比之下，Chrome 和 Opera 浏览器对伪类和伪元素的支持较好。

5.4　CSS 的属性单位

在 CSS 文字、排版、边界等的设置上，常常会在属性值后加上长度或者百分比单位，通过本节的学习将掌握两种单位的使用。

5.4.1　长度、百分比单位

使用 CSS 进行排版时，常常会在属性值后面加上长度或百分比的单位。

1．长度单位

长度单位有相对长度单位和绝对长度单位两种类型。

相对长度单位是指，以该属性前一个属性的单位值为基础来完成目前的设置。

绝对长度单位将不会随着显示设备的不同而改变。换句话说，属性值使用绝对长度单位时，不论在哪种设备上，显示效果都是一样的，如屏幕上的 1cm 与打印机上的 1cm 是一样长的。

由于相对长度单位确定的是一个相对于另一个长度属性的长度，因此它能更好地适应不同的媒体，所以它是首选。一个长度的值由可选的正号"+"或负号"-"，接着一个数字，后面跟标明单位的两个字母组成。

长度单位见表 5-3。当使用 pt 作为单位时，设置显示字体大小不同，显示效果也会不同。

表 5-3 长度单位

长度单位	简介	示例	长度单位类型
em	相对于当前对象内大写字母 M 的宽度	div { font-size : 1.2em }	相对长度单位
ex	相对于当前对象内小写字母 x 的高度	div { font-size : 1.2ex }	相对长度单位
px	像素（pixel），像素是相对于显示器屏幕分辨率而言的	div { font-size : 12px }	相对长度单位
pt	点（point），1pt = 1/72in	div { font-size : 12pt }	绝对长度单位
pc	派卡（pica），相当于汉字新四号铅字的尺寸，1pc =12pt	div { font-size : 0.75pc }	绝对长度单位
in	英寸（inch），1in = 2.54cm = 25.4mm = 72pt = 6pc	div { font-size : 0.13in }	绝对长度单位
cm	厘米（centimeter）	div { font-size : 0.33cm }	绝对长度单位
mm	毫米（millimeter）	div { font-size : 3.3mm }	绝对长度单位

2．百分比单位

百分比单位也是一种常用的相对类型，通常的参考依据为元素的 font-size 属性。百分比值总是相对于另一个值来说的，该值可以是长度单位或其他单位。每一个可以使用百分比值单位指定的属性，同时也自定义了这个百分比值的参照值。在大多数情况下，这个参照值是该元素本身的字体尺寸。并非所有属性都支持百分比单位。

一个百分比值由可选的正号"+"或负号"-"，接着一个数字，后面跟百分号"%"组成。如果百分比值是正的，正号可以不写。正负号、数字与百分号之间不能有空格。例如：

```
p{ line-height: 200% }          /*本段文字的高度为标准行高的 2 倍*/
hr{ width: 80% }                /*水平线长度是相对于浏览器窗口的 80% */
```

注意，不论使用哪种单位，在设置时，数值与单位之间不能加空格。

5.4.2 色彩单位

在 HTML 网页或 CSS 样式的色彩定义里，设置色彩的方式是 RGB 方式。在 RGB 方式中，所有色彩均由红色（Red）、绿色（Green）、蓝色（Blue）3 种色彩混合而成。

在 HTML 标记中只提供两种设置色彩的方法：十六进制数和色彩英文名称。CSS 则提供了 4 种定义色彩的方法：十六进制数、色彩英文名称、rgb 函数和 rgba 函数。

1．用十六进制数方式表示色彩值

在计算机中，定义每种色彩的强度范围为 0～255。当所有色彩的强度都为 0 时，将产生黑色；当所有色彩的强度都为 255 时，将产生白色。

在 HTML 中，使用 RGB 概念指定色彩时，前面是一个"#"号，再加上 6 个十六进制数字表示，表示方法为：#RRGGBB。其中，前两个数字代表红光强度（Red），中间两个数字代表绿光强度（Green），后两个数字代表蓝光强度（Blue）。以上 3 个参数的取值范围为 00～ff。参数必须是两位数。对于只有 1 位的参数，应在前面补 0。这种方法共可表示 256×256×256 种色彩，即 16M 种色彩。而红色、绿色、黑色、白色的十六进制设置值分别为：#ff0000、#00ff00、#0000ff、#000000、#ffffff。如下面的示例代码。

```
div { color: #ff0000 }
```

如果每个参数各自在两位上的数字都相同，也可缩写为#RGB 的方式。例如，#cc9900 可以缩写为#c90。

2. 用色彩英文名称方式表示色彩值

在 CSS 中也提供了与 HTML 一样的用色彩英文名称表示色彩的方式。CSS 只提供了 16 种色彩名称，见表 3-1。如下面的示例代码。

    div {color: red}

3. 用 rgb 函数方式表示色彩值

在 CSS 中，可以用 rgb 函数设置所要的色彩。语法格式为：rgb(R,G,B)。其中，R 为红色值，G 为绿色值，B 为蓝色值。这 3 个参数可取正整数值或百分比值，正整数值的取值范围为 0~255，百分比值的取值范围为色彩强度的百分比 0.0%~100.0%。如下面的示例代码。

    div { color: rgb(128,50,220) }
    div { color: rgb(15%,100%,60%) }

4. 用 rgba 函数方式表示色彩值

rgba 函数在 rgb 函数的基础上增加了控制 alpha 透明度的参数。其语法格式为：rgba(R,G,B,A)。其中，R、G、B 参数等同于 rgb 函数中的 R、G、B 参数，A 参数表示 alpha 透明度，取值在 0~1 之间，不可为负值。如下面的示例代码。

    <div style="background-color: rgba(0,0,0,0.5);">alpha 值为 0.5 的黑色背景</div>

5.5 网页中引用 CSS 的方法

要想在浏览器中显示出样式表的效果，就要让浏览器识别并调用。当浏览器读取样式表时，要依照文本格式来读。这里介绍 4 种在页面中引入 CSS 样式表的方法：定义行内样式、定义内部样式表、链入外部样式表和导入外部样式表。

5.5.1 行内样式

行内样式是各种引用 CSS 方式中最直接的一种。行内样式就是通过直接设置各个元素的 style 属性，从而达到设置样式的目的。这样的设置方式，使得各个元素都有自己独立的样式，但会使整个页面变得更加臃肿。即便两个元素的样式是一模一样的，用户也需要写两遍。

元素的 style 属性值可以包含任何 CSS 样式声明。用这种方法，可以很简单地对某个标签单独定义样式表。这种样式表只对所定义的标签起作用，并不对整个页面起作用。行内样式的格式为：

    <标签 style="属性:属性值; 属性:属性值 …">

需要说明的是，行内样式由于将表现和内容混在一起，不符合 Web 标准，所以慎用这种方法，当样式仅需要在一个元素上应用一次时可以使用行内样式。

【例 5-6】使用行内样式将样式表的功能加入到网页，本例文件 5-6.html 在浏览器中的显示效果如图 5-15 所示。

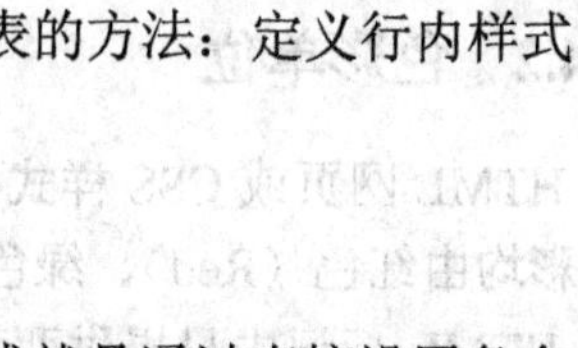

代码如下。

```
<html>
<head>
  <title>直接定义标签的 style 属性</title>
</head>
<body>
```

图 5-15 行内样式

```
        <p style="font-size:18px; color:red">此行文字被 style 属性定义为红色显示</p>
        <p>此行文字没有被 style 属性定义</p>
    </body>
</html>
```

【说明】代码中第 1 个段落标签被直接定义了 style 属性，此行文字将显示 18px 大小、红色文字；而第 2 个段落标签没有被定义，将按照默认的设置显示文字样式。

5.5.2 内部样式表

内部样式表是指样式表的定义处于 HTML 文件一个单独的区域，与 HTML 的具体标签分离开来，从而可以实现对整个页面范围的内容显示进行统一的控制与管理。与行内样式只能对所在标签进行样式设置不同，内部样式表处于页面的<head>与</head>标签之间。单个页面需要应用样式时，最好使用内部样式表。

内部样式表的格式为：

```
<style type="text/css">
<!--
    选择符 1{属性:属性值；属性:属性值 …}      /* 注释内容 */
    选择符 2{属性:属性值；属性:属性值 …}
    …
    选择符 n{属性:属性值；属性:属性值 …}
-->
</style>
```

<style>…</style>标签对用来说明所要定义的样式。type 属性指定 style 使用 CSS 的语法来定义。当然，也可以指定使用像 JavaScript 之类的语法来定义。属性和属性值之间用冒号"："隔开，定义之间用分号"；"隔开。

<!-- … -->的作用是避免旧版本浏览器不支持 CSS，把<style>…</style>的内容以注释的形式表示，这样对于不支持 CSS 的浏览器，会自动略过此段内容。

选择符可以使用 HTML 标签的名称，所有 HTML 标签都可以作为 CSS 选择符使用。

/* … */为 CSS 的注释符号，主要用于注释 CSS 的设置值。注释内容不会被显示或引用在网页上。

【例 5-7】使用内部样式表将样式表的功能加入到网页，本例文件 5-7.html 在浏览器中的显示效果如图 5-16 所示。

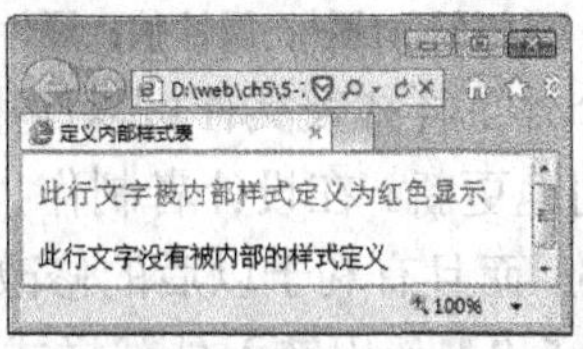

代码如下。
```
<html>
<head>
    <title>定义内部样式表</title>
<style text="text/css">
<!--
.red{
    font-size:18px;
    color:red;
}
-->
</style></head>
<body>
```

图 5-16 内部样式表

```html
<p class="red">此行文字被内部样式定义为红色显示</p>
<p>此行文字没有被内部的样式定义</p>
</body>
</html>
```

【说明】代码中第 1 个段落标签使用内部样式表中定义的.red 类，此行文字将显示 18px 大小、红色文字；而第 2 个段落标签没有被定义，将按照默认的设置显示文字样式。

5.5.3　链入外部样式表

外部样式表通过在某个 HTML 页面中添加链接的方式生效。同一个外部样式表可以被多个网页甚至是整个网站的所有网页所采用，这就是它最大的优点。如果说内部样式表在总体上定义了一个网页的显示方式，那么外部样式表可以说在总体上定义了一个网站的显示方式。

外部样式表把声明的样式放在样式文件中，当页面需要使用样式时，通过<link>标签连接外部样式表文件。使用外部样式表，通过改变一个文件就能改变整个站点的外观。

1．用<link>标签链接样式表文件

<link>标签必须放到页面的<head>…</head>标签对内。其格式为：

```
<head>
    …
    <link rel="stylesheet" href="外部样式表文件名.css" type="text/css">
    …
</head>
```

其中，<link>标签表示浏览器从"外部样式表文件.css"文件中以文档格式读出定义的样式表。rel="stylesheet"属性定义在网页中使用外部的样式表，type="text/css"属性定义文件的类型为样式表文件，href 属性用于定义.css 文件的 URL。

2．样式表文件的格式

样式表文件可以用任何文本编辑器（如记事本）打开并编辑，一般样式表文件的扩展名为.css。样式表文件的内容是定义的样式表，不包含 HTML 标签。样式表文件的格式为：

```
选择符 1{属性:属性值; 属性:属性值 …}        /* 注释内容 */
选择符 2{属性:属性值; 属性:属性值 …}
…
选择符 n{属性:属性值; 属性:属性值 …}
```

一个外部样式表文件可以应用于多个页面。在修改外部样式表时，引用它的所有外部页面也会自动地更新。在设计者制作大量相同样式页面的网站时，这将非常有用，不仅减少了重复的工作量，而且有利于以后的修改。浏览时也减少了重复下载的代码，加快了显示网页的速度。

【例 5-8】使用链入外部样式表将样式表的功能加入到网页，链入外部样式表文件至少需要两个文件，一个是 HTML 文件，另一个是 CSS 文件。本例文件 5-8.html 在浏览器中的显示效果如图 5-17 所示。

CSS 文件名为 style.css，存放在文件夹 style 中，代码如下。

```css
.red{
    font-size:18px;
    color:red;
}
```

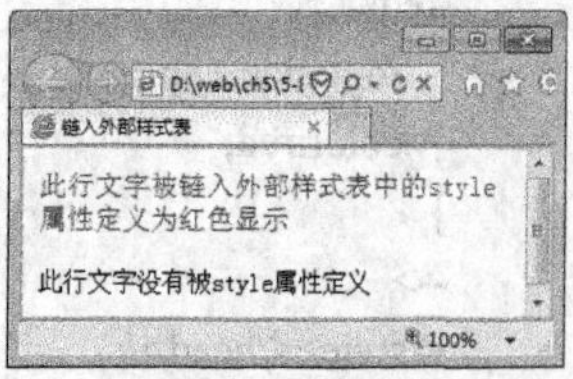

图 5-17　链入外部样式表

网页结构文件 5-8.html 的 HTML 代码如下。

```html
<html>
<head>
<title>链入外部样式表</title>
    <link rel="stylesheet" type="text/css" href="style/style.css" />
</head>
<body>
    <p class="red">此行文字被链入外部样式表中的 style 属性定义为红色显示</p>
    <p>此行文字没有被 style 属性定义</p>
</body>
</html>
```

【说明】代码中第 1 个段落标签使用链入外部样式表 style.css 中定义的.red 类，此行文字将显示 18px 大小、红色文字；第 2 个段落标签没有被定义，将按照默认的设置显示文字样式。

5.5.4 导入外部样式表

导入外部样式表是指在内部样式表的<style>标签里导入一个外部样式表，当浏览器读取 HTML 文件时，复制一份样式表到这个 HTML 文件中。其格式为：

```
<style type="text/css">
<!--
@import url("外部样式表的文件名 1.css");
@import url("外部样式表的文件名 2.css");
其他样式表的声明
-->
</style>
```

导入外部样式表的使用方式与链入外部样式表相似，都是将样式定义保存为单独文件。两者的本质区别是：导入方式在浏览器下载 HTML 文件时，将样式文件的全部内容复制到@import 关键字位置，以替换该关键字；而链入方式仅在 HTML 文件需要引用 CSS 样式文件中的某个样式时，浏览器才链接样式文件，读取需要的内容并不进行替换。

需要注意的是，@import 语句后的";"号不能省略。所有的@import 声明必须放在样式表的开始部分，在其他样式表声明的前面，其他 CSS 规则放在其后的<style>标签对中。如果在内部样式表中指定了规则（如.bg{ color: black; background: orange }），其优先级将高于导入的外部样式表中相同的规则。

【例 5-9】使用导入外部样式表将样式表的功能加入到网页，导入外部样式表文件至少需要两个文件，一个是 HTML 文件，另一个是 CSS 文件。本例文件 5-9.html 在浏览器中的显示效果如图 5-18 所示。

CSS 文件名为 extstyle.css，存放在文件夹 style 中，代码如下。

```css
.red{
    font-size:18px;
    color:red;
}
```

网页结构文件 5-9.html 的 HTML 代码如下。

```html
<html>
<head>
<title>导入外部样式表</title>
```

图 5-18 导入外部样式表

```
<style type="text/css">
    @import url("style/extstyle.css");
</style>
</head>
<body>
    <p class="red">此行文字被导入外部样式表中的 style 属性定义为红色显示</p>
    <p>此行文字没有被 style 属性定义</p>
</body>
</html>
```

【说明】代码中第 1 个段落标签使用导入外部样式表 extstyle.css 中定义的.red 类，此行文字将显示 18px 大小、红色文字；第 2 个段落标签没有被定义，将按照默认的设置显示文字样式。

以上 4 种定义与使用 CSS 样式表的方法中，最常用的还是先将样式表保存为一个样式表文件，然后使用链入外部样式表的方法在网页中引用 CSS。

5.5.5 案例——制作珠宝商城客服中心页面

【例 5-10】使用链入外部样式表的方法制作珠宝商城客服中心页面，本例文件 5-10.html 在浏览器中的显示效果如图 5-19 所示。

图 5-19 珠宝商城客服中心页面

制作过程如下。

① 建立目录结构。在案例文件夹下创建文件夹 css，用来存放外部样式表文件。

② 外部样式表。在文件夹 css 下用记事本新建一个名为 style.css 的样式表文件。

代码如下。

```
body{                           /*设置页面整体样式*/
    background:#cb60b3;         /*页面背景色为紫色*/
}
.container{                     /*设置内容容器样式*/
    width:970px;                /*容器宽 970px*/
    padding:0 15px;             /*上、下内边距 0px，左、右内边距 15px*/
    margin:0 auto;              /*内容水平居中对齐*/
    background:#fff;            /*内容白色背景*/
```

```css
.custom-top{                    /*设置页面顶部区域样式*/
    padding:3em 0em;            /*上、下内边距3倍默认字体大小,左、右内边距为0*/
}
.custom-top h2{                 /*设置客服中心文字样式*/
    font-size:3em;              /*字体大小为3倍默认字体尺寸*/
    color:#a336a2;              /*深紫色文字*/
    text-align:center;          /*文本水平居中对齐*/
    font-family: 'Courgette', cursive;
    padding:0 0 1em;            /*上、下内边距0px,左、右内边距1倍默认字体大小*/
}
.bottom-custom h3{              /*设置服务宗旨和联系方式标题文字样式*/
    font-size: 1.3em;           /*字体大小为1.3倍默认字体尺寸*/
    font-weight: 600;           /*字体加粗*/
    color: #a336a2;             /*深紫色文字*/
}
.bottom-custom p{               /*设置服务宗旨和联系方式段落文字样式*/
    color: #000;                /*黑色文字*/
    font-size: 0.9em;           /*字体大小为0.9倍默认字体尺寸*/
    line-height: 2em;           /*行高为2倍默认字体尺寸*/
    padding: 1em 0 1em 0;
}
```

③ 网页结构文件。在当前文件夹中,用记事本新建一个名为 5-10.html 的网页文件,代码如下。

```html
<!doctype html>
<html>
<head>
<meta charset="gb2312">
<title>客服中心</title>
<link href="css/style.css" rel="stylesheet" type="text/css" />
</head>
<body>
  <div class="container">
    <div class="custom-top">
      <h2>客服中心</h2>
      <div class="custom">
        <div class="bottom-custom">
          <h3>服务宗旨</h3>
          <p>尊贵的客户,您好!欢迎进入珠宝商城客户服务……(此处省略文字)</p>
        </div>
        <div class="bottom-custom">
          <h3>联系方式</h3>
          <p>地址:开封市未来大道<br/>
             邮编:475000<br/>
             传真:500 800 111<br/>
             电话:400-111-3333<br/>
             电子邮箱:jw@163.com</a><br/>
          </p>
```

```
            </div>
          </div>
        </div>
      </div>
    </body>
</html>
```

【说明】em 是相对长度单位——相对于当前对象内文本的字体尺寸。如果当前行内文本的字体尺寸未被人为设置，则相对于浏览器的默认字体尺寸。

5.6 文档结构

CSS 通过与 HTML 文档结构相对应的选择符来达到控制页面表现的目的，文档结构在样式的应用中具有重要的角色。CSS 之所以强大，是因为它采用 HTML 文档结构来决定其样式的应用。

5.6.1 文档结构的基本概念

为了更好地理解"CSS 采用 HTML 文档结构来决定其样式的应用"这句话，首先需要理解文档是怎样结构化的，也为以后学习继承、层叠等知识打下基础。

【例 5-11】文档结构示例，本例文件 5-11.html 在浏览器中的显示效果如图 5-20 所示。代码如下。

```
<html>
<head>
<title>文档结构示例</title>
</head>
<body>
<h1>初识 CSS</h1>
<p>CSS 是一组格式设置规则，用于控制<em>Web</em>页面的外观。</p>
<ul>
   <li>CSS 的优点
     <ul>
        <li>表现和内容（结构）分离</li>
        <li>易于维护和<em>改版</em></li>
        <li>更好地控制页面布局</li>
     </ul>
   </li>
   <li>CSS 设计与编写原则</li>
</ul>
</body>
</html>
```

在 HTML 文档中，文档结构都是基于元素层次关系的，正如上面给出的示例代码，这种元素间的层次关系可以用图 5-21 的树形结构来描述。

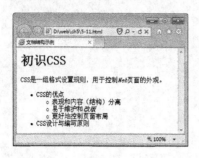
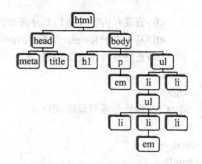

图 5-20 文档结构的示例效果　　　　图 5-21 HTML 文档树形结构

在这样的层次图中,每个元素都处于文档结构中的某个位置,而且每个元素或是父元素,或是子元素,或既是父元素又是子元素。例如,文档中的 body 元素既是 html 元素的子元素,又是 h1、p 和 ul 的父元素。在整个代码中,html 元素是所有元素的祖先,也称为根元素。前面讲解的"后代"选择符就是建立在文档结构的基础上的。

5.6.2 继承

继承是指包含在内部的标签能够拥有外部标签的样式性,即子元素可以继承父元素的属性。CSS 的主要特征就是继承(Inheritance),它依赖于祖先——子孙关系,这种特性允许样式不仅应用于某个特定的元素,同时也应用于其后代,而后代所定义的新样式,却不会影响父代样式。

根据 CSS 规则,子元素继承父元素属性,如:

　　body{font-family:"微软雅黑";}

通过继承,所有 body 的子元素都应该显示"微软雅黑"字体,子元素的子元素也一样。

【例 5-12】CSS 继承示例,本例文件 5-12.html 在浏览器中显示的效果如图 5-22 所示。代码如下。

```
<html>
<head>
<title>继承示例</title>
<style type="text/css">
p {
    color:#00f;              /*定义文字颜色为蓝色*/
    text-decoration:underline;   /*增加下画线*/
}
p em{                        /*em 子元素定义样式*/
    font-size:24px;          /*定义文字大小为 24px*/
    color:#f00;              /*定义文字颜色为红色*/
}
</style>
</head>
<body>
<h1>初识 CSS</h1>
<p>CSS 是一组格式设置规则,用于控制<em>Web</em>页面的外观。</p>
<ul>
  <li>CSS 的优点
    <ul>
```

图 5-22 页面显示效果

```
            <li>表现和内容(结构)分离</li>
            <li>易于维护和<em>改版</em></li>
            <li>更好地控制页面布局</li>
        </ul>
    </li>
    <li>CSS 设计与编写原则</li>
</ul>
</body>
</html>
```

【说明】从图 5-22 的显示效果可以看出,虽然 em 子元素重新定义了新样式,但其父元素 p 并未受到影响,而且 em 子元素中的内容还继承了 p 元素中设置的下画线样式,只是颜色和字体大小采用了自己的样式风格。

需要注意的是,不是所有属性都具有继承性,CSS 强制规定部分属性不具有继承性。下面这些属性不具有继承性:边框、外边距、内边距、背景、定位、布局、元素高度和宽度。

5.6.3 样式表的层叠、特殊性与重要性

1. 层叠

层叠(cascade)是指 CSS 能够对同一个元素应用多个样式表的能力。前面介绍了在网页中引用样式表的 4 种方法,如果这 4 种方法同时出现,浏览器会以哪种方法定义的规则为准呢?这就涉及了样式表的优先级和叠加。所谓优先级,就是指 CSS 样式在浏览器中被解析的先后顺序。

一般原则是,最接近目标的样式定义优先级最高。高优先级样式将继承低优先级样式的未重叠定义,但覆盖重叠的定义。根据规定,样式表的优先级别从高到低为:行内样式表、内部样式表、链接样式表、导入样式表和默认浏览器样式表。浏览器将按照上述顺序执行样式表的规则。

样式表的层叠性就是继承性,样式表的继承规则是:外部的元素样式会保留下来,由这个元素所包含的其他元素继承;所有在元素中嵌套的元素都会继承外层元素指定的属性值,有时会把多层嵌套的样式叠加在一起,除非进行更改;遇到冲突的地方,以最后定义的为准。

【例 5-13】样式表的层叠示例。

首先链入一个外部样式表,其中定义了 h2 选择符的 color、text-align 和 font-size 属性(标题 2 的文字色彩为蓝色,向左对齐,大小为 8pt):

```
h2{
    color: blue;
    text-align: left;
    font-size: 8pt;
}
```

然后在内部样式表中也定义了 h2 选择符的 text-align、font-size 和 border 属性:

```
h2{              /*标题 2 文字向右对齐,大小为 24pt,蓝色虚线边框*/
    text-align:right;
    font-size: 24pt;
    border:2px dashed #00f;
}
```

那么这个页面叠加后的样式等价于以下代码：
```
h2{
    color: blue;
    text-align: right;
    font-size: 24pt;
    border:2px dashed #00f;
}
```
应用此样式的结构代码为：
<h2>文字色彩为蓝色，向右对齐，大小为24pt，蓝色虚线边框</h2>
浏览器中的显示效果如图 5-23 所示。

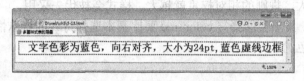

图 5-23 <h2>标签的叠加样式

【说明】字体色彩从外部样式表保留下来，而当对齐方式和字体尺寸各自都有定义时，按照后定义的优先的规则使用内部样式表的定义。

【例 5-14】样式表的层叠示例。
在<div>标签中嵌套<p>标签：
```
div {
    color: red;
    font-size:13pt;
}
p {
    color: blue;
}
```
应用此样式的结构代码为：
<div>
    <p>这个段落的文字为蓝色13号字</p>   <!-- p 元素里的内容会继承 div 定义的属性 -->
</div>
浏览器中的显示效果如图 5-24 所示。

图 5-24 样式表的层叠

【说明】显示结果为表示段落里的文字大小为 13 号字，继承 div 属性；而 color 属性则依照最后的定义，为蓝色。

2．特殊性

在编写 CSS 代码时，会出现多个样式规则作用于同一个元素的情况，特殊性描述了不同规则的相对权重，当多个规则应用到同一个元素时，权重大的样式会被优先采用。
如有以下 CSS 代码片段。
```
.color_red{
    color:red;
}
p{
    color:blue;
}
```

应用此样式的结构代码为：
    <div>
        <p class="color_red">这里的文字颜色是红色</p>
    </div>

图 5-25 样式的特殊性

浏览器中的显示效果如图 5-25 所示。

正如上述代码所示，预定义的<p>标签样式和.color_red 类样式都能匹配上面的 p 元素，那么<p>标签中的文字该使用哪一种样式呢？

根据规范，通配符选择符具有特殊性值 0；基本选择符（如 p）具有特殊性值 1；类选择符具有特殊性值 10；id 选择符具有特殊性值 100；行内样式（style=""）具有特殊性值 1000。选择符的特殊性值越大，规则的相对权重就越大，样式会被优先采用。

对于上面的示例，显然类选择符.color_red 要比基本选择符 p 的特殊性值大，因此<p>标签中的文字的颜色是红色的。

3. 重要性

不同的选择符定义相同的元素时，要考虑不同选择符之间的优先级（id 选择符、类选择符和 HTML 标签选择符），id 选择符的优先级最高，其次是类选择符，HTML 标签选择符最低。如果想超越这三者之间的关系，可以用!important 来提升样式表的优先权，例如：

    p { color: #f00!important }
    .blue { color: #00f}
    #id1 { color: #ff0}

同时对页面中的一个段落加上这 3 种样式，它会依照被!important 声明的 HTML 标签选择符的样式，显示红色文字。如果去掉!important，则依照优先权最高的 id 选择符，显示黄色文字。

最后还需注意，不同的浏览器对于 CSS 的理解是不完全相同的。这就意味着，并非全部的 CSS 都能在各种浏览器中得到同样的结果。因此，最好使用多种浏览器检测一下。

5.6.4 元素类型

在前面已经以文档结构树形图的形式讲解了文档中元素的层次关系，这种层次关系同时也要依赖于这些元素类型间的关系。CSS 使用 display 属性规定元素应生成的框的类型，任何元素都可以通过 display 属性改变默认的显示类型。

1. 块级元素（display:block）

display 属性设置为 block 将显示块级元素，块级元素的宽度为 100%，而且后面隐藏附带有换行符，使块级元素始终占据一行。如<div>常常被称为块级元素，这意味着这些元素显示为一块内容。标题、段落、列表、表格、分区 div 和 body 等元素都是块级元素。

2. 行级元素（display:inline）

行级元素也称内联元素，display 属性设置为 inline 将显示行级元素，元素前后没有换行符，行级元素没有高度和宽度，因此也就没有固定的形状，显示时只占据其内容的大小。超链接、图像、范围 span、表单元素等都是行级元素。

3. 列表项元素（display:listitem）

listitem 属性值表示列表项目，其实质上也是块状显示，不过是一种特殊的块状类型，它增加了缩进和项目符号。

4．隐藏元素（display:none）

none 属性值表示隐藏并取消盒模型，所包含的内容不会被浏览器解析和显示。通过把 display 设置为 none，该元素及其所有内容就不再显示，也不占用文档中的空间。

5．其他分类

除了上述常用的分类之外，还包括以下分类：

display : inline-table | run-in | table | table-caption | table-cell | table-column | table-column-group | table-row | table-row-group | inherit

如果从布局角度来分析，上述显示类型都可以划归为 block 和 inline 两种，其他类型都是这两种类型的特殊显示，真正能够应用并获得所有浏览器支持的只有 4 个：none、block、inline 和 listitem。

5.6.5 案例——制作珠宝商城特色礼品局部页面

本节将结合本章所讲的基础知识制作一个较为综合的案例。

【例 5-15】制作珠宝商城特色礼品局部页面，本例文件 5-15.html 在浏览器中显示的效果如图 5-26 所示。

1．前期准备

（1）栏目目录结构

在栏目文件夹下创建文件夹 images 和 css，分别用来存放图像素材和外部样式表文件。

（2）页面素材

将本页面需要使用的图像素材存放在文件夹 images 下。

图 5-26 特色礼品

（3）外部样式表

在文件夹 css 下新建一个名为 style.css 的样式表文件。

2．制作页面

（1）制作页面的 CSS 样式

打开建立的 style.css 文件，定义页面的 CSS 规则，代码如下。

```
body{                    /*设置页面整体样式*/
    width:985px;
    font-family:Tahoma;
    font-size:12px;      /*设置文字大小为12px*/
    color:#565656;       /*设置默认文字颜色为灰色*/
    position:relative;   /*相对定位*/
}
p {                      /*默认段落样式*/
    margin: 0 0 10px 0;  /*上、右、下、左的外边距依次为0px、0px、10px、0px*/
    padding: 0;          /*内边距为0px*/
}
img {                    /*设置图片样式*/
    border: none;        /*图片无边框*/
```

```css
}
a, a:link, a:visited {           /*设置超链接及访问过链接的样式*/
    font-weight: normal;         /*字体正常粗细*/
    text-decoration: none        /*链接无修饰*/
}
a:hover {                        /*设置鼠标悬停链接的样式*/
    text-decoration: underline;  /*加下画线*/
}
.cleaner {
    clear: both                  /*清除所有浮动*/
}
.h10 {
    height: 10px                 /*清除浮动后保留的空白区域的高度为10px*/
}
#center{                         /*设置中央区域容器的样式*/
    width: 572px;                /*设置容器宽度为572px*/
    position:relative;           /*相对定位*/
}
#content{                        /*设置内容区域的样式*/
    padding:0px 12px 30px 20px;  /*上、右、下、左的内边距依次为 0px、12px、30px、20px*/
    float:left                   /*向左浮动*/
}
#content p{                      /*设置内容区域段落的样式*/
    padding:10px 0 0 5px;        /*上、右、下、左的内边距依次为 10px、0px、0px、5px*/
    margin:0px;                  /*外边距为 0px*/
    text-indent:2em;             /*首行缩进*/
}
.pad25{                          /*设置特色礼品标题图片上内边距*/
    padding-top:25px;            /*图片上内边距 25px，使标题图片和明细区域保持分隔距离*/
}
.stuff{                          /*设置特色礼品区域的样式*/
    margin:25px 0 0 0;           /*上、右、下、左的外边距依次为 25px、0px、0px、0px*/
    float:left;                  /*向左浮动*/
}
.item{                           /*设置礼品区域的样式*/
    width:270px;                 /*宽度为 270px*/
    float:left;                  /*向左浮动*/
    margin:0 0 15px 0            /*上、右、下、左的外边距依次为 0px、0px、15px、0px*/
}
.item img{                       /*设置礼品图片的样式*/
    float:left;                  /*向左浮动*/
    border:1px solid #999;       /*图片边框为 1px 灰色实线*/
}
.item span{                      /*设置礼品右侧文字区域的样式*/
    font-weight:normal;          /*正常粗细文字*/
    font-size:12px;
    display:block;               /*块级元素*/
    width:135px;
```

```css
        float:left;                 /*向左浮动*/
        padding:5px 0 10px 8px;     /*上、右、下、左的内边距依次为5px、0px、10px、8px*/
}
.name{                              /*设置礼品名称文字的样式*/
        color:#4a4a4a;              /*设置文字颜色为深灰色*/
        font-size:16px;             /*设置文字大小为 16px*/
}
.name:link,.name:visited{           /*设置礼品名称正常链接和访问过链接的样式*/
        text-decoration: none       /*链接无修饰*/
}
.name:hover {                       /*设置鼠标悬停链接的样式*/
        text-decoration:none        /*链接无修饰*/
}
```

（2）制作页面的网页结构代码

网页结构文件 5-15.html 的代码如下。

```html
<html>
<head>
<meta charset="gb2312">
<title>珠宝商城特色礼品</title>
<link rel="stylesheet" type="text/css" href="css/style.css" />
</head>
<body>
<div id="center">
    <div id="content">
        <img src="images/title7.gif" alt="" width="537" height="23" class="pad25" />
        <div class="stuff">
            <div class="item">
                <a href="productdetail.html"><img src="images/ring.jpg" alt="戒指" width="124" height="175" /></a>
                <span><a href="#" class="name">天使之恋一号</a></span>
                <span>今日特惠</span>
                <span style="color:#cb60b3">原   价：&yen;1988</span>
                <span style="color:#cb60b3">优惠价：&yen;1680</span>
                <span>倒计时：2 小时 15 分</span>            </div>
            <div class="cleaner h10"></div>
            <a href="cart.html"><img src="images/addtocart.png" alt="加入购物车"></a>
        </div>
    </div>
</div>
</body>
</html>
```

【说明】"加入购物车"图片按钮在页面中的布局是通过<img>标签实现的，但这种方法很难实现精确定位。这种效果也可以通过设置超链接背景图像来实现，并结合使用盒模型的定位与浮动精确地定位到输出位置，请读者参考后续章节讲解的 CSS 盒模型的定位与浮动的相关知识。

习题 5

1. 使用伪类相关的知识制作鼠标悬停效果。当鼠标未悬停在链接上时，显示如图 5-27（a）所示，当鼠标悬停在链接上时，显示如图 5-27（b）所示。

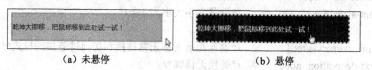

（a）未悬停　　　　　　　　　　（b）悬停

图 5-27　题 1 图

2. 使用文档结构的基本知识制作如图 5-28 所示的页面。
3. 使用 CSS 制作商机发布信息区，如图 5-29 所示。

图 5-28　题 2 图　　　　　　　　图 5-29　题 3 图

4. 使用 CSS 制作珠宝商城服务向导局部页面，如图 5-30 所示。

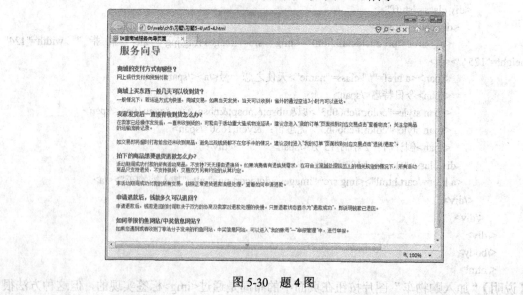

图 5-30　题 4 图

第 6 章　CSS 盒模型

第 5 章介绍了 CSS 设计的代码编写和编辑方式，从本章开始，将深入讲解 CSS 的核心原理。盒模型是 CSS 定位布局的核心内容，只有很好地掌握了盒子模型以及其中每个元素的用法，才能真正地控制好页面中的各个元素。

6.1　盒模型的概念

样式表规定了一个 CSS 盒模型（Box Model），每一个整块对象或替代对象都包含在样式表生成器的 Box 容器内，它储存一个对象的所有可操作的样式。

盒模型将页面中的每个元素看作一个矩形框，这个框由元素的内容、内边距（padding）、边框（border）和外边距（margin）组成，如图 6-1 所示。对象的尺寸与边框等样式表属性的关系，如图 6-2 所示。

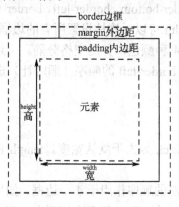

图 6-1　CSS 盒模型

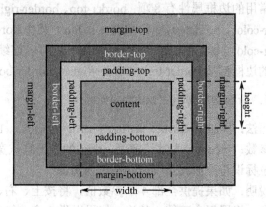

图 6-2　尺寸与边框等样式表属性的关系

一个页面由许多这样的盒子组成，这些盒子之间会互相影响，因此掌握盒子模型需要从两个方面来理解：一是理解一个孤立的盒子的内部结构；二是理解多个盒子之间的相互关系。

盒模型最里面的部分就是实际的内容，内边距紧紧包围在内容区域的周围，如果给某个元素添加背景色或背景图像，那么该元素的背景色或背景图像也将出现在内边距中。在内边距的外侧边缘是边框，边框以外是外边距。边框的作用就是在内边外距之间创建一个隔离带，以避免视觉上的混淆。

例如，在图 6-3 所示的相框列表中，可以把相框看成一个个盒子，相片看成盒子的内容（content）；相片和相框之间的距离就是内边距（padding）；相框的厚度就是边框（border）；相框之间的距离就是外边距（margin）。

默认情况下盒子的边框是无，背景色是透明，所以在默认情况下看不到盒子。内边距、边框和外边距这些属性都是可选

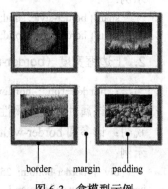

图 6-3　盒模型示例

的，默认值都是 0。但是，许多元素将由用户代理样式表设置外边距和内边距。为了解决这个问题，可以通过将元素的 margin 和 padding 设置为 0 来覆盖这些浏览器样式。通常在 CSS 样式文件中输入以下代码。

```
*{
    margin: 0;
    padding: 0;
}
```

6.2 边框、外边距与内边距

padding-border-margin 模型是一个极其通用的描述盒子布局形式的方法。对于任何一个盒子，都可以分别设定 4 条边各自的 padding、border 和 margin，实现各种各样的排版效果。

6.2.1 边框

边框一般用于分隔不同元素，边框的外围即为元素的最外围。边框是围绕元素内容和内边距的一条或多条线，border 属性允许规定元素边框的宽度、颜色和样式。

常用的边框属性有 8 项：border-top、border-right、border-bottom、border-left、border-width、border-color、border-style 和 border-radius。其中 border-width 可以一次性设置所有的边框宽度，border-color 同时设置四面边框的颜色时，可以连续写上 4 种颜色，并用空格分隔。上述连续设置的边框都按 border-top、border-right、border-bottom、border-left 的顺序（顺时针）进行。

1. 所有边框宽度（border-width）

语法：border-width : medium | thin | thick | length

参数：medium 为默认宽度，thin 为小于默认宽度，thick 为大于默认宽度。length 由数字和单位标识符组成的长度值，不可为负值。

说明：如果提供全部 4 个参数值，将按上、右、下、左的顺序作用于 4 个边框。如果只提供 1 个，将用于全部的 4 条边。如果提供 2 个，第 1 个用于上、下，第 2 个用于左、右。如果提供 3 个，第 1 个用于上，第 2 个用于左、右，第 3 个用于下。

要使用该属性，必须先设定对象的 height 或 width 属性，或者设定 position 属性为 absolute。如果 border-style 设置为 none，本属性将失去作用。

示例：

```
span { border-style: solid; border-width: thin }
span { border-style: solid; border-width: 1px thin }
```

2. 上边框宽度（border-top）

语法：border-top : border-width || border-style || border-color
参数：该属性是复合属性。请参阅各参数对应的属性。
说明：请参阅 border-width 属性。
示例：

```
div { border-bottom: 25px solid red; border-left: 25px solid yellow; border-right: 25px solid blue; border-top: 25px solid green }
```

3. 右边框宽度（border-right）

语法：border-right : border-width || border-style || border-color
参数：该属性是复合属性。请参阅各参数对应的属性。
说明：请参阅 border-width 属性。

4. 下边框宽度（border-bottom）

语法：border-bottom : border-width || border-style || border-color
参数：该属性是复合属性。请参阅各参数对应的属性。
说明：请参阅 border-width 属性。

5. 左边框宽度（border-left）

语法：border-left : border-width || border-style || border-color
参数：该属性是复合属性。请参阅各参数对应的属性。
说明：请参阅 border-width 属性。
示例：
　　h4{border-top-width: 2px; border-bottom-width: 5px; border-left-width: 1px; border-right-width: 1px}

6. 边框颜色（border-color）

语法：border-color : color
参数：color 指定颜色。
说明：要使用该属性，必须先设定对象的 height 或 width 属性，或者设定 position 属性为 absolute。如果 border-width 等于 0 或 border-style 设置为 none，本属性将失去作用。
示例：
　　body { border-color: silver red }
　　body { border-color: silver red rgb(223, 94, 77) }
　　body { border-color: silver red rgb(223, 94, 77) black }
　　h4 { border-color: #ff0033; border-width: thick }
　　p { border-color: green; border-width: 3px }
　　p { border-color: #666699 #ff0033 #000000 #ffff99; border-width: 3px }

7. 边框样式（border-style）

语法：border-style : none | hidden | dotted | dashed | solid | double | groove | ridge | inset | outset
参数：border-style 属性包括了多个边框样式的参数。
none：无边框。与任何指定的 border-width 值无关。
dotted：边框为点线。
dashed：边框为长短线。
solid：边框为实线。
double：边框为双线。两条单线与其间隔的和等于指定的 border-width 值。
groove：根据 border-color 的值画 3D 凹槽。
ridge：根据 border-color 的值画菱形边框。
inset：根据 border-color 的值画 3D 凹边。

outset：根据 border-color 的值画 3D 凸边。

【说明】如果提供全部 4 个参数值，将按上、右、下、左的顺序作用于 4 个边框。如果只提供 1 个，将用于全部的 4 条边。如果提供 2 个，第 1 个用于上、下，第 2 个用于左、右。如果提供 3 个，第 1 个用于上，第 2 个用于左、右，第 3 个用于下。

要使用该属性，必须先设定对象的 height 或 width 属性，或者设定 position 属性为 absolute。如果 border-width 不大于 0，本属性将失去作用。

8．圆角边框（border-radius）

语法：border-radius : length {1,4}

参数：length 由浮点数字和单位标识符组成的长度值，不允许为负值。

说明：边框圆角的第 1 个 length 值是水平半径，如果第 2 个值省略，则它等于第 1 个值，这时这个角就是一个四分之一圆角，如果任意一个值为 0，则这个角是矩形，不再是圆角。

【例 6-1】边框样式的不同表现形式，本例文件 6-1.html 在浏览器中的显示效果如图 6-4 所示。

代码如下。

```
<html>
<head>
<title>border-style</title>
<style type="text/css">
div{
    border-width:6px;       /*边框宽度为 6px*/
    border-color:#000000;   /*边框颜色为黑色*/
    margin:20px;            /*外边距为 20px*/
    padding:5px;            /*外边距为 5px*/
    background-color:#FFFFCC;/*淡黄色背景*/
}
</style>
</head>
<body>
    <div style="border-style:dashed">虚线边框</div>
    <div style="border-style:dotted">点线边框</div>
    <div style="border-style:double">双线边框</div>
    <div style="border-style:groove">凹槽边框</div>
    <div style="border-style:inset">凹边边框</div>
    <div style="border-style:outset">凸边边框</div>
    <div style="border-style:ridge">菱形边框</div>
    <div style="border-style:solid">实线边框</div>
</body>
</html>
```

图 6-4　边框样式效果

【说明】从执行结果可以看到，IE 浏览器对于 groove、inset 和 ridge 这 3 种边框效果支持的不够理想。

【例 6-2】制作珠宝商城栏目的圆角边框，本例文件 6-2.html 在浏览器中的显示效果如图 6-5 所示。

代码如下。

　　　　<!doctype html>

```html
<html>
<head>
<meta charset="gb2312">
<title>圆角边框效果</title>
<style type="text/css">
.radius{
    width:200px;              /*栏目容器宽度为200px*/
    height:150px;             /*栏目容器高度为150px*/
    border-width: 3px;        /*边框宽度为3px*/
    border-color:#cb60b3;     /*边框颜色为紫色*/
    border-style: solid;      /*实线边框*/
    border-radius: 11px 11px 11px 11px; /*圆角半径为11px*/
    padding:5px;              /*内边距为5px*/
}
</style>
</head>
<body>
<div class="radius">
    新品发布
</div>
</body>
</html>
```

图 6-5　圆角边框

【说明】在 CSS3 之前,要制作圆角边框的效果可以通过图像切片来实现,实现过程很烦琐,CSS3 的到来简化了实现圆角边框的过程。

6.2.2　外边距

外边距指的是元素与元素之间的距离,外边距设置属性有:margin-top、margin-right、margin-bottom、margin-left,可分别设置,也可以用 margin 属性,一次设置所有边距。

1. 上外边距 (margin-top)

语法:`margin-top : length | auto`

参数:length 是由数字和单位标识符组成的长度值或百分数,百分数是基于父对象的高度。auto 值被设置为对边的值。

说明:设置对象上外边距,外边距始终透明。内联元素要使用该属性,必须先设定元素的 height 或 width 属性,或者设定 position 属性为 absolute。

示例:
　　body { margin-top: 11.5% }

2. 右外边距 (margin-right)

语法:`margin-right : length | auto`
参数:同 margin-top。
说明:同 margin-top。
示例:
　　body { margin-right: 11.5%; }

3. 下外边距（margin-bottom）

语法：`margin-bottom : length | auto`

参数：同 margin-top。

说明：同 margin-top。

示例：
  body { margin-bottom: 11.5%; }

4. 左外边距（margin-left）

语法：`margin-left : length | auto`

参数：同 margin-top。

说明：同 margin-top。

示例：
  body { margin-left: 11.5%; }

以上 4 项属性可以控制一个要素四周的边距，每一个边距都可以有不同的值。或者设置一个边距，然后让浏览器用默认设置设定其他几个边距。可以将边距应用于文字和其他元素。

示例：
  h4 { margin-top: 20px; margin-bottom: 5px; margin-left: 100px; margin-right: 55px }

设定边距参数值最常用的方法是利用长度单位（px、pt 等），也可以用比例值设定边距。将边距值设为负值，就可以将两个对象叠在一起。例如，把下边距设为-55px，右边距设为 60px。

5. 外边距（margin）

语法：`margin : length | auto`

参数：length 是由数字和单位标识符组成的长度值或百分数，百分数是基于父对象的高度；对于行级元素来说，左右外边距可以是负数值。auto 值被设置为对边的值。

说明：设置对象 4 边的外边距，如图 6-2 所示，位于盒模型的最外层，包括 4 项属性：margin-top（上外边距）、margin-right（右外边距）、margin-bottom（下外边距）、margin-left（左外边距），外边距始终是透明的。

如果提供全部 4 个参数值，将按 margin-top（上）、margin-right（右）、margin-bottom（下）、margin-left（左）的顺序作用于 4 边（顺时针）。每个参数中间用空格分隔。

如果只提供 1 个，将用于全部的 4 边。

如果提供 2 个，第 1 个用于上、下，第 2 个用于左、右。

如果提供 3 个，第 1 个用于上，第 2 个用于左、右，第 3 个用于下。

行级元素要使用该属性，必须先设定对象的 height 或 width 属性，或者设定 position 属性为 absolute。

示例：
  body { margin: 36pt 24pt 36pt }
  body { margin: 11.5% }
  body { margin: 10% 10% 10% 10% }

需要注意的是，body 是一个特殊的盒子，在默认的情况下，body 会有一个若干像素的 margin，具体数值各个浏览器不尽相同。因此，在 body 中的其他盒子，就不会紧贴着浏览器窗口的边框了。

为了验证这一点，可以给 body 这个盒子也加一个边框，代码如下。

```
body {
    border:1px solid black;
    color:white;
    background:#cb60b3;
}
```

在 body 设置了边框和背景色后，页面显示效果如图 6-6 所示。可以看到，在细黑线外面的部分就是 body 的 margin。

图 6-6　页面显示效果

6.2.3　内边距

内边距用于控制内容与边框之间的距离，padding 属性定义元素内容与元素边框之间的空白区域。内边距包括了 4 项属性：padding-top（上内边距）、padding-right（右内边距）、padding-bottom（下内边距）、padding-left（左内边距），内边距属性不允许负值。与外边距类似，内边距也可以用 padding 一次性设置所有的对象间隙，格式也和 margin 相似，这里不再一一列举。

讲解了盒模型的 border、margin 和 padding 属性之后，需要说明的是，各种元素盒子属性的默认值不尽相同，区别如下。

- 大部分 html 元素的盒子属性（margin、padding）默认值都为 0；
- 有少数 html 元素的盒子属性（margin、padding）浏览器默认值不为 0，例如，\<body>、\<p>、\<ul>、\<li>、\<form>标签等，有时有必要先设置它们的这些属性为 0。
- \<input>元素的边框属性默认不为 0，可以设置为 0 达到美化输入框和按钮的目的。

6.2.4　案例——盒模型的演示

在讲解了盒模型的基本属性之后，下面讲解一个综合的案例，演示盒模型的 border、margin 和 padding 之间的关系，让读者对盒模型的属性有更深入的理解。

【例 6-3】演示盒模型的 border、margin 和 padding 之间的关系，本例文件 6-3.html 在浏览器中的显示效果如图 6-7 所示。

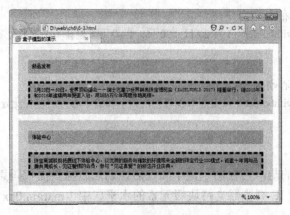

图 6-7　页面显示效果

代码如下。

```html
<!doctype html>
<html>
<head>
<meta charset="gb2312">
<title>盒子模型的演示</title>
<style type="text/css">
body{
    margin:0px auto;            /*内容水平居中*/
    font-family:宋体;
    font-size:12px;
}
ul{                             /*列表没有设置边框 */
    background: #ddd;           /*极浅灰色背景*/
    margin: 15px 15px 15px 15px; /*外边距为15px*/
    padding: 5px 5px 5px 5px;   /*内边距为5px*/
}
li {                            /*列表项没有设置边框*/
    color: black;               /*黑色文本*/
    background: #aaa;           /*浅灰色背景*/
    margin: 20px 20px 20px 20px; /*外边距为20px*/
    padding: 10px 0px 10px 10px; /*右内边距为0,其余10px*/
    list-style: none;           /*取消项目符号*/
}
li.withborder {                 /*列表项设置边框*/
    border-style: dashed;       /*虚线边框*/
    border-width: 5px;          /*5px 粗细的边框*/
    border-color: black;        /*黑色边框*/
    margin-top:20px；           /*上外边距为20px*/
}
</style>
</head>
<body>
  <ul>
    <li>新品发布</li>
    <li class="withborder">3月23日—30日,世界顶级盛会……(此处省略文字)</li>
  </ul>
  <ul>
    <li>体验中心</li>
    <li class="withborder">珠宝商城积极拓展线下体验中心,……(此处省略文字)</li>
  </ul>
</body>
</html>
```

【说明】需要注意的是,当使用了盒子属性后,切忌删除页面代码第1行的doctype文档类型声明,其目的是使IE浏览器支持块级元素的水平居中"margin:0px auto;",代码如下。

```
<!doctype html>
```

上面的代码称作doctype声明。doctype是document type(文档类型)的简写,用来说明使用的HTML的版本。

如果页面第1行没有上述文档类型声明，在IE浏览器中块级元素将不能实现水平居中。

6.3 盒模型的尺寸

当设计人员布局一个网页时，经常会遇到这样一种情况，最终网页成型的宽度或高度会超出事先预算的数值，这就是盒模型宽度或高度的计算误差造成的。

6.3.1 盒模型的宽度与高度

在CSS中width和height属性也经常用到，它们分别表示内容区域的宽度和高度。增加或减少内边距、边框和外边距不会影响内容区域的尺寸，但会增加盒模型的总尺寸。盒模型的宽度和高度要在width和height属性值的基础上加上内边距、边框和外边距。

1．盒模型的宽度

盒模型的宽度=左外边距（margin-left）+左边框（border-left）+左内边距（padding-left）+内容宽度（width）+右内边距（padding-right）+右边框（border-right）+右外边距（margin-right）

2．盒模型的高度

盒模型的高度=上外边距（margin-top）+上边框（border-top）+上内边距（padding-top）+内容高度（height）+下内边距（padding-bottom）+下边框（border-bottom）+下外边距（margin-bottom）

为了更好地理解盒模型的宽度与高度，定义某个元素的CSS样式，代码如下。

```
#test{
    margin:10px 20px;              /*定义元素上下外边距为10px，左右外边距为20px*/
    padding:20px 10px;             /*定义元素上下内边距为20px，左右内边距为10px*/
    border-width:10px 20px;        /*定义元素上下边框宽度为10px，左右边框宽度为20px*/
    border:solid #f00;             /*定义元素边框类型为实线型，颜色为红色*/
    width:100px;                   /*定义元素宽度为100px*/
    height:100px;                  /*定义元素高度为100px*/
}
```

盒模型的宽度=20px+20px+10px+100px+10px+20px+20px=200px。
盒模型的高度=10px+10px+20px+100px+20px+10px+10px=180px。

6.3.2 块级元素与行级元素宽度和高度的区别

在前面的章节中已经讲到块级元素与行级元素的区别，下面重点讲解两者宽度、高度属性的区别。在默认情况下，块级元素可以设置宽度、高度，但行级元素是不能设置的。

【例6-4】块级元素与行级元素宽度和高度的区别，本例文件6-4.html在浏览器中的显示效果如图6-8所示。

代码如下。

```
<html>
<head>
<style type="text/css">
.special{
    border:1px solid #036;         /*元素边框为1px 蓝色实线*/
```

```
            width:200px;              /*元素宽度 200px*/
            height:50px;              /*元素高度 200px*/
            background:#ccc;          /*背景色灰色*/
            margin:5px                /*元素外边距 5px*/
        }
    </style>
</head>
<body>
    <div class="special">这是 div 元素</div>
    <span class="special">这是 span 元素</span>
</body>
</html>
```

【说明】代码中设置行级元素 span 的样式.special 后，由于行级元素设置宽度、高度无效，因此样式中定义的宽度 200px 和高度 50px 并未影响 span 元素的外观。

如何让行级元素也能设置宽度、高度属性呢？这里要用到前面章节讲解的元素显示类型的知识，只需让元素的 display 属性设置为 display:block（块级显示）即可。在上面的.special 样式的定义中添加一行定义 display 属性的代码，代码如下。

```
            display:block;           /*块级元素显示*/
```

再次浏览网页，即可看到 span 元素的宽度和高度设置为样式中定义的宽度和高度，如图 6-9 所示。

图 6-8　默认情况下行级元素不能设置高度　　图 6-9　设置行级元素的宽度和高度

6.4 盒子的 margin 叠加问题

如果要精确地控制盒子的位置，就必须对 margin 有更深入的了解。padding 只存在于一个盒子内部，所以通常它不会涉及与其他盒子之间的关系和相互影响的问题。margin 则用于调整不同盒子之间的位置关系，因此要对 margin 在不同情况下的性质有非常深入的了解。

6.4.1 行级元素之间的水平 margin 叠加

这里来看两个行级元素并排的情况，如图 6-10 所示。

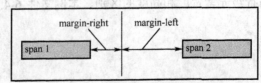

图 6-10　行级元素之间的 margin

当两个行级元素紧邻时，元素之间水平 margin 不会叠加，它们之间的距离为第 1 个元素的 margin-right 加上第 2 个元素的 margin-left。

【例 6-5】 行级元素之间的水平 margin 叠加示例，本例文件 6-5.html 在浏览器中的显示效果如图 6-11 所示。

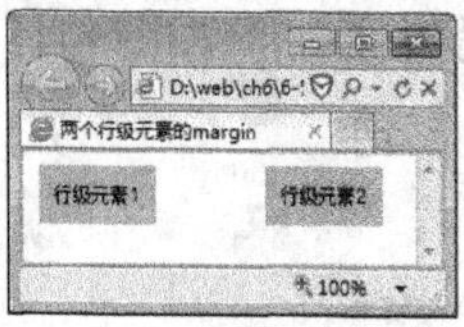

代码如下。

```html
<html>
<head>
<title>两个行级元素的margin</title>
<style type="text/css">
span{
    background-color:#a2d2ff;
    text-align:center;
    font-family:Arial, Helvetica, sans-serif;
    font-size:12px;
    padding:10px;
}
span.left{
    margin-right:30px;
    background-color:#a9d6ff;
}
span.right{
    margin-left:40px;
    background-color:#eeb0b0;
}
</style>
</head>
<body>
    <span class="left">行级元素 1</span><span class="right">行级元素 2</span>
</body>
</html>
```

图 6-11 页面显示效果

【说明】 从执行结果来看，两个行级元素之间的距离为 30px+40px=70px。

6.4.2 块级元素之间的垂直 margin 叠加

6.4.1 节讲解了行级元素之间水平 margin 叠加的问题，但如果不是行级元素，而是垂直排列的块级元素，情况就会有所不同。块级元素之间的垂直 margin 叠加是指当两个块级元素的外边距垂直相遇时，它们将形成一个外边距。叠加后的外边距高度等于两个发生叠加的外边距的高度中的较大者。

例如，有几个段落组成的文本，第一个段落上面的空白区域等于段落的上外边距，如果没有外边距叠加，后续所有段落之间的外边距都将是相邻上外边距和下外边距的和，这意味着段落之间的空白区域是页面顶部的两倍。如果有了外边距叠加，段落之间的上外边距和下外边距叠加在一起，这样每个段落之间以及段落和其他元素之间的空白区域就一样了。

1．两个元素垂直相遇时叠加

当两个元素垂直相遇时，第一个元素的下外边距与第二个元素的上外边距会发生叠加，叠加后的外边距的高度等于这两个元素的外边距值的较大者，如图 6-12 所示。

2. 两个元素包含时叠加

假设两个元素没有内边距和边框，且一个元素包含另一个元素，它们的上外边距或下外边距也会发生叠加，如图 6-13 所示。

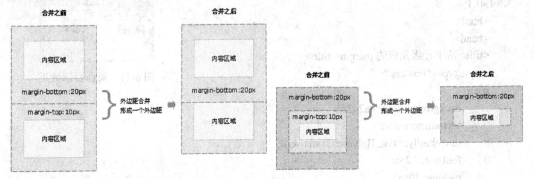

图 6-12 两个元素垂直相遇时叠加　　　　图 6-13 两个元素包含时叠加

【例 6-6】块级元素之间的垂直 margin 叠加示例，叠加示意图如图 6-14 所示，本例文件 6-6.html 在浏览器中的显示效果如图 6-15 所示。

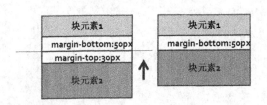 

图 6-14 垂直 margin 叠加示意图　　　　图 6-15 页面显示效果

代码如下。

```
<html>
<head>
<title>两个块级元素的 margin</title>
<style type="text/css">
<!--
div{
    background-color:#a2d2ff;
    text-align:center;
    font-family:Arial, Helvetica, sans-serif;
    font-size:12px;
    padding:10px;
}
-->
</style>
</head>
<body>
    <div style="margin-bottom:50px;">块元素 1</div>
    <div style="margin-top:30px;">块元素 2</div>
</body>
</html>
```

【说明】从执行结果来看,如果将块元素 2 的 margin-top 修改为 40px(小于块元素 1 的 margin-bottom 值 50px),执行结果没有任何变化;如果再修改其值为 60px(大于块元素 1 的 margin-bottom 值 50px),就会发现块元素 2 向下移动了 10px。

6.5 盒模型综合案例——珠宝商城顶部内容

在讲解了盒模型的基础知识之后,本节讲解一个综合案例,将前面讲解的分散的技术要点加以整合,提高读者使用 CSS 美化页面的能力。

【例 6-7】使用盒模型技术制作珠宝商城页面顶部的局部内容,本例文件 6-7.html 在浏览器中的显示效果如图 6-16 所示。

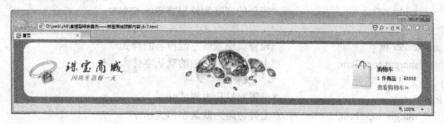

图 6-16 页面显示效果

1. 前期准备

(1)栏目目录结构

在栏目文件夹下创建文件夹 images 和 css,分别用来存放图像素材和外部样式表文件。

(2)页面素材

将本页面需要使用的图像素材存放在文件夹 images 下。

(3)外部样式表

在文件夹 css 下新建一个名为 style.css 的样式表文件。

2. 制作页面

(1)制作页面的 CSS 样式

打开建立的 style.css 文件,定义页面的 CSS 规则,代码如下。

```
body{                           /*设置页面整体样式*/
    background: rgb(203,96,179); /*紫色背景*/
    font-family: '宋体', sans-serif;
}
.container {                    /*设置内容容器样式*/
    width: 1170px;              /*容器宽 1170px*/
    padding:0 15px;             /*上、下内边距 0px,左、右内边距 15px*/
    margin:0 auto;              /*内容水平居中对齐*/
}
img {                           /*设置图像样式*/
    border: 0;                  /*图像无边框*/
}
.clearfix{                      /*设置清除浮动样式*/
    clear: both;                /*清除所有浮动样式*/
```

```css
}
h1,h2,h3,h4,h5,h6,p{           /*设置 h1~h6 标题及段落的样式*/
    margin:0;                   /*外边距为 0*/
}
.header-top{                    /*设置页面顶部区域的样式*/
    background:#fff;            /*白色背景*/
    border-radius: 25px;        /*边框圆角半径为 25px*/
}
.header-top-in {                /*设置页面顶部内容的样式*/
    padding: 1em;               /*内边距为默认字体大小*/
}
.top-header{                    /*设置页面顶部左侧容器样式*/
    width:65%;                  /*容器的宽度为外层容器的 65%*/
}
.top-header-in {                /*设置页面顶部左侧内容的样式*/
    margin-top: 2em;            /*上外边距为 2 倍的默认字体大小*/
}
.logo {                         /*设置网站标志样式*/
    margin-top: 1em;            /*上外边距为默认字体大小*/
}
.top-header,.logo,.bag{         /*设置顶部左侧容器、站标和购物袋图像的浮动样式*/
    float:left;                 /*向左浮动*/
}
.left-head,.top-header-in,.shop {  /*设置顶部中间的钻石图像和购物车区域的浮动样式*/
    float:right;                /*向右浮动*/
}
.shop {                         /*设置顶部右侧购物车区域的样式*/
    margin-top: 1em;            /*上外边距为默认字体大小*/
}
.shop h6{                       /*设置顶部右侧购物车标题文字的样式*/
    font-size:1em;              /*文字大小为默认字体大小*/
    color:#631261;              /*深紫色文字*/
    font-weight: 700;           /*字体加粗*/
}
.shop p{                        /*设置顶部右侧购物车段落的样式*/
    font-size: 0.9em;           /*文字大小为 0.9 倍的默认字体大小*/
    color: #000;                /*黑色文字*/
    padding: 0.6em 0;           /*上、下内边距 0.6 倍默认字体大小，左、右内边距为 0*/
}
.shop a{                        /*设置顶部右侧购物车链接的样式*/
    font-size:1em;
    color:#c75cc4;              /*浅紫色文字*/
    text-decoration:none;       /*链接无修饰*/
    font-weight: 600;           /*字体加粗*/
}
.shop a:hover{                  /*设置顶部右侧购物车悬停链接的样式*/
    text-decoration:underline;  /*加下画线*/
}
```

```css
.shop a i{                          /*设置顶部右侧购物车链接右侧箭头的样式*/
    width: 12px;
    height: 12px;
    background: url(../images/img-sprite.png) no-repeat -9px -14px ;  /*箭头的背景图像不重复*/
    display:inline-block;           /*外观为行级元素,内容为块级元素*/
    vertical-align: middle;         /*垂直居中对齐*/
}
```

(2)制作页面的网页结构代码

网页结构文件 6-7.html 的代码如下。

```html
<!doctype html>
<html>
<head>
<title>首页</title>
<link href="css/style.css" rel="stylesheet" type="text/css"/>
<meta charset="gb2312">
</head>
<body>
    <div class="container">
        <div class="header-top">
            <div class="header-top-in">
                <div class="top-header">
                    <div class="logo">
                        <a href="index.html"><img src="images/logo.png"></a>
                    </div>
                    <div class="left-head">
                        <img src="images/stone.png" >
                    </div>
                    <div class="clearfix"> </div>
                </div>
                <div class="top-header-in">
                    <a href="#"><img src="images/bag.png"></a>
                    <div class="shop">
                        <h6>购物车</h6>
                        <p>3 件商品 | &yen3388</p>
                        <a href="checkout.html">查看购物车<i> </i></a>
                    </div>
                    <div class="clearfix"> </div>
                </div>
            </div>
        </div>
</body>
</html>
```

【说明】本例页面中使用了背景图像的样式(background)设置,指定了背景图像在页面中的显示方式和重复方式,请读者参考后续章节讲解的使用 CSS 设置背景图像的相关知识。

6.6 盒子的定位

前面介绍了独立的盒模型，以及在标准流情况下的盒子的相互关系。如果仅仅按照标准流的方式进行排版，就只能按照仅有的几种可能性进行排版，限制太大。CSS 的制定者也想到了排版限制的问题，因此又给出了若干不同的手段以实现各种排版需要。

定位（position）的基本思想很简单，它允许用户定义元素框相对于其正常位置应该出现的位置，这个属性定义建立元素布局所用的定位机制。

6.6.1 定位属性

1. 定位方式（position）

position 属性可以选择 4 种不同类型的定位方式，语法如下。

position : static | relative | absolute | **fixed**

参数：static 静态定位为默认值，为无特殊定位，对象遵循 HTML 定位规则。
relative 生成相对定位的元素，相对于其正常位置进行定位。
absolute 生成绝对定位的元素。元素的位置通过 left、top、right 和 bottom 属性进行规定。
fixed 生成绝对定位的元素，相对于浏览器窗口进行定位。元素的位置通过 left、top、right 及 bottom 属性进行规定。

2. 左、右、上、下位置

语法：
    left:auto | length
    right:auto | length
    top:auto | length
    bottom:auto | length

参数：auto 无特殊定位，根据 HTML 定位规则在文档流中分配。length 是由数字和单位标识符组成的长度值或百分数。必须定义 position 属性值为 absolute 或 relative，此取值方可生效。

说明：用于设置对象与其最近一个定位的父对象左边相关的位置。

3. 宽度（width）

语法：width:auto | length

参数：auto 无特殊定位，根据 HTML 定位规则在文档中分配。length 是由数字和单位标识符组成的长度值或百分数，百分数是基于父对象的宽度，不可为负值。

说明：用于设置对象的宽度。对于 img 对象来说，仅指定此属性，其 height 值将根据图片源尺寸进行等比例缩放。

4. 高度（height）

语法：height:auto | length

参数：同宽度（width）。

说明：用于设置对象的高度。对于 img 对象来说，仅指定此属性，其 width 值将根据图片源尺寸进行等比例缩放。

5. 最小高度（min-height）

语法：min-height:auto | length

参数：同宽度（width）。

说明：用于设置对象的最小高度，即为对象的高度设置一个最低限制。因此，元素可以比指定值高，但不能比其低，也不允许指定负值。

6. 可见性（visibility）

语法：visibility:inherit | visible | collapse | hidden

参数：inherit 继承上一个父对象的可见性。visible 使对象可见，如果希望对象可见，其父对象也必须是可见的。hidden 使对象被隐藏。collapse 主要用来隐藏表格的行或列，隐藏的行或列能够被其他内容使用，对于表格外的其他对象，其作用等同于 hidden。

说明：用于设置是否显示对象。与 display 属性不同，此属性为隐藏的对象保留其占据的物理空间，即当一个对象被隐藏后，它仍然要占据浏览器窗口中的原有空间。因此，如果将文字包围在一幅被隐藏的图像周围，则其显示效果是文字包围着一块空白区域。这条属性在编写语言和使用动态 HTML 时很有用，例如，可以使图像只在鼠标指针滑过时才显示。

7. 层叠顺序 z-index

语法：z-index : auto | number

参数：auto 遵从其父对象的定位。number 为无单位的整数值，可为负数。

说明：设置对象的层叠顺序。如果两个绝对定位对象的此属性具有同样的值，那么将依据它们在 HTML 文档中声明的顺序层叠。

示例：当定位多个要素并将其重叠时，可以使用 z-index 来设定哪一个要素应出现在最上层。由于<h2>文字的 z-index 参数值更高，所以它显示在<h1>文字的上面。

```
h2{ position: relative; left: 10px; top: 0px; z-index: 10}
h1{ position: relative; left: 33px; top: -35px; z-index: 1}
div { position:absolute; z-index:3; width:6px }
```

6.6.2 定位方式

1. 静态定位

静态定位是 position 属性的默认值，盒子按照标准流（包括浮动方式）进行布局，即该元素出现在文档的常规位置，不会重新定位。

【例 6-8】静态定位示例。本例文件 6-8.html 在浏览器中的显示效果如图 6-17 所示。

代码如下。

```
<html>
<head>
<title>静态定位</title>
<style type="text/css">
body{
    margin:20px;                /*页面整体外边距为20px*/
    font :Arial 12px;
}
```

图 6-17 静态定位

```
#father{
    background-color:#a0c8ff;        /*父容器的背景为蓝色*/
    border:1px dashed #000000;       /*父容器的边框为1px 黑色实线*/
    padding:15px;                    /*父容器内边距为15px*/
}
#block_one{
    background-color:#fff0ac;        /*盒子的背景为黄色*/
    border:1px dashed #000000;       /*盒子的边框为 1px 黑色实线*/
    padding:10px;                    /*盒子的内边距为 10px*/
}
</style>
</head>
<body>
    <div id="father">
        <div id="block_one">盒子 1</div>
    </div>
</body>
</html>
```

【说明】"盒子 1"没有设置任何 position 属性，相当于使用静态定位方式，页面布局也没有发生任何变化。

2．相对定位

使用相对定位的盒子，会相对于自身原本的位置，通过偏移指定的距离，到达新的位置。使用相对定位，除了要将 position 属性值设置为 relative 外，还需要指定一定的偏移量。其中，水平方向的偏移量由 left 和 right 属性指定；竖直方向的偏移量由 top 和 bottom 属性指定。

【例 6-9】相对定位示例。本例文件 6-9.html 在浏览器中的显示效果如图 6-18 所示。

修改例 6-8 中 id="block_one"盒子的 CSS 定义，代码如下。

```
#block_one{
    background-color:#fff0ac;        /*盒子背景为黄色*/
    border:1px dashed #000000;       /*边框为 1px 黑色实线*/
    padding:10px;                    /*盒子的内边距为 10px*/
    position:relative;               /*relative 相对定位*/
    left:30px;                       /*距离父容器左端 30px*/
    top:30px;                        /*距离父容器顶端 30px*/
}
```

图 6-18　相对定位

【说明】

① id="block_one"的盒子使用相对定位方式定位，因此向下并且"相对于"初始位置向右各移动了 30px。

② 使用相对定位的盒子仍在标准流中，它对父容器没有影响。

3．绝对定位

使用绝对定位的盒子以它的"最近"的一个"已经定位"的"祖先元素"为基准进行偏移。如果没有已经定位的祖先元素，就以浏览器窗口为基准进行定位。

绝对定位的盒子从标准流中脱离，对其后的兄弟盒子的定位没有影响，其他的盒子就好像这个盒子不存在一样。原先在正常文档流中所占的空间会关闭，就好像元素原来不存在一样。

元素定位后生成一个块级框，而不论原来它在正常流中生成何种类型的框。

【例6-10】绝对定位示例。本例文件6-10.html中的父容器包含3个使用相对定位的盒子，对"盒子2"使用绝对定位前的浏览效果如图6-19所示；对"盒子2"使用绝对定位后的浏览效果如图6-20所示。

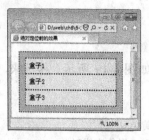 

图6-19　"盒子2"使用绝对定位前的效果　　图6-20　"盒子2"使用绝对定位后的效果

对"盒子2"使用绝对定位前的代码如下。

```
<html>
<head>
<title>绝对定位前的效果</title>
<style type="text/css">
body{
    margin:20px;                    /*页面整体外边距为20px*/
    font :Arial 12px;
}
#father{
    background-color:#a0c8ff;       /*父容器的背景为蓝色*/
    border:1px dashed #000000;      /*父容器的边框为1px 黑色实线*/
    padding:15px;                   /*父容器内边距为15px*/
}
#block_one{
    background-color:#fff0ac;       /*盒子的背景为黄色*/
    border:1px dashed #000000;      /*盒子的边框为1px 黑色实线*/
    padding:10px;                   /*盒子的内边距为10px*/
    position:relative;              /*relative 相对定位*/
}
#block_two{
    background-color:#fff0ac;       /*盒子的背景为黄色*/
    border:1px dashed #000000;      /*盒子的边框为1px 黑色实线*/
    padding:10px;                   /*盒子的内边距为10px*/
    position:relative;              /*relative 相对定位*/
}
#block_three{
    background-color:#fff0ac;       /*盒子的背景为黄色*/
    border:1px dashed #000000;      /*盒子的边框为1px 黑色实线*/
    padding:10px;                   /*盒子的内边距为10px*/
    position:relative;              /*relative 相对定位*/
}
</style>
</head>
```

· 111 ·

```html
<body>
    <div id="father">
        <div id="block_one">盒子 1</div>
        <div id="block_two">盒子 2</div>
        <div id="block_three">盒子 3</div>
    </div>
</body>
</html>
```

父容器中包含 3 个使用相对定位的盒子，浏览效果如图 6-19 所示。接下来，只修改"盒子 2"的定位方式为绝对定位，代码如下。

```css
#block_two{
    background-color:#fff0ac;        /*盒子的背景为黄色*/
    border:1px dashed #000000;       /*盒子的边框为 1px 黑色实线*/
    padding:10px;                    /*盒子的内边距为 10px*/
    position:absolute;               /*absolute 绝对定位*/
    top:0;                           /*向上偏移至浏览器窗口顶端*/
    right:0;                         /*向右偏移至浏览器窗口右端*/
}
```

【说明】

① "盒子 2"采用绝对定位后从标准流中脱离，对其后的兄弟盒子（"盒子 3"）的定位没有影响。

② "盒子 2"最近的"祖先元素"就是 id="father"的父容器，但由于该容器不是"已经定位"的"祖先元素"。因此，对"盒子 2"使用绝对定位后，"盒子 2"以浏览器窗口为基准进行定位，向右偏移至浏览器窗口顶端，向上偏移至浏览器窗口右端，即"盒子 2"偏移至浏览器窗口的右上角，如图 6-20 所示。

怎样才能让"盒子 2"以 id="father"的父容器为基准进行定位呢？只需为该父容器设置定位方式即可，修改 id="father"的父容器的 CSS 定义，代码如下。

```css
#father{
    background-color:#a0c8ff;        /*父容器的背景为蓝色*/
    border:1px dashed #000000;       /*父容器的边框为 1px 黑色实线*/
    padding:15px;                    /*父容器内边距为 15px*/
    position:relative;               /*relative 相对定位*/
}
```

重新浏览网页，"盒子 2"偏移至 id="father"父容器的右上角，浏览效果如图 6-21 所示。读者还可以修改"盒子 2" CSS 定义中的水平、垂直偏移量，改变元素在祖先元素中的相对位置，浏览效果如图 6-22 所示。代码如下。

```css
#block_two{
    background-color:#fff0ac;        /*盒子的背景为黄色*/
    border:1px dashed #000000;       /*盒子的边框为 1px 黑色实线*/
    padding:10px;                    /*盒子的内边距为 10px*/
    position:absolute;               /*absolute 绝对定位*/
    top:10px;                        /*距离父容器顶端 10px */
    right:50px;                      /*距离父容器右端 50px */
}
```

图 6-21　设置父容器的定位方式　　　图 6-22　修改"盒子 2"的水平、垂直偏移量

4．固定定位

固定定位（position:fixed;）其实是绝对定位的子类别，一个设置了 position:fixed 的元素是相对于视窗固定的，就算页面文档发生了滚动，它也会一直处在相同的地方。

【例 6-11】固定定位示例。为了对固定定位演示得更加清楚，将"盒子 2"进行固定定位，并且调整页面高度使浏览器显示出滚动条。本例文件 6-11.html 在浏览器中显示的效果如图 6-23所示。

　　（a）初始状态　　　　　　　　　　（b）向下拖动滚动条时的状态

图 6-23　固定定位的效果

在例 6-10 的基础上只修改"盒子 2"的 CSS 定义即可，代码如下。

```
#block_two{
    background-color:#fff0ac;          /*盒子的背景为黄色*/
    border:1px dashed #000000;         /*盒子的边框为 1px 黑色实线*/
    padding:10px;                      /*盒子的内边距为 10px*/
    position:fixed;                    /*fixed 固定定位*/
    top:0;                             /*向上偏移至浏览器窗口顶端*/
    right:0;                           /*向右偏移至浏览器窗口右端*/
}
```

【说明】页面预览后，当向下滚动页面时注意观察页面右上角的"盒子 2"，其仍然固定于屏幕上同样的地方（浏览器窗口右上角）。

6.7　浮动与清除浮动

浮动（float）是使用率较高的一种定位方式。有时希望相邻块级元素的盒子左右排列（所有盒子浮动），或者希望一个盒子被另一个盒子中的内容所环绕（一个盒子浮动）做出图文混排的效果，这时最简单的办法就是运用浮动属性使盒子在浮动方式下定位。

6.7.1 浮动

浮动元素可以向左或向右移动，直到它的外边距边缘碰到包含块内边距边缘或另一个浮动元素的外边距边缘为止。float 属性定义元素在哪个方向浮动，任何元素都可以浮动，浮动元素会变成一个块状元素。

语法：float : none | left |right

参数：none 为对象不浮动，left 为对象浮在左边，right 为对象浮在右边。

说明：该属性的值指出了对象是否浮动及如何浮动。

【例 6-12】向右浮动的元素。本例文件 6-12.html 页面布局的初始状态如图 6-24（a）所示，"盒子 1"向右浮动后的结果如图 6-24（b）所示。

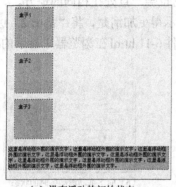 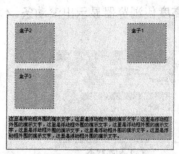

（a）没有浮动的初始状态　　　　　　　　（b）向右浮动的盒子 1

图 6-24　向右浮动的元素

代码如下。

```
<html>
<head>
<title>向右浮动</title>
<style type="text/css">
body{
    margin:15px;
    font-family:Arial; font-size:12px;
}
.father{                    /*设置容器的样式*/
    background-color:#ffff99;
    border:1px solid #111111;
    padding:5px;
}
.father div{                /*设置容器中 div 标签的样式*/
    padding:10px;
    margin:15px;
    border:1px dashed #111111;
    background-color:#90baff;
}
.father p{                  /*设置容器中段落的样式*/
    border:1px dashed #111111;
```

```
            background-color:#ff90ba;
            }
        .son_one{
            width:100px;                /*设置元素宽度*/
            height:100px;               /*设置元素高度*/
            float:right;                /*向右浮动*/
        }
        .son_two{
            width:100px;                /*设置元素宽度*/
            height:100px;               /*设置元素高度*/
        }
        .son_three{
            width:100px;                /*设置元素宽度*/
            height:100px;               /*设置元素高度*/
        }
    </style>
</head>
<body>
    <div class="father">
        <div class="son_one">盒子1</div>
        <div class="son_two">盒子2</div>
        <div class="son_three">盒子3</div>
        <p>这里是浮动框外围的演示文字,这里是浮动框外围的……(此处省略文字)</p>
    </div>
</body>
</html>
```

【说明】本例页面中首先定义了一个类名为.father 的父容器,然后在其内部又定义了 3 个并列关系的 Div 容器。当把其中的类名为.son_one 的 Div("盒子 1")增加"float:right;"属性后,"盒子 1"便脱离文档流向右移动,直到它的右边缘碰到包含框的右边缘。

【例 6-13】向左浮动的元素。使用例 6-12 继续讨论,只将"盒子 1"向左浮动的页面布局如图 6-25(a)所示,所有元素向左浮动后的结果如图 6-25(b)所示。

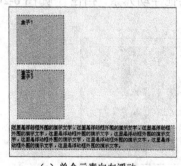
(a) 单个元素向左浮动

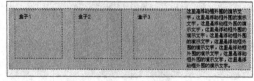
(b) 所有元素向左浮动

图 6-25 向左浮动的元素

单个元素向左浮动的布局中只修改了"盒子 1"的 CSS 定义,代码如下。

```
.son_one{
    width:100px;                /*设置元素宽度*/
    height:100px;               /*设置元素高度*/
```

```
            float:left;             /*向左浮动*/
        }
```
所有元素向左浮动的布局中修改了"盒子1"、"盒子2"和"盒子3"的CSS定义,代码如下。

```
        .son_one{
            width:100px;            /*设置元素宽度*/
            height:100px;           /*设置元素高度*/
            float:left;             /*向左浮动*/
        }
        .son_two{
            width:100px;            /*设置元素宽度*/
            height:100px;           /*设置元素高度*/
            float:left;             /*向左浮动*/
        }
        .son_three{
            width:100px;            /*设置元素宽度*/
            height:100px;           /*设置元素高度*/
            float:left;             /*向左浮动*/
        }
```

【说明】

① 本例页面中如果只将"盒子1"向左浮动,该元素同样脱离文档流向左移动,直到它的左边缘碰到包含框的左边缘,如图6-25(a)所示。由于"盒子1"不再处于文档流中,所以它不占据空间,实际上覆盖了"盒子2",导致"盒子2"从布局中消失。

② 如果所有元素向左浮动,那么"盒子1"向左浮动直到碰到左边框时静止,另外两个盒子也向左浮动,直到碰到前一个浮动框也静止,如图6-25(b)所示,这样就将纵向排列的Div容器,变成了横向排列。

【例6-14】父容器空间不够时的元素浮动。使用例6-13继续讨论,如果类名为.father的父容器宽度不够,无法容纳3个浮动元素"盒子1"、"盒子2"和"盒子3"并排放置,那么部分浮动元素将会向下移动,直到有足够的空间放置它们,如图6-26(a)所示。如果浮动元素的高度彼此不同,那么当它们向下移动时可能会被其他浮动元素"挡住",如图6-26(b)所示。

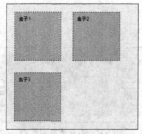
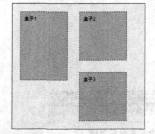

(a) 父容器宽度不够时的状态　　　　(b) 父容器宽度不够且不同高度的浮动元素

图6-26　父容器空间不够时的元素浮动

当父容器宽度不够时,浮动元素"盒子1"、"盒子2"和"盒子3"的CSS定义同例6-13,此处只修改了父容器的CSS定义;同时,为了看清盒子之间的排列关系,去掉了父容器中段落的样式定义及结构代码,添加的父容器CSS定义代码如下。

```
.father{                    /*设置容器的样式*/
    background-color:#ffff99;
    border:1px solid #111111;
    padding:5px;
    width:330px;            /*父容器的宽度不够,导致浮动元素"盒子3"向下移动*/
    float:left;             /*向左浮动*/
}
```

当出现父容器宽度不够且不同高度的浮动元素时,"盒子 1"、"盒子 2"和"盒子 3"的 CSS 定义代码如下。

```
.son_one{
    width:100px;            /*设置元素宽度*/
    height:150px;           /*浮动元素高度不同导致盒子3向下移动时被盒子1"挡住"*/
    float:left;             /*向左浮动*/
}
.son_two{
    width:100px;            /*设置元素宽度*/
    height:100px;           /*设置元素高度*/
    float:left;             /*向左浮动*/
}
.son_three{
    width:100px;            /*设置元素宽度*/
    height:100px;           /*设置元素高度*/
    float:left;             /*向左浮动*/
}
```

【说明】浮动元素"盒子1"的高度超过了向下移动的浮动元素"盒子3"的高度,因此才会出现"盒子3"向下移动时被"盒子1"挡住的现象。如果浮动元素"盒子1"的高度小于浮动元素"盒子3"的高度,就不会发生"盒子3"向下移动时被"盒子1"挡住的现象。

6.7.2 清除浮动

在页面布局时,浮动属性的确能帮助用户实现良好的布局效果,但如果使用不当就会导致页面出现错位的现象。当容器的高度设置为 auto 且容器的内容中有浮动元素时,容器的高度不能自动伸长以适应内容的高度,使得内容溢出到容器外面导致页面出现错位,这个现象称为浮动溢出。

为了防止浮动溢出现象的出现而进行的 CSS 处理,就叫清除浮动,清除浮动即清除元素 float 属性。在 CSS 样式中,浮动与清除浮动(clear)是相互对立的,使用清除浮动不仅能够解决页面错位的现象,还能解决子级元素浮动导致父级元素背景无法自适应子级元素高度的问题。

语法:clear : none | left |right | both

参数:none 允许两边都可以有浮动对象,both 不允许有浮动对象,left 不允许左边有浮动对象,right 不允许右边有浮动对象。

【例 6-15】清除浮动示例。使用例 6-13 继续讨论,将"盒子 1"、"盒子 2"设置为向左浮动,"盒子 3"设置为向右浮动,未清除浮动时的段落文字填充在"盒子 2"与"盒子 3"之间,如图 6-27(a)所示,清除浮动后的状态如图 6-27(b)所示。

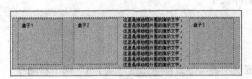

（a）未清除浮动时的状态　　　　　　　　　（b）清除浮动后的状态

图 6-27　清除浮动示例

将"盒子 1"、"盒子 2"设置为向左浮动，"盒子 3"设置为向右浮动的 CSS 代码如下。

```
.son_one{
    width:100px;           /*设置元素宽度*/
    height:100px;          /*设置元素高度*/
    float:left;            /*向左浮动*/
}
.son_two{
    width:100px;           /*设置元素宽度*/
    height:100px;          /*设置元素高度*/
    float:left;            /*向左浮动*/
}
.son_three{
    width:100px;           /*设置元素宽度*/
    height:100px;          /*设置元素高度*/
    float:right;           /*向右浮动*/
}
```

设置段落样式中清除浮动的 CSS 代码如下。

```
.father p{                 /*设置容器中段落的样式*/
    border:1px dashed #111111;
    background-color:#ff90ba;
    clear:both;            /*清除所有浮动*/
}
```

【说明】在对段落设置了"clear:both;"清除浮动后，可以将段落之前的浮动全部清除，使段落按照正常的文档流显示，如图 6-27（b）所示。

6.8　综合案例——珠宝商城市场团队简介页面

本节主要讲解珠宝商城市场团队简介页面布局的方法，重点练习 CSS 定位与浮动实现页面布局的各种技巧。

6.8.1　页面布局规划

通过成熟的构思与设计，珠宝商城市场团队简介页面的效果如图 6-28 所示，页面局部布局示意图如图 6-29 所示。

从页面布局示意图可以看出，由于市场团队局部信息在整个页面中位于主体内容的右侧，因此，在布局规划中，wrapper 是整个页面的容器，main 是页面主体内容区域，content 是页面主体内容的右侧区域。

content 区域又包含 3 个子区域，上边的段落子区域用于显示市场团队的简介文字，下边的两个子区域 box_w270 用于显示专业设计和产品发布，分别使用向左浮动和向右浮动实现对称布局的效果。

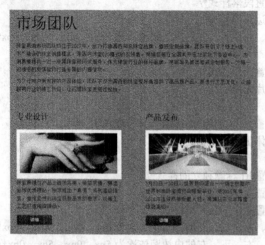

图 6-28　市场团队简介页面的效果

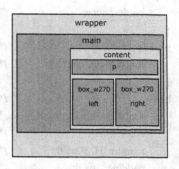

图 6-29　页面局部布局示意图

6.8.2　页面的制作过程

1．前期准备

（1）栏目目录结构

在栏目文件夹下创建文件夹 images 和 css，分别用来存放图像素材和外部样式表文件。

（2）页面素材

将本页面需要使用的图像素材存放在文件夹 images 下。

（3）外部样式表

在文件夹 css 下新建一个名为 style.css 的样式表文件。

2．制作页面

（1）制作页面的 CSS 样式

打开建立的 style.css 文件，定义页面的 CSS 规则，代码如下。

```
body {                              /*设置页面整体样式*/
    margin:0px;
    padding:0px;
    color:#333;                     /*设置默认文字颜色为深灰色*/
    font-family: 宋体;
    font-size:13px;                 /*设置文字大小为 13px*/
    line-height:1.5em;              /*设置行高是字符的 1.5 倍*/
    background-color: #ede4bb;      /*紫色背景*/
}
a, a:link, a:visited {              /*设置超链接及访问过链接的样式*/
    color: #7c0d0b;                 /*设置链接颜色*/
}
a:hover {                           /*设置鼠标悬停链接的样式*/
```

```css
        color: #996600;              /*设置悬停链接颜色*/
        text-decoration:none;        /*链接无修饰*/
}
p {                                  /*设置段落样式*/
        margin: 0px;                 /*外边距为 0px*/
        padding: 0 0 10px 0;         /*上、右、下、左的内边距依次为 0px、0px、10px、0px*/
}
img {                                /*设置图片样式*/
        border: none;                /*图片无边框*/
}
h1, h3{                              /*设置 h1 标题和 h3 标题共同的样式*/
        font-weight: normal;         /*字体正常粗细*/
}
h1 {                                 /*设置 h1 标题独立的样式*/
        font-size: 40px;             /*设置文字大小为 40px*/
        color: #000;                 /*设置文字颜色为黑色*/
        margin: 0 0 30px 0;          /*上、右、下、左的外边距依次为 0px、0px、30px、0px*/
        padding: 5px 0;              /*上、右、下、左的内边距依次为 5px、0px、5px、0px*/
}
h3 {                                 /*设置 h3 标题独立的样式*/
        font-size: 21px;             /*设置文字大小为 21px*/
        color: #000;                 /*设置文字颜色为黑色*/
        margin: 0 0 20px 0px;        /*上、右、下、左的外边距依次为 0px、0px、20px、0px*/
        padding: 0;                  /*内边距为 0px*/
}
.cleaner {
        clear: both;                 /*清除所有浮动*/
}
.cleaner_h40 {
        clear: both;                 /*清除所有浮动*/
        height: 40px;                /*清除浮动后区块的高度为 40px*/
}
.float_l {
        float: left;                 /*向左浮动*/
}
.float_r {
        float: right;                /*向右浮动*/
}
.image_wrapper {                     /*设置图片容器的样式*/
        padding: 8px;                /*内边距为 8px*/
        border: 1px solid #ccc;      /*容器边框为 1px 白色实线*/
        background: #fff;            /*白色背景*/
}
.button a {                          /*按钮超链接的样式*/
        clear: both;                 /*清除所有浮动*/
        display: block;              /*块级元素*/
        width: 92px;
        height: 24px;
```

```css
        padding: 4px 0 0 0;              /*上、右、下、左的内边距依次为 4px、0px、0px、0px*/
        background: url(../images/button.png) no-repeat;    /*背景图像不重复*/
        color: #ccc;                     /*超链接文字颜色为浅灰色*/
        font-weight: bold;               /*字体加粗*/
        font-size: 11px;
        text-align: center;              /*文字居中对齐*/
        text-decoration: none;           /*链接无修饰*/
    }
    .button a:hover {                    /*按钮鼠标悬停链接的样式*/
        color: #fff;                     /*悬停链接文字颜色为白色*/
        background: url(../images/button_hover.png) no-repeat;   /*背景图像无重复*/
    }
    #wrapper {                           /*整个页面容器 wrapper 的样式*/
        position: relative;
        width: 980px;
        padding: 0 5px;                  /*上、右、下、左的内边距依次为 0px、5px、0px、5px*/
        margin: 0 auto;                  /*容器自动居中*/
    }
    #main {                              /*主体内容区块的样式*/
        clear: both;                     /*清除所有浮动*/
        padding: 20px 40px;              /*上、右、下、左的内边距依次为 20px、40px、20px、40px*/
    }
    #content {                           /*主体内容区块的样式*/
        float: right;                    /*向右浮动*/
        width: 600px;
        padding-bottom: 90px;            /*下内边距 90px*/
    }
    .box_w270 {                          /*主体内容区块子栏目的样式*/
        width: 270px;                    /*子栏目宽度 270px*/
    }
```

（2）制作页面的网页结构代码

网页结构文件 6-16.html 的代码如下。

```html
<!doctype html>
<html>
<head>
<meta charset="gb2312">
<title>珠宝商城市场团队简介</title>
<link href="css/style.css" rel="stylesheet" type="text/css" />
</head>
<body>
<div id="wrapper">
    <div id="main">
        <div id="content">
            <h1>市场团队</h1>
            <p>珠宝商城市场团队成立于 2007 年，全力打造国内……（此处省略文字）</p>
            <p>为了让用户有更好的产品体验，团队不仅为国内……（此处省略文字）</p>
            <div class="cleaner_h40"></div>
            <div class="box_w270 float_l">
```

```
            <h3>专业设计</h3>
            <div class="image_wrapper">
                <a href="#"><img src="images/image_01.jpg" alt="image" /></a>
            </div>
            <p>珠宝商城在产品上追求完美、精益求精、甄选全球……（此处省略文字）</p>
            <div class="button"><a href="products.html">详细</a></div>
        </div>
        <div class="box_w270 float_r">
            <h3>产品发布</h3>
            <div class="image_wrapper">
                <a href="#"><img src="images/image_02.jpg" alt="image" /></a>
            </div>
            <p>3月23日&mdash;30日，世界顶级盛会……（此处省略文字）</p>
            <div class="button"><a href="products.html">详细</a></div>
        </div>
        <div class="cleaner"></div>
    </div>
    <div class="cleaner"></div>
</div>
</body>
</html>
```

【说明】由于样式表目录 style 和图像目录 images 是同级目录，因此，样式中访问图像时使用的是相对路径 "../images/图像文件名" 的写法。

习题 6

1. 使用相对定位的方法制作如图 6-30 所示的页面布局。
2. 使用盒模型技术制作如图 6-31 所示的商城结算页面。

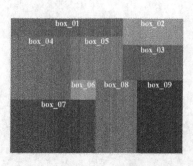

图 6-30 题 1 图

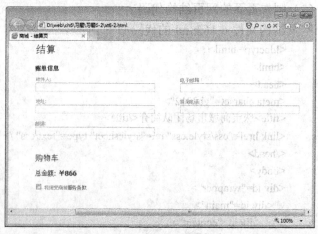

图 6-31 题 2 图

3. 使用盒模型技术制作如图 6-32 所示的四季画廊页面。

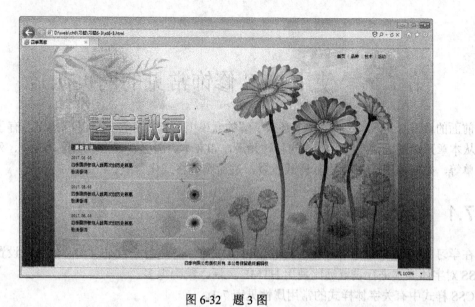

图 6-32　题 3 图

4. 使用定位与浮动技术制作商城登录整体布局，在未使用盒子浮动前的布局效果如图 6-33 所示，使用盒子浮动后的布局效果如图 6-34 所示。

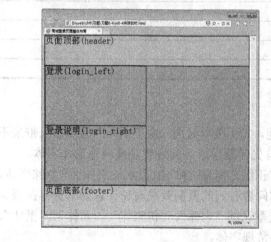

图 6-33　盒子浮动前的布局效果

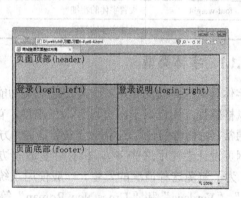

图 6-34　盒子浮动后的布局效果

第 7 章 使用 CSS 修饰常见的网页元素

前面的章节介绍了 CSS 设计中必须了解的盒模型、定位和浮动的基础知识。有了这个基础，从本章开始逐一介绍网页设计的各种元素，如文本、图像、表格、表单、链接、列表、导航菜单等，如何使用 CSS 来进行样式设置，进而实现格式化排版。

7.1 设置字体样式

在学习 HTML 时，通常也会使用 HTML 对文本字体进行一些非常简单的样式设置，而使用 CSS 对字体样式进行设置远比使用 HTML 灵活、精确得多。

CSS 样式中有关字体样式的常用属性见表 7-1。

表 7-1 字体样式的常用属性

属 性	说 明
font-family	设置字体的类型
font-size	设置字体的大小
font-weight	设置字体的粗细
font-style	设置字体的倾斜

7.1.1 字体类型

字体具有两方面的作用：一是传递语义功能，二是美学效应。由于不同的字体给人带来不同的风格感受，所以对于网页设计人员来说，首先需要考虑的问题就是准确地选择字体。

通常，访问者的计算机中不会安装诸如"方正综艺简体"和"方正水柱简体"等特殊字体，如果网页设计者使用这些字体，极有可能造成访问者看到的页面效果与设计者的本意存在很大差异。为了避免这种情况的发生，一般使用系统默认的"宋体"、"仿宋体"、"黑体"、"楷体"、"Arial"、"Verdana"和"Times New Roman"等常规字体。

CSS 提供 font-family 属性来控制文本的字体类型。

语法：font-family：字体名称

参数：字体名称按优先顺序排列，以逗号隔开。如果字体名称包含空格，则应用引号括起。

说明：用 font-family 属性可控制显示字体。不同的操作系统，其字体名是不同的。对于 Windows 系统，其字体名就如 Word 中的"字体"列表中所列出的字体名称。

7.1.2 字体大小

在设计页面时，通常使用不同大小的字体来突出要表现的主题，在 CSS 样式中使用 font-size 属性设置字体的大小，其值可以是绝对值也可以是相对值。常见的有"px"（绝对单位）、"pt"（绝对单位）、"em"（相对单位）和"%"（相对单位）等。

语法：font-size：绝对尺寸 | 相对尺寸

参数：绝对字体尺寸是根据对象字体进行调节的，包括 xx-small、x-small、small、medium、

large、x-large 和 xx-large 七种字体尺寸,这些尺寸都没有精确定义,只是相对而言的,在不同的设备下,这些关键字可能会显示不同的字号。

相对尺寸是利用百分比或 em 以相对父元素大小的方式来设置字体尺寸。

7.1.3 字体粗细

CSS 样式中使用 font-weight 属性设置字体的粗细,它包含 normal、bold、bolder、lighter、100、200、300、400、500、600、700、800 和 900 多个属性值。

语法:font-weight : bold | number | normal | **lighter** | **100-900**

参数:normal 表示默认字体,bold 表示粗体,bolder 表示粗体再加粗,lighter 表示比默认字体还细,100-900 共分为 9 个层次(100、200、…、900),数字越小字体越细、数字越大字体越粗,数字值 400 相当于关键字 normal,700 等价于 bold。

说明:设置文本字体的粗细。

7.1.4 字体倾斜

CSS 中的 font-style 属性用来设置字体的倾斜。

语法:font-style : **normal** || **italic** || **oblique**

参数:normal 为"正常"(默认值),italic 为"斜体",oblique 为"倾斜体"。

说明:设置文本字体的倾斜。

7.1.5 设置字体样式综合案例

【例 7-1】设置字体样式综合案例,本例页面 7-1.html 的显示效果如图 7-1 所示。

代码如下:

```
<html>
<head>
<meta charset="gb2312">
<title>设置字体样式综合案例</title>
<style type="text/css">
    h1{
        font-family:黑体;        /*设置字体类型*/
    }
    p{
        font-family: Arial, "Times New Roman";
        font-size:12pt;          /*设置字体大小*/
    }
    .one {
        font-weight:bold;        /*设置字体为粗体*/
        font-size:30px;
    }
    .two {
        font-weight:400;         /*设置字体为 400 粗细*/
        font-size:30px;
    }
    .three {
        font-weight:900;         /*设置字体为 900 粗细*/
```

图 7-1 页面显示效果

```
            font-size:30px;
        }
        p.italic {
            font-style:italic;          /*设置斜体*/
        }
    </style>
</head>
<body>
    <h1>关于我们</h1>
    <p><span class="one">珠宝商城</span>，创立于 2007 年，国内知名珠宝品牌，婚戒定制<span class="two">品牌</span>。商城开创了"线上+线下"结合的珠宝销售模式，是国内珠宝<span class="three">O2O</span>模式的引领者。</p>
    <p class="italic">商城目前在全国共开设 28 家线下体验中心，为消费者提供一对一专属珠宝顾问式服务。</p>
</body>
</html>
```

【说明】

① 中文页面尽量首先使用"宋体"，英文页面可以使用"Arial"、"Times New Roman"和"Verdana"等字体。

② 大多数操作系统和浏览器还不能很好地实现非常精细的文本加粗设置，通常只能设置"正常"（normal）和"加粗"（bold）两种粗细。

7.2 设置文本样式

网页的排版离不开对文本的设置，本节主要讲述常用的文本样式，包括文本对齐方式、行高、文本修饰、段落首行缩进、首字下沉、文本截断、文本换行、文本颜色及背景色等。

CSS 样式中有关文本样式的常用属性见表 7-2。

表 7-2 文本样式的常用属性

属 性	说 明
text-align	设置文本的水平对齐方式
line-height	设置行高
text-decoration	设置文本修饰效果
text-indent	设置段落的首行缩进
first-letter	设置首字下沉
text-overflow	设置文本的截断
word-wrap	设置文本换行
color	设置文本的颜色
background-color	设置文本的背景颜色

7.2.1 文本水平对齐方式

使用 text-align 属性可以设置元素中文本的水平对齐方式。

语法：text-align : left | right | center | justify

参数：left 为左对齐，right 为右对齐，center 为居中，justify 为两端对齐。

说明：设置对象中文本的对齐方式。

7.2.2 行高

段落中两行文本之间垂直的距离称为行高。在 HTML 中是无法控制行高的，在 CSS 样式中，使用 line-height 属性控制行与行之间的垂直间距。

语法：line-height : length | normal

参数：length 为由百分比数字或由数值、单位标识符组成的长度值，允许为负值。其百分比取值是基于字体的高度尺寸。normal 为默认行高。

说明：设置对象的行高。

7.2.3 文本的修饰

使用 CSS 样式可以对文本进行简单的修饰，text 属性所提供的 text-decoration 属性，主要实现文本加下画线、顶线、删除线及文本闪烁等效果。

语法：text-decoration : underline || blink || overline || line-through | none

参数：underline 为下画线，blink 为闪烁，overline 为上画线，line-through 为贯穿线，none 为无装饰。

说明：设置对象中文本的修饰。对象 a、u、ins 的文本修饰默认值为 underline。对象 strike、s、del 的默认值是 line-through。如果应用的对象不是文本，则此属性不起作用。

7.2.4 段落首行缩进

首行缩进指的是段落的第一行从左向右缩进一定的距离，而首行以外的其他行保持不变，其目的是为了便于阅读和区分文章整体结构。

在 Web 页面中，将段落的第一行进行缩进，同样是一种最常用的文本格式化效果。在 CSS 样式中 text-indent 属性可以方便地实现文本缩进。可以为所有块级元素应用 text-indent，但不能应用于行级元素。如果想把一个行级元素的第一行缩进，可以用左内边距或外边距创造这种效果。

语法：text-indent : length

参数：length 为百分比数字或由浮点数字、单位标识符组成的长度值，允许为负值。

说明：设置对象中的文本段落的缩进。本属性只应用于整块的内容。

7.2.5 首字下沉

在许多文档的排版中经常出现首字下沉的效果，所谓首字下沉指的是设置段落的第一行第一个字的字体变大，并且向下一定的距离，而段落的其他部分保持不变。

在 CSS 样式中伪对象":first-letter"可以实现对象内第一个字符的样式控制。

例如，以下代码用于实现段落的首字下沉，浏览器中的显示效果如图 7-2 所示。

代码如下。

```
p:first-letter {
    float:left;         /*设置浮动，其目的是占据多行空间*/
    font-size:2em;      /*设置下沉字体大小为其他字体的2倍*/
    font-weight:bold;   /*设置首字体加粗显示*/
}
```

图 7-2 首字下沉

【说明】如果不使用伪对象":first-letter"来实现首字下沉的效果,就要对段落中第一个文字添加<span>标签,然后定义<span>标签的样式。但这样做的后果是,每个段落都要对第一个文字添加<span>标签,非常烦琐。因此,使用伪对象":first-letter"来实现首字下沉提高了网页排版的效率。

7.2.6 文本的截断

在 CSS 样式中"text-overflow"属性可以实现文本的截断效果,该属性包含 clip 和 ellipsis 两个属性值。前者表示简单的裁切,不显示省略标记(…);后者表示当文本溢出时显示省略标记(…)。

语法:text-overflow : clip | ellipsis

参数:clip 定义简单的裁切,不显示省略标记(…)。ellipsis 定义当文本溢出时显示省略标记(…)。

说明:设置文本的截断。要实现溢出文本显示省略号的效果,除了使用 text-overflow 属性以外,还必须配合 white-space:nowrap(强制文本在一行内显示)和 overflow:hidden(溢出内容为隐藏)同时使用才能实现。

7.2.7 文本换行

word-wrap 文本换行属性,能设置或检索当前行超过指定容器的边界时是否断开转行。

语法:word-wrap : normal | break-word

参数:normal 为默认选项,控制连续文本换行,只在允许的断点截断文字,如连字符。break-word 表示内容将在边界内换行,文字可以在任何需要的地方截断以匹配分配的空间并防止溢出。

说明:设置或检索当前行超过指定容器的边界时是否断开换行,防止太长的字符串溢出。

例如,以下代码用于实现文本换行,浏览器中的显示效果如图 7-3 所示。

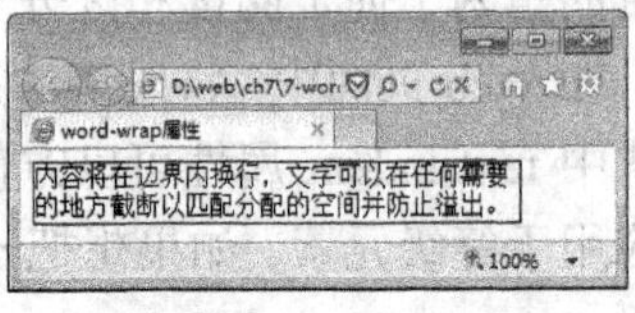

图 7-3 文本换行效果

代码如下。

```
<div style="width:310px;word-wrap:break-word;border:1px solid #0000ff;">
    内容将在边界内换行,文字可以在任何需要的地方截断以匹配分配的空间并防止溢出。
</div>
```

7.2.8 文本的颜色

在 CSS 样式中,对文本增加颜色修饰十分简单,只需添加 color 属性即可。color 属性的语法格式为:

color:颜色值;

这里颜色值可以使用多种书写方式:

```
color:red;              /*规定颜色值为颜色名称的颜色*/
color: #000000;         /*规定颜色值为十六进制值的颜色*/
color:rgb(0,0,255);     /*规定颜色值为 rgb 代码的颜色*/
color:rgb(0%,0%,80%);   /*规定颜色值为 rgb 百分数的颜色*/
```

7.2.9 文本的背景颜色

在 HTML 中，可以使用标签的 bgcolor 属性设置网页的背景颜色，而在 CSS 里，不仅可以用 background-color 属性来设置网页背景颜色，还可以设置文本的背景颜色。

语法：background-color : color | transparent

参数：color 指定颜色。transparent 表示透明的意思，也是浏览器的默认值。

说明：background-color 不能继承，默认值是 transparent，如果一个元素没有指定背景色，那么背景就是透明的，这样其父元素的背景才能看见。

7.2.10 设置文本样式综合案例

【例 7-2】设置文本样式综合案例，本例页面 7-2.html 的显示效果如图 7-4 所示。代码如下。

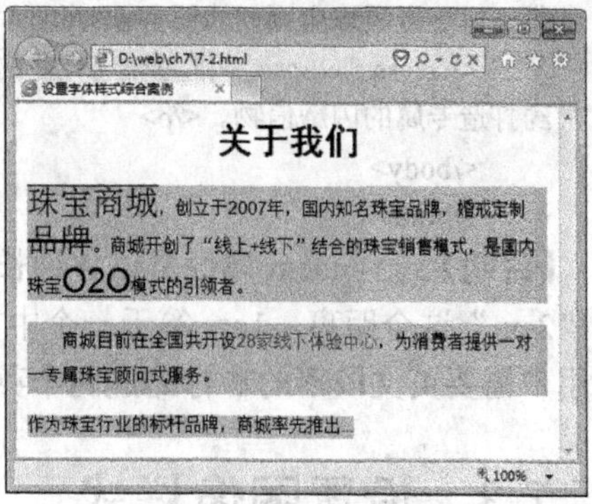

```
<html>
<head>
<meta charset="gb2312">
<title>设置字体样式综合案例</title>
<style type="text/css">
h1{
    font-family:黑体;            /*设置字体类型*/
    text-align: center;          /*文本居中对齐*/
}
p{
    font-family: Arial, "Times New Roman";
    font-size:12pt;              /*设置字体大小*/
    background-color:#ccc;       /*设置背景色为灰色*/
}
p.indent{
    text-indent:2em;             /*设置段落缩进两个相对长度*/
    line-height:200%;            /*设置行高为字体高度的 2 倍*/
}
p.ellipsis{
    width:300px;                 /*设置裁切的宽度*/
    height:20px;                 /*设置裁切的高度*/
    overflow:hidden;             /*溢出隐藏*/
    white-space:nowrap;          /*强制文本在一行内显示*/
    text-overflow:ellipsis;      /*当文本溢出时显示省略标记（…）*/
}
.red {
    color:rgb(255,0,0);          /*红色文本*/
}
.one {
    font-size:30px;
    text-decoration: overline;   /*设置上画线*/
}
.two {
    font-size:30px;
```

图 7-4 页面显示效果

```
            text-decoration: line-through;  /*设置贯穿线*/
        }
        .three {
            font-size:30px;
            text-decoration: underline;      /*设置下画线*/
        }
    </style>
</head>
<body>
    <h1>关于我们</h1>
    <p><span class="one">珠宝商城</span>，创立于 2007 年，国内知名珠宝品牌，婚戒定制<span class="two">品牌</span>。商城开创了"线上+线下"结合的珠宝销售模式，是国内珠宝<span class="three">O2O</span>模式的引领者。</p>
    <p class="indent">商城目前在全国共开设<span class="red">28 家线下体验中心</span>，为消费者提供一对一专属珠宝顾问式服务。</p>
    <p class="ellipsis">作为珠宝行业的标杆品牌，商城率先推出婚戒定制服务，为每一对情侣的爱情誓约打造专属的闪耀信物。</p>
</body>
</html>
```

【说明】text-indent 属性是以各种长度为属性值的，为了缩进两个汉字的距离，最经常用的是"2em"这个距离。1em 等于一个中文字符，两个英文字符相当于一个中文字符。因此，如果用户需要英文段落的首行缩进两个英文字符，只需设置"text-indent:1em;"即可。

7.3 设置图像样式

图像是网页中不可缺少的内容，它能使页面更加丰富多彩，能让人更直观地感受网页所要传达给浏览者的信息。本节详细介绍 CSS 设置图像风格样式的方法，包括图像的边框、图像的缩放和背景图像等。

图像即 img 元素，在页面中的风格样式仍然用盒模型来设计。CSS 样式中有关图像控制的常用属性见表 7-3。

表 7-3 图像控制的常用属性

属　　性	说　　明
width、height	设置图像的缩放
border	设置图像边框样式
background-image	设置背景图像
background-repeat	设置背景图像重复方式
background-position	设置背景图像定位
background-size	设置背景图像大小

作为单独的图像本身，它的很多属性可以直接在 HTML 中进行调整，但通过 CSS 统一管理，不仅可以更加精确地调整图像的各种属性，还可以实现很多特殊的效果。首先讲解用 CSS 设置图像基本属性的方法，为进一步深入探讨打下基础。

7.3.1 图像缩放

使用 CSS 样式控制图像的大小,可以通过 width 和 height 两个属性来实现。需要注意的是,当 width 和 height 两个属性的取值使用百分比数值时,它是相对于父元素而言的。如果将这两个属性设置为相对于 body 的宽度或高度,就可以实现当浏览器窗口改变时,图像大小也发生相应变化的效果。

【例 7-3】设置图像缩放,本例页面 7-3.html 的显示效果如图 7-5 所示。

代码如下。

```
<!doctype html>
<html>
<head>
<title>设置图像的缩放</title>
<style type="text/css">
#box {
    padding:10px;
    width:500px;
    height:300px;
    border:2px dashed #9c3;
}
img.test1{
    width:30%;         /*相对宽度为 30% */
    height:40%;        /*相对高度为 40% */
}
img.test2{
    width:150px;       /*绝对宽度为 150px */
    height:280px;      /*绝对高度为 280px */
}
</style>
</head>
<body>
<div id="box">
    <img src="images/ring.jpg">                        <!--图像的原始大小-->
    <img src="images/ring.jpg" class="test1">          <!--相对于父元素缩放的大小-->
    <img src="images/ring.jpg" class="test2">          <!--绝对像素缩放的大小-->
</div>
</body>
</html>
```

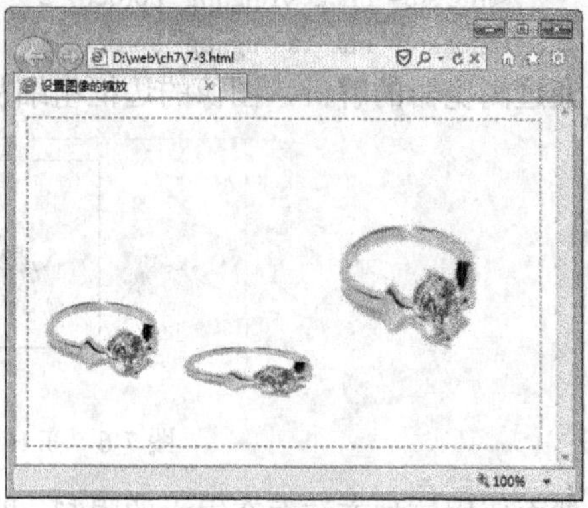

图 7-5 页面显示效果

【说明】

① 本例中图像的父元素为 id="box"的 Div 容器,在 img.test1 中定义 width 和 height 两个属性的取值为百分比数值,该数值是相对于 id="box"的 Div 容器而言的,而不是相对于图像本身。

② img.test2 中定义 width 和 height 两个属性的取值为绝对像素值,图像将按照定义的像素值显示大小。

7.3.2 图像边框

图像的边框就是利用 border 属性作用于图像元素而呈现的效果。在 HTML 中可以直接通过<img>标记的 border 属性值为图像添加边框，属性值为边框的粗细，以像素为单位，从而控制边框的粗细。当设置 border 属性值为 0 时，则显示为没有边框。例如以下示例代码。

```
<img src="images/ring.jpg" border="0">    <!--显示为没有边框-->
<img src="images/ring.jpg" border="1">    <!--设置边框的粗细为 1px-->
<img src="images/ring.jpg" border="2">    <!--设置边框的粗细为 2px -->
<img src="images/ring.jpg" border="3">    <!--设置边框的粗细为 3px -->
```

通过浏览器的解析，图像的边框粗细从左至右依次递增，效果如图 7-6 所示。

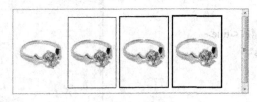

图 7-6 在 HTML 中控制图像的边框

然而使用这种方法存在很大的限制，即所有的边框都只能是黑色，而且风格单一，都是实线，只是在边框粗细上能够进行调整。

如果希望更换边框的颜色，或者换成虚线边框，仅仅依靠 HTML 是无法实现的。下面的实例讲解了如何用 CSS 样式美化图像的边框。

【例 7-4】设置图像边框，本例页面 7-4.html 的显示效果如图 7-7 所示。

代码如下。

```
<!doctype html>
<html>
<head>
<title>设置边框</title>
<style type="text/css">
.test1{
    border-style:dotted;        /*点画线边框*/
    border-color:#996600;       /*边框颜色为金黄色*/
    border-width:4px;           /*边框粗细为 4px*/
    margin:2px;
}
.test2{
    border-style:dashed;        /*虚线边框*/
    border-color:blue;          /*边框颜色为蓝色*/
    border-width:2px;           /*边框粗细为 2px*/
    margin:2px;
}
.test3{
    border-style:solid dotted dashed double;    /*4 边的线型依次为实线、点画线、虚线和双线边框*/
    border-color:red green blue purple;         /*4 边的颜色依次为红色、绿色、蓝色和紫色*/
    border-width:1px 2px 3px 4px;               /*4 边的边框粗细依次为 1px、2px、3px 和 4px*/
    margin:2px;
```

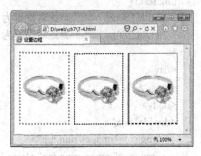

图 7-7 页面显示效果

```
    }
    </style>
  </head>
  <body>
    <img src="images/ring.jpg" class="test1">
    <img src="images/ring.jpg" class="test2">
    <img src="images/ring.jpg" class="test3">
  </body>
</html>
```

【说明】如果希望分别设置4条边框的不同样式，在 CSS 中也是可以实现的，只需要分别设定 border-left、border-right、border-top 和 border-bottom 的样式即可，依次对应于左、右、上、下4条边框。

7.3.3 背景图像

在网页设计中，无论是单一的纯色背景，还是加载的背景图片，都能够给整个页面带来丰富的视觉效果。CSS 除了可以设置背景颜色，还可以用 background-image 来设置背景图像。

语法：background-image : url(url) | none

参数：url 表示要插入背景图像的路径。none 表示不加载图像。

说明：设置对象的背景图像。若把图像添加到整个浏览器窗口，可以将其添加到<body>标签。

【例7-5】设置背景图像，本例页面 7-5.html 的显示效果如图 7-8 所示。

代码如下：
```
body {
    background-color:rgb(203,96,179);
    background-image:url(images/ring.jpg);
    background-repeat:no-repeat;
}
```

图 7-8 页面显示效果

【说明】如果网页中某元素同时具有 background-image 属性和 background-color 属性，那么 background-image 属性优先于 background-color 属性，也就是说，背景图像永远覆盖于背景色之上。

7.3.4 背景重复

背景重复（background-repeat）属性的主要作用是设置背景图像以何种方式在网页中显示。通过背景重复，设计人员使用很小的图像就可以填充整个页面，有效地减少图像字节的大小。

在默认情况下，图像会自动向水平和竖直两个方向平铺。如果不希望平铺，或者只希望沿着一个方向平铺，可以使用 background-repeat 属性来控制。

语法：background-repeat : repeat | no-repeat | repeat-x | repeat-y

参数：repeat 表示背景图像在水平和垂直方向平铺，是默认值；repeat-x 表示背景图像在水平方向平铺；repeat-y 表示背景图像在垂直方向平铺；no-repeat 表示背景图像不平铺。

说明：设置对象的背景图像是否平铺及如何平铺，必须先指定对象的背景图像。

【例7-6】设置背景重复，本例页面 7-6.html 的显示效果如图 7-9 所示。

 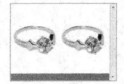 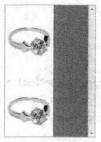 

　　　背景不重复　　　　　背景水平重复　　　　背景垂直重复　　　　背景重复

图 7-9　页面显示效果

背景不重复的 CSS 定义代码如下。

```
body {
    background-color:rgb(203,96,179);
    background-image:url(images/ring.jpg);
    background-repeat: no-repeat;
}
```

背景水平重复的 CSS 定义代码如下。

```
body {
    background-color:rgb(203,96,179);
    background-image:url(images/ring.jpg);
    background-repeat: repeat-x;
}
```

背景垂直重复的 CSS 定义代码如下。

```
body {
    background-color:rgb(203,96,179);
    background-image:url(images/ring.jpg);
    background-repeat: repeat-y;
}
```

背景重复的 CSS 定义代码如下。

```
body {
    background-color:rgb(203,96,179);
    background-image:url(images/ring.jpg);
    background-repeat: repeat;
}
```

7.3.5　背景图像定位

当在网页中插入背景图像时，每一次插入的位置，都是位于网页的左上角，可以通过 background-position 属性来改变图像的插入位置。

语法：

```
background-position : length || length
background-position : position || position
```

参数：length 为百分比或者由数字和单位标识符组成的长度值。position 可取 top、center、bottom、left、center、right 之一。

说明：利用百分比和长度来设置图像位置时，都要指定两个值，并且这两个值都要用空格隔开。一个代表水平位置，一个代表垂直位置。水平位置的参考点是网页页面的左边，垂直位置的参考点是网页页面的上边。关键字在水平方向的主要有 left、center、right，关键字在垂直方向的主要有 top、center、bottom。水平方向和垂直方向相互搭配使用。

设置背景定位有以下 3 种方法。

1．使用关键字参数进行背景定位

关键字参数的取值及含义如下。
- top：将背景图像同元素的顶部对齐。
- bottom：将背景图像同元素的底部对齐。
- left：将背景图像同元素的左边对齐。
- right：将背景图像同元素的右边对齐。
- center：将背景图像相对于元素水平居中或垂直居中。

【例 7-7】使用关键字进行背景定位，本例页面 7-7.html 的显示效果如图 7-10 所示。代码如下。

```
<html>
<head>
<title>设置背景定位</title>
<style type="text/css">
body {
    background-color:rgb(203,96,179);
}
#box {
    width:400px;                        /*设置元素宽度*/
    height:300px;                       /*设置元素高度*/
    border:6px dashed #00f;             /*6px 蓝色虚线边框*/
    background-image:url(images/ring.jpg); /*背景图像*/
    background-repeat:no-repeat;        /*背景图像不重复*/
    background-position:center bottom;  /*定位背景向 box 的底部中央对齐*/
}
</style>
</head>
<body>
<div id="box"></div>
</body>
</html>
```

图 7-10　页面显示效果

【说明】根据规范，关键字可以按任何顺序出现，只要保证不超过两个关键字，一个对应水平方向，另一个对象垂直方向。如果只出现一个关键字，则认为另一个关键字是 center。

2．使用长度参数进行背景定位

长度参数可以对背景图像的位置进行更精确的控制，实际上定位的是图像左上角相对于元素左上角的位置。

【例 7-8】使用长度参数进行背景定位，本例页面 7-8.html 的显示效果如图 7-11 所示。
在例 7-7 的基础上，修改 box 的 CSS 定义，代码如下。

```
#box {
    width:400px;        /*设置元素宽度*/
```

```
        height:300px;             /*设置元素高度*/
        border:6px dashed #00f;   /*6px 蓝色虚线边框*/
        background-image:url(images/ring.jpg);
        background-repeat:no-repeat;
        background-position: 150px 70px;
        /*定位背景在距容器左 150px、距顶 70px 的位置*/
    }
```

图 7-11　页面显示效果

3. 使用百分比参数进行背景定位

使用百分比参数进行背景定位,其实是将背景图像的百分比指定的位置和元素的百分比位置对齐。也就是说,百分比定位改变了背景图像和元素的对齐基点,不再像使用关键字或长度单位定位时,使用背景图像和元素的左上角为对齐基点。

【例 7-9】使用百分比参数进行背景定位,本例页面 7-9.html 的显示效果如图 7-12 所示。
在例 7-7 的基础上,修改 box 的 CSS 定义,代码如下。

```
    #box {
        width:400px;              /*设置元素宽度*/
        height:300px;             /*设置元素高度*/
        border:6px dashed #00f;   /*6px 蓝色虚线边框*/
        background-image:url(images/ring.jpg); /*背景图像*/
        background-repeat:no-repeat;   /*背景图像不重复*/
        background-position: 100% 50%;
        /*背景在容器 100%(水平方向)、50%(垂直方向)的位置*/
    }
```

图 7-12　页面显示效果

【说明】本例中使用百分比参数进行背景定位时,其实就是将背景图像的"100%(right),50%(center)"这个点和 box 容器的"100%(right),50%(center)"这个点对齐。

7.3.6　背景图像大小

background-size 属性用于设置背景图像的大小。

语法：background-size：[length | percentage | auto]{1,2} | cover | contain
参数：
auto：为默认值,保持背景图像的原始高度和宽度。
length：设置具体的值,可以改变背景图像的大小。
percentage：百分值,可以是 0%～100%之间的任何值,但此值只能应用在块元素上,所设置百分值将使用背景图像大小根据所在元素的宽度的百分比来计算。
cover：将图像放大以适合铺满整个容器,采用 cover 将背景图像放大到适合容器的大小,但这种方法会使用背景图像失真。
contain：此值刚好与 cover 相反,用于将背景图像缩小以适合铺满整个容器,这种方法同样会使用图像失真。

当 background-size 取值为 length 和 percentage 时,可以设置两个值,也可以设置一个值,当只取一个值时,第二个值相当于 auto,但这里的 auto 并不会使背景图像的高度保持自己原始高度,而会与第一个值相同。

说明：设置背景图像的大小,以像素或百分比显示。当指定为百分比时,大小会由所在区域的宽度、高度决定,还可以通过 cover 和 contain 来对图片进行伸缩。

示例：

        这里的 background-size: 100% 80px。背景图像将与 DIV 一样宽，高为 80px。

浏览器中的显示效果如图 7-13 所示。

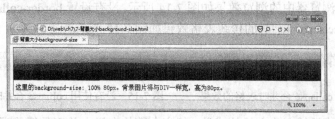

图 7-13 页面显示效果

7.4 设置表格样式

在前面的章节中已经讲解了表格的基本用法，本节将重点讲解如何使用 CSS 设置表格样式进而美化表格的外观。

虽然我们一直强调网页的布局形式应该是 Div+CSS，但并不是所有的布局都应如此，在某些时候表格布局更为便利。

7.4.1 常用的 CSS 表格属性

CSS 表格属性可以帮助设计者极大地改善表格的外观，以下是常用的 CSS 表格属性，如表 7-4 所示。

表 7-4 常用的 CSS 表格属性

属　　性	说　　明
border-collapse	设置表格的行和单元格的边是合并在一起，还是按照标准的 HTML 样式分开
border-spacing	设置当表格边框独立时，行和单元格的边框在横向和纵向上的间距
caption-side	设置表格的 caption 对象是在表格的哪一边
empty-cells	设置当表格的单元格无内容时，是否显示该单元格的边框

1. border-collapse 属性

border-collapse 属性用于设置表格的边框是合并成单边框，还是分别有各自的边框。

语法：border-collapse : separate | collapse

参数：separate：默认值，边框分开，不合并。collapse：边框合并，即如果两个边框相邻，则共用同一个边框。

示例：
    <table style="border-collapse:collapse;background-color:#66f;width:100%">
        <tr style="background-color:#ff6;">
            <td>使用 collapse 合并时表格的效果</td>
            <td>使用 collapse 合并时表格的效果</td>

```
        </tr>
        <tr style="background-color:#ff6;">
            <td>使用 collapse 合并时表格的效果</td>
            <td>使用 collapse 合并时表格的效果</td>
        </tr>
    </table>
```

上面的示例在浏览器中的浏览效果如图 7-14 所示，没有设置 border-collapse 样式或设置样式为"border-collapse:separate;"时的传统表格效果如图 7-15 所示。

图 7-14 使用 collapse 合并时表格的效果　　图 7-15 没有使用 collapse 合并时表格的效果

表格的默认样式虽然有些立体的感觉，但它在整体布局中并不是很美观。通常情况下，用户会把表格的 border-collapse 属性设置为 collapse（合并边框），然后设置表格单元格 td 的 border（边框）为 1px，即可显示细线表格的样式。

【例 7-10】使用合并边框技术制作细线表格，本例页面 7-10.html 的显示效果如图 7-16 所示。

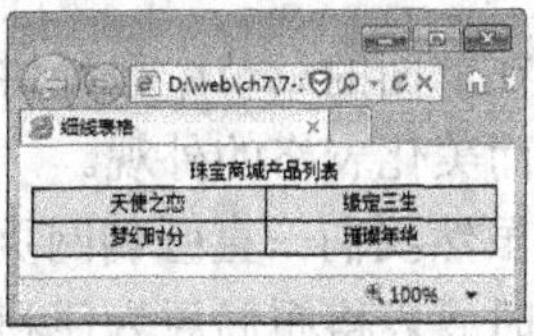

代码如下。

图 7-16 细线表格

```
<head>
    <meta charset="gb2312" />
    <title>细线表格</title>
    <style type="text/css">
    table {
        border:1px solid #000000;
        font:12px/1.5em "宋体";
        border-collapse:collapse;      /*合并单元格边框*/
    }
    td {        /*设置所有 td 内容单元格的文字居中显示，并添加黑色边框和背景颜色*/
        text-align:center;
        border:1px solid #000000;
        background: #e5f1f4;
    }
    </style>
</head>
<body>
<table width="300" border="0">
    <caption>珠宝商城产品列表</caption>
    <tr>
        <td>天使之恋</td><td>缘定三生</td>
    </tr>
    <tr>
        <td>梦幻时分</td><td>璀璨年华</td>
    </tr>
</table>
</body>
</html>
```

2. border-spacing 属性

border-spacing 属性用来设置相邻单元格边框间的距离。

语法：border-spacing : length || length

参数：由浮点数字和单位标识符组成的长度值，不可为负值。

说明：该属性用于设置当表格边框独立（border-collapse 属性等于 separate）时，单元格的边框在横向和纵向上的间距。当只指定一个 length 值时，这个值将作用于横向和纵向上的间距；当指定了全部两个 length 值时，第 1 个作用于横向间距，第 2 个作用于纵向间距。

【例 7-11】使用 border-spacing 属性设置相邻单元格边框间的距离，本例页面 7-11.html 的显示效果如图 7-17 所示。

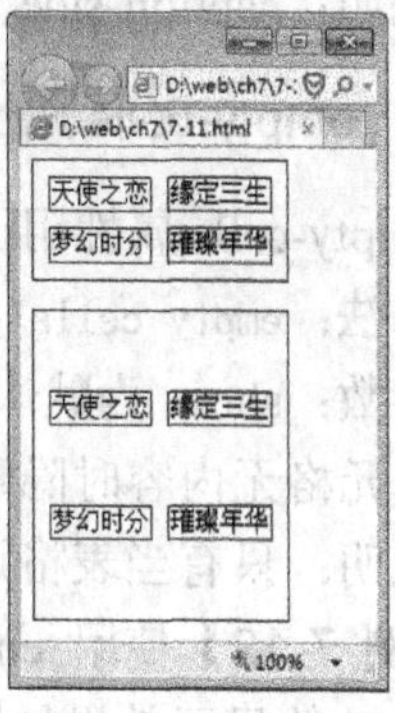

代码如下。

```html
<html>
<head>
<style type="text/css">
table.one
{
    border-collapse: separate; /*表格边框独立*/
    border-spacing: 10px;      /*单元格水平、垂直距离均为 10px*/
}
table.two
{
    border-collapse: separate; /*表格边框独立*/
    border-spacing: 10px 50px; /*单元格水平距离 10px、垂直距离 50px*/
}
</style>
</head>
<body>
<table class="one" border="1">
    <tr>
        <td>天使之恋</td><td>缘定三生</td>
    </tr>
    <tr>
        <td>梦幻时分</td><td>璀璨年华</td>
    </tr>
</table>
<br />
<table class="two" border="1">
    <tr>
        <td>天使之恋</td><td>缘定三生</td>
    </tr>
    <tr>
        <td>梦幻时分</td><td>璀璨年华</td>
    </tr>
</table>
</body>
</html>
```

图 7-17 页面显示效果

3. caption-side 属性

caption-side 属性用于设置表格标题的位置。

语法：caption-side : top| bottom | left |right

参数：
- top：默认值，把表格标题定位在表格之上。
- bottom：把表格标题定位在表格之下。
- left：把表格标题定位在表格左侧。
- right：把表格标题定位在表格右侧。

说明：caption-side 属性必须和表格的<caption>标签一起使用。

4. empty-cells 属性

empty-cells 属性用于设置当表格的单元格无内容时，是否显示该单元格的边框。

语法：empty-cells : hide | show

参数：show 为默认值，表示当表格的单元格无内容时显示单元格的边框。hide 表示当表格的单元格无内容时隐藏单元格的边框。

说明：只有当表格边框独立时，该属性才起作用。

【例 7-12】使用 empty-cells 属性设置表格单元格无内容时隐藏单元格的边框，本例页面 7-12.html 的显示效果如图 7-18 所示。

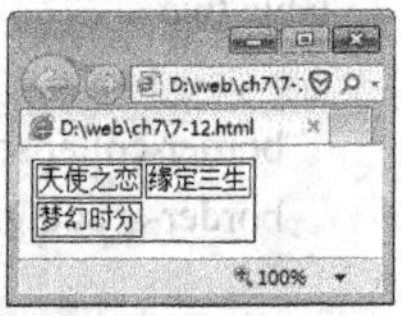

```
<html>
<head>
<style type="text/css">
table
{
    border-collapse: separate;    /*表格边框独立*/
    empty-cells: hide;            /*表格的单元格无内容时隐藏单元格的边框*/
}
</style>
</head>
<body>
<table border="1">
  <tr>
    <td>天使之恋</td><td>缘定三生</td>
  </tr>
  <tr>
    <td>梦幻时分</td><td></td>
  </tr>
</table>
</body>
</html>
```

图 7-18 页面显示效果

7.4.2 案例——使用隔行换色表格制作畅销商品销量排行榜

当表格的行和列都很多时，单元格若采用相同的背景色，用户在实际使用时会感到凌乱且容易看错行。通常解决方法就是制作隔行换色表格，可以减少错误率。

【例 7-13】使用隔行换色表格制作畅销商品销量排行榜，本例页面 7-13.html 的显示效果如图 7-19 所示。

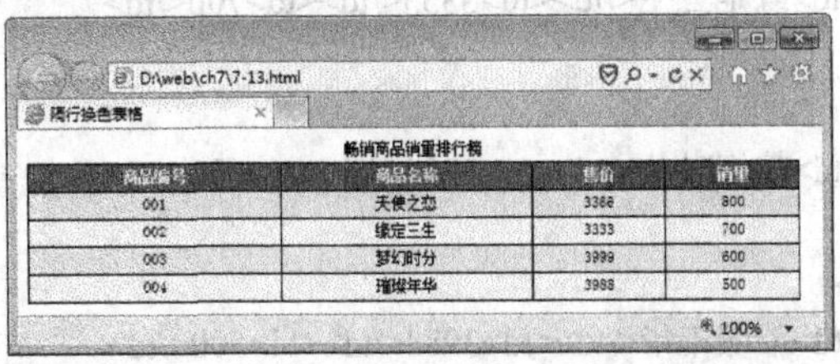

图 7-19 隔行换色表格

代码如下。

```html
<!doctype html>
<head>
<meta charset="gb2312" />
<title>隔行换色表格</title>
<style type="text/css">
table {
    border:1px solid #000000;
    font:12px/1.5em "宋体";
    border-collapse:collapse;        /*合并单元格边框*/
}
caption {                            /*设置标题信息居中显示*/
    text-align:center;
}
th {                                 /*设置表头的样式（表头文字颜色、边框、背景色）*/
    color:#f4f4f4;
    border:1px solid #000000;
    background: #328aa4;
}
td {                                 /*设置所有 td 内容单元格的文字居中显示，并添加黑色边框和背景颜色*/
    text-align:center;
    border:1px solid #000000;
    background: #e5f1f4;
}
.tr_bg td {                          /*通过 tr 标签的类名修改相对应的单元格背景颜色*/
    background:#fdfbcc;
}
</style>
</head>
<body>
<table width="600" border="0">
    <caption>畅销商品销量排行榜</caption>
    <tr>
        <th>商品编号</th><th>商品名称</th><th>售价</th><th>销量</th>
    </tr>
    <tr>
        <td>001</td><td>天使之恋</td><td>3366</td><td>800</td>
```

```
        </tr>
        <tr class="tr_bg">
            <td>002</td><td>缘定三生</td><td>3333</td><td>700</td>
        </tr>
        <tr>
            <td>003</td><td>梦幻时分</td><td>3999</td><td>600</td>
        </tr>
        <tr class="tr_bg">
            <td>004</td><td>璀璨年华</td><td>3988</td><td>500</td>
        </tr>
    </table>
</body>
</html>
```

7.5 设置表单样式

在前面章节中讲解的表单设计大多采用表格布局，这种布局方法对表单元素的样式控制很少，仅局限于功能上的实现。本节主要讲解如何使用 CSS 控制和美化表单。

7.5.1 使用 CSS 修饰常用的表单元素

表单中的元素有很多，包括常用的文本域、单选钮、复选框、下拉菜单和按钮等。下面通过实例讲解怎样使用 CSS 修饰常用的表单元素。

1．修饰文本域

文本域主要用于采集用户在其中编辑的文字信息，通过 CSS 样式可以对文本域内的字体、颜色及背景图像加以控制。下面以示例的形式介绍如何使用 CSS 修饰文本域。

【例 7-14】使用 CSS 修饰文本域，本例页面 7-14.html 的显示效果如图 7-20 所示。

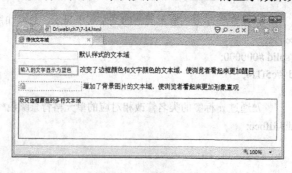

图 7-20　修饰文本域

代码如下。
```
<!doctype html>
<html>
<head>
<meta charset="gb2312" />
<title>修饰文本域</title>
</head>
```

```
<style type="text/css">
.text1 {
    border:3px double #f60;              /*3px 双线红色边框*/
    color:#03c;                          /*文字颜色为蓝色*/
}
.text2 {
    border:1px dashed #c3c;              /*1px 实线紫红色边框*/
    height:20px;
    background:#fff url(images/password_bg.jpg) left center no-repeat; /*背景图像无重复*/
    padding-left:20px;
}
.area {
    border:1px solid #00f;               /*1px 实线蓝色边框*/
    overflow:auto;
    width:99%;
    height:100px;
}
</style>
<body>
<p>
  <input type="text" name="normal"/>
  默认样式的文本域</p>
<p>
  <input name="chbd" type="text" value="输入的文字显示为蓝色" class="text1"/>
  改变了边框颜色和文字颜色的文本域，使浏览者看起来更加醒目</p>
<p>
  <input name="pass" type="password" class="text2"/>
  增加了背景图片的文本域，使浏览者看起来更加形象直观</p>
<p>
  <textarea name="cha" cols="60" rows="5" class="area">改变边框颜色的多行文本域</textarea>
</p>
</body>
</html>
```

2．修饰按钮

按钮主要用于控制网页中的表单。通过 CSS 样式可以对按钮的字体、颜色、边框及背景图像加以控制。下面以示例的形式介绍如何使用 CSS 修饰按钮。

【例 7-15】使用 CSS 修饰按钮，本例页面 7-15.html 的显示效果如图 7-21 所示。代码如下。

```
<!doctype html>
<html>
<head>
<meta charset="gb2312" />
<title>修饰按钮</title>
</head>
<style type="text/css">
.btn01 {
```

图 7-21　修饰按钮

```
        background:   url(images/btn_bg02.jpg) repeat-x; /*背景图像水平重复*/
        border:1px solid #f00;              /*1px 实线红色边框*/
        height:32px;
        font-weight:bold;                   /*字体加粗*/
        padding-top:2px;
        cursor:pointer;                     /*鼠标样式为手型*/
        font-size:14px;
        color:#fff;                         /*文字颜色为白色*/
    }
    .btn02 {
        background: url(images/btn_bg03.gif) 0 0 no-repeat; /*背景图像无重复*/
        width:107px;
        height:37px;
        border:none;                        /*无边框，背景图像本身就是边框风格的图像*/
        font-size:14px;
        font-weight:bold;                   /*字体加粗*/
        color:#d84700;
        cursor:pointer;                     /*鼠标样式为手型*/
    }
</style>
<body>
<p>
    <input name="button" type="submit" value="提交" />
    默认风格的提交按钮 </p>
<p>
    <input name="button01" type="submit" class="btn01" id="button1" value="自适应宽度按钮" />
    自适应宽度按钮</p>
<p>
    <input name="button02" type="submit" class="btn02" id="button2" value="免费注册" />
    固定背景图片的按钮</p>
</body>
</html>
```

3．修饰其他表单元素

表单中的元素有很多，这里不再一一列举每种元素的修饰方法。下面通过一个实例讲解使用 CSS 修饰常用的表单元素。

【例 7-16】使用 CSS 修饰常用的表单元素，本例页面 7-16.html 在浏览器中的显示效果如图 7-22 所示。

代码如下。

```
<!doctype html>
<head>
<meta charset="gb2312" />
<title>使用 CSS 美化常用的表单元素</title>
<style type="text/css">
form{                                   /*表单样式*/
    border: 1px dashed #00008B;         /*虚线边框*/
    padding: 1px 6px 1px 6px;
```

图 7-22　页面显示效果

```css
        margin:0px;
        font:14px Arial;
}
input{                              /*所有 input 标记*/
        color: #00008b;
}
input.txt{                          /*文本框单独设置*/
        border: 1px solid #00008b;
        padding:2px 0px 2px 16px;       /*文本框左内边距 16px 以便为背景图像预留显示空间*/
        background:url(images/username_bg.jpg) no-repeat left center;   /*文本框背景图像*/
}
input.btn{                          /*按钮单独设置*/
        color: #00008B;
        background-color: #add8e6;
        border: 1px solid #00008b;
        padding: 1px 2px 1px 2px;
}
select{                             /*菜单样式*/
        width: 80px;
        color: #00008B;
        border: 1px solid #00008b;
}
textarea{                           /*文本域样式*/
        width: 300px;
        height: 60px;
        color: #00008B;
        border: 4px double #00008b;     /*双线边框*/
}
</style>
</head>
<body>
<form method="post">
<p>姓名:<br><input type="text" name="name" id="name" class="txt"></p>
<p>你最喜欢的颜色:<br>
<select name="color" id="color">
        <option value="red">红</option>
        <option value="green">绿</option>
        <option value="blue">蓝</option>
</select></p>
<p>性别:<br>
        <input type="radio" name="sex" id="male" value="male">男
        <input type="radio" name="sex" id="female" value="female">女</p>
<p>爱好:<br>
        <input type="checkbox" name="hobby" id="book" value="book">下棋
        <input type="checkbox" name="hobby" id="net" value="net">音乐
        <input type="checkbox" name="hobby" id="sleep" value="sleep">足球</p>
<p>个人简历:<br><textarea name="comments" id="comments"></textarea></p>
<p><input type="submit" name="btnSubmit" class="btn" value="提交"></p>
```

        </form>
    </body>
</html>

【说明】本例中设置文本框左内边距为 16px，目的是为了给文本框背景图像（图像宽度 16px）预留显示空间，否则输入的文字将覆盖在背景图像之上，以致用户在输入文字时看不清输入内容。

7.5.2 案例——制作珠宝商城会员注册页面

前面讲解了使用 CSS 修饰表单元素的各种技巧，下面讲解一个较为综合的案例，将多种表单元素整合在一起，制作珠宝商城会员注册页面。

【例 7-17】制作珠宝商城会员注册页面，本例页面 7-17.html 在浏览器中的显示效果如图 7-23 所示。

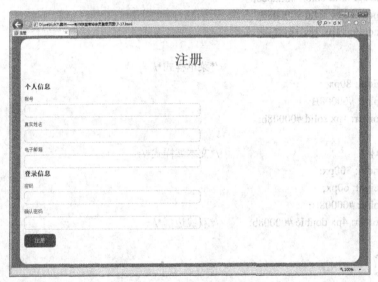

图 7-23 珠宝商城会员注册页面

1. 前期准备

（1）栏目目录结构

在栏目文件夹下创建文件夹 images 和 css，分别用来存放图像素材和外部样式表文件。

（2）页面素材

将本页面需要使用的图像素材存放在文件夹 images 下。

（3）外部样式表

在文件夹 css 下新建一个名为 style.css 的样式表文件。

2. 制作页面

（1）制作页面的 CSS 样式

打开建立的 style.css 文件，定义页面的 CSS 规则，代码如下。

```
body{                              /*设置页面整体样式*/
    background: rgb(203,96,179);   /*紫色背景*/
    font-family: '宋体', sans-serif;
```

```css
}
.container {                                    /*设置内容容器样式*/
    width: 1170px;                              /*容器宽 1170px*/
    padding:0 15px;                             /*上、下内边距 0px，左、右内边距 15px*/
    margin:0 auto;                              /*内容水平居中对齐*/
}
img {                                           /*设置图像样式*/
    border: 0;                                  /*图像无边框*/
}
.clearfix{                                      /*设置清除浮动样式*/
    clear: both;                                /*清除所有浮动样式*/
}
h1,h2,h3,h4,h5,h6,p{                            /*设置 h1~h6 标题及段落的样式*/
    margin:0;                                   /*外边距为 0*/
}
.header-top{                                    /*设置页面顶部区域的样式*/
    background:#fff;                            /*白色背景*/
    border-radius: 25px;                        /*边框圆角半径为 25px*/
}
.col-md-6 {                                     /*设置表单容器的样式*/
    position: relative;                         /*相对定位*/
    padding-right: 15px;                        /*右内边距 15px*/
    padding-left: 15px;                         /*左内边距 15px*/
    float: left;                                /*向左浮动*/
    width: 50%;                                 /*容器占外层容器宽度的 50%，表单位于左侧显示*/
}
.register {                                     /*设置表单内容的样式*/
    padding: 3em 0em;                           /*上、下内边距 3 倍的默认字体大小，左、右内边距为 0*/
}
.register h2{                                   /*设置表单标题的样式*/
    font-size:3em;                              /*文字大小为 3 倍的默认字体大小*/
    color:#a336a2;                              /*浅紫色文字*/
    text-align:center;                          /*文本水平居中对齐*/
    font-family: 'Courgette', cursive;
    padding:0 0 1em;
}
.register-top-grid h3, .register-bottom-grid h3 {/*设置个人信息和登录信息小标题的样式*/
    color:#000;                                 /*黑文字*/
    font-size: 1.4em;
    padding:0 0 0.5em;
    font-weight:600;                            /*字体加粗*/
    font-family: 'Courgette', cursive;
}
.register-top-grid span, .register-bottom-grid span {  /*设置表单元素提示的样式*/
    font-size: 1em;
    padding-bottom: 0.5em;                      /*下内边距为 0.5 倍默认字体大小*/
    display: block;                             /*块级元素*/
    color: #a336a2;                             /*浅紫色文字*/
```

```css
            }
            .register-top-grid input[type="text"], .register-bottom-grid input[type="text"] {/*设置文本框样式*/
                padding:0.7em;                    /*内边距为 0.7 倍默认字体大小*/
                width: 100%;
                border: 1px solid #d1d1d1;        /*1px 浅灰色实线边框*/
                border-radius: 10px;              /*边框圆角半径为 10px*/
                color: #464646;                   /*深灰色文字*/
                font-size: 1em;
            }
            .register-top-grid div,.register-bottom-grid div{    /*设置表单中 div 标签的样式*/
                padding:0.5em 0;
            }
            .register-but input[type="submit"]{/*设置表单提交按钮的样式*/
                padding:7px 35px;                 /*上、下内边距 7px，左、右内边距 35px */
                color:#fff;                       /*白色文字*/
                cursor:pointer;
                background:#a336a2;               /*浅紫色背景*/
                border:none;                      /*按钮不显示边框*/
                border-radius:10px;               /*边框圆角半径为 10px*/
                font-size: 1.2em;
                display:block;                    /*块级元素*/
                line-height:1.6em;                /*行高为 1.6 倍默认字体大小*/
            }
            .register-but input[type="submit"]:hover{/*设置表单提交按钮鼠标悬停的样式*/
                background:#450345;               /*背景变为深紫色*/
            }
```

（2）制作页面的网页结构代码

网页结构文件 7-17.html 的代码如下。

```html
<!doctype html>
<html>
<head>
<title>注册</title>
<link href="css/style.css" rel="stylesheet" type="text/css"/>
<meta charset="gb2312">
</head>
<body>
<div class="container">
    <div class="header-top">
        <div class="register">
            <h2>注册</h2>
            <form>
                <div class="col-md-6    register-top-grid">
                    <h3>个人信息</h3>
                    <div>
                        <span>账号</span>
                        <input type="text">
                    </div>
                    <div>
```

```
                    <span>真实姓名</span>
                    <input type="text">
                </div>
                <div>
                    <span>电子邮箱</span>
                    <input type="text">
                </div>
            </div>
            <div class=" col-md-6  register-bottom-grid">
                <h3>登录信息</h3>
                <div>
                    <span>密码</span>
                    <input type="text">
                </div>
                <div>
                    <span>确认密码</span>
                    <input type="text">
                </div>
                <div class="register-but">
                    <input type="submit" value="注册">
                </div>
            </div>
        </form>
        <div class="clearfix"> </div>
    </div>
 </div>
</div>
</body>
</html>
```

7.6 综合案例——制作珠宝商城网购空间页面

前面已经讲解的案例大多数是页面的局部布局，按照循序渐进的学习规律，本节从一个页面的全局布局入手，讲解珠宝商城网购空间页面的制作，重点练习使用 CSS 设置网页常用样式修饰的相关知识。

7.6.1 页面布局规划

页面布局的首要任务是弄清网页的布局方式，分析版式结构，待整体页面搭建有明确规划后，再根据成熟的规划切图。

通过成熟的构思与设计，珠宝商城网购空间页面的效果如图 7-24 所示，页面布局示意图如图 7-25 所示。在布局规划中，"container"是整个页面的容器，"top"是页面的导航菜单区域，"main"是页面的主体内容，"footer"是页面放置版权信息的区域。

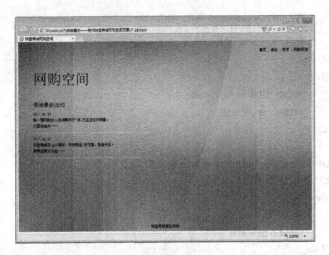
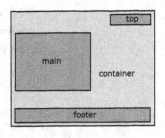

图 7-24 珠宝商城网购空间的页面效果　　　　图 7-25 页面布局示意图

7.6.2 页面的制作过程

1．前期准备

（1）栏目目录结构

在栏目文件夹下创建文件夹 images 和 style，分别用来存放图像素材和外部样式表文件。

（2）页面素材

将本页面需要使用的图像素材存放在文件夹 images 下。

（3）外部样式表

在文件夹 style 下新建一个名为 style.css 的样式表文件。

2．制作页面

（1）制作页面的 CSS 样式

打开建立的 style.css 文件，定义页面的 CSS 规则，代码如下。

```
*  {                                   /*页面全局样式——父元素*/
    margin:0px;                        /*所有元素外边距为0*/
    border:0px;
    padding:0px;                       /*所有元素内边距为0*/
}
body {
    font-family:"宋体";
    font-size:12px;
    color:#000;                        /*黑色文字*/
}
#container {
    width:1008px;                      /*设置元素宽度*/
    height:630px;                      /*设置元素高度*/
    background-image:url(../images/bgpic.jpg);  /*网页容器的背景图像*/
    background-repeat:no-repeat;       /*背景不重复*/
    margin:0 auto;                     /*自动水平居中*/
}
```

```css
#top_menu {
    line-height:20px;                              /*行高为 20px*/
    margin:20px 0px 0px 50px;    /*上、右、下、左内边距分别为 20px、0px、0px、50px*/
    width:180px;                                    /*设置元素宽度*/
    float:right;                                       /*导航菜单向右浮动*/
    text-align:left;                                  /*文字左对齐*/
}
#top_menu span {
    margin-left:5px;                               /*左外边距为 5px*/
    margin-right:5px;                              /*右外边距为 5px*/
}
#main {
    width:400px;
    height:370px;
    float:left;                                         /*主体内容向左浮动*/
    margin:100px 30px 0px 50px;
}
#main_top {
    width:400px;                                   /*设置元素宽度*/
    height:100px;                                  /*设置元素高度*/
    font-family:"华文中宋";
    font-size:48px;
}
#main_mid{
    width:400px;                                   /*设置元素宽度*/
    height:20px;                                    /*设置元素高度*/
    font-size:18px;
}
#main_main1{
    width:400px;                                   /*设置元素宽度*/
    height:72px;                                    /*设置元素高度*/
    border-bottom:#fff solid 1px;           /*下边框为粗细 1px 的白色实线*/
    margin-top:10px;                              /*上外边距为 10px*/
    line-height:20px;                              /*行高为 20px*/
}
#main_main2{
    width:400px;                                   /*设置元素宽度*/
    height:72px;                                    /*设置元素高度*/
    border-bottom:#fff solid 1px;           /*下边框为粗细 1px 的白色实线*/
    margin-top:10px;                              /*上外边距为 10px*/
    line-height:20px;                              /*行高为 20px*/
}
#footer{
    width:1008px;                                 /*设置元素宽度*/
    height:28px;                                    /*设置元素高度*/
    float:left;                                         /*向左浮动*/
    margin-top:128px;                            /*上外边距为 128px*/
}
```

```css
#footer_text{
    text-align:center;              /*文字居中对齐*/
    margin-top:10px;                /*上外边距为 10px*/
}
```

（2）制作页面的网页结构代码

为了使读者对页面的样式与结构有一个全面的认识，最后说明整个页面（7-18.html）的结构代码，代码如下。

```html
<!doctype html>
<html>
<head>
<meta charset="gb2312">
<title>珠宝商城网购空间</title>
<link href="style/style.css" rel="stylesheet" type="text/css" />
</head>
<body>
<div id="container">
  <div id="top_menu">首页<span>|</span>活动<span>|</span>技术<span>|</span>网购天地</div>
  <div id="main">
    <div id="main_top">网购空间</div>
    <div id="main_mid">商城最新活动</div>
    <div id="main_main1">
      <p>2017.06.28</p>
      <p>第一届网购达人选拔赛将于 7 月 1 日正式拉开帷幕。</p>
      <p>火速报名中……</p>
    </div>
    <div id="main_main2">
      <p>2017.06.27</p>
      <p>庆祝商城开业 10 周年，所有商品 7 折优惠，敬请关注。</p>
      <p>期待您再次光临……</p>
    </div>
  </div>
  <div id="footer">
    <div id="footer_text">珠宝商城版权所有</div>
  </div>
</div>
</body>
</html>
```

习题 7

1. 简答 CSS 设置字体样式的常用属性。
2. 简答 CSS 设置文本样式的常用属性。
3. 简答 CSS 设置图像样式的常用属性。
4. 简答 CSS 设置表格样式的常用属性。
5. 简答 CSS 设置表单样式的常用属性。
6. 使用 CSS 修饰表单技术制作用户登录页面，如图 7-26 所示。

7. 使用 CSS 对页面中的网页元素加以修饰，制作如图 7-27 所示的页面。

图 7-26　题 6 图

图 7-27　题 7 图

8. 使用 CSS 对页面中的网页元素加以修饰，制作如图 7-28 所示的页面。

图 7-28　题 8 图

第 8 章　使用 CSS 设置链接与导航

网页中链接、列表与菜单随处可见，网页设计人员为了使页面结构更加符合语义，会将这些元素以各种样式体现在页面中。本章将讲解使用 CSS 修饰链接、列表与菜单的方法。

8.1　使用 CSS 设置链接

超链接是网页上最普通的元素，通过超链接能够实现页面的跳转、功能的激活等，而要实现链接的多样化效果则离不开 CSS 样式的辅助。在前面的章节中已经讲到了伪类选择符的基本概念和简单应用，本节重点讲解使用 CSS 制作丰富的超链接特效的方法。

8.1.1　设置文字链接的外观

在 HTML 语言中，超链接是通过标记<a>来实现的，链接的具体地址则是利用<a>标记的 href 属性，代码如下。

    <a href="http://www.baidu.com">百度</a>

在默认的浏览器方式下，超链接统一为蓝色并且带有下画线，访问过的超链接则为紫色并且也有下画线。这种最基本的超链接样式已经无法满足设计人员的要求，通过 CSS 可以设置超链接的各种属性，而且通过伪类还可以制作出许多动态效果。

伪类中通过:link、:visited、:hover 和:active 来控制链接内容访问前、访问后、鼠标悬停时以及用户激活时的样式。需要说明的是，这 4 种状态的顺序不能颠倒，否则可能会导致伪类样式不能实现。并且这 4 种状态并不是每次都要用到，一般情况下只需要定义链接标签的样式以及:hover 伪类样式即可。

为了更清楚地理解如何使用 CSS 设置动态超链接的外观，下面讲解一个简单的示例。

【例 8-1】设置文字链接的外观，鼠标未悬停时文字链接的效果如图 8-1（a）所示，鼠标悬停在文字链接上时的效果如图 8-1（b）所示。

（a）未悬停　　　　　　　　　　　（b）悬停

图 8-1　设置文字链接的外观

代码如下。
```
<html>
<head>
<meta charset="gb2312">
<title>设置文字链接的外观</title>
<style type="text/css">
    .nav a {
```

```
            padding:8px 15px;
            text-decoration:none;            /*正常的链接状态无修饰*/
        }
        .nav a:hover {
            color:#f00;                      /*鼠标悬停时改变颜色*/
            font-size:20px;                  /*鼠标悬停时字体放大*/
            text-decoration:underline;       /*鼠标悬停时显示下画线*/
        }
    </style>
</head>
<body>
    <div class="nav">
        <a href="#">首页</a>
        <a href="#">关于</a>
        <a href="#">客服</a>
        <a href="#">联系</a>
    </div>
</body>
</html>
```

【例 8-2】制作网页中不同区域的链接效果，鼠标经过导航区域的链接风格与鼠标经过"联系我们"文字的链接风格截然不同，本例文件 8-2.html 在浏览器中显示的效果如图 8-2 所示。

图 8-2　使用 CSS 制作不同区域的超链接风格

代码如下。

```
<html>
<head>
<title>使用 CSS 制作不同区域的超链接风格</title>
<style type="text/css">
    a:link {                                 /*未访问的链接*/
        font-size: 13pt;
        color: #0000ff;
        text-decoration: none;               /*无修饰*/
    }
    a:visited {                              /*访问过的链接*/
        font-size: 13pt;
        color: #00ffff;
        text-decoration: none;               /*无修饰*/
    }
```

```css
        a:hover {                              /*鼠标经过的链接*/
            font-size: 13pt;
            color: #cc3333;
            text-decoration: underline;        /*下画线*/
        }
        .navi {
            text-align:center;                 /*文字居中对齐*/
            background-color: #eee;
        }
        .navi span{
            margin-left:10px;                  /*左外边距为 10px*/
            margin-right:10px;                 /*右外边距为 10px*/
        }
        .navi a:link {
            color: #ff0000;
            text-decoration: underline;        /*下画线*/
            font-size: 17pt;
            font-family: "黑体";
        }
        .navi a:visited {
            color: #0000ff;
            text-decoration: none;             /*无修饰*/
            font-size: 17pt;
            font-family: "黑体";
        }
        .navi a:hover {
            color: #000;
            font-family: "黑体";
            font-size: 17pt;
            text-decoration: overline;         /*上画线*/
        }
        .footer{
            text-align:center;                 /*文字居中对齐*/
            margin-top:120px;                  /*上外边距为 120px*/
        }
    </style>
</head>
<body>
    <h2 align="center">珠宝商城</h2>
    <p class="navi">
        <a href="#">首页</a>
        <a href="#">关于</a>
        <a href="#">客服</a>
        <a href="#">联系</a>
    </p>
    <div class="footer">
        <a href="mailto:jw@163.com">联系我们</a>
    <div>
```

        </body>
    </html>

【说明】由于页面中的导航区域套用了类.navi，并且在其后分别定义了.navi a:link、.navi a:visited 和.navi a:hover 这 3 个继承，从而使导航区域的超链接风格区别于"联系我们"文字默认的超链接风格。

8.1.2 图文链接

网页设计中对文字链接的修饰不仅限于增加边框、修改背景颜色等方式，还可以利用背景图片将文字链接进一步美化。

【例 8-3】图文链接，鼠标未悬停时文字链接的效果如图 8-3（a）所示，鼠标悬停在文字链接上时的效果如图 8-3（b）所示。

　　　　　（a）未悬停　　　　　　　　　　　（b）悬停

图 8-3　图文链接的效果

代码如下。

```
<html>
<head>
<title>图文链接</title>
<style type="text/css">
    .a {
        padding-left:40px;              /*设置左内边距用于增加空白显示背景图片*/
        font-size:16px;
        text-decoration: none;          /*无修饰*/
    }
    .a:hover {
        background:url(images/cart.gif) no-repeat left center;    /*增加背景图*/
        text-decoration: underline;     /*下画线*/
    }
</style>
</head>
<body>
<a href="#" class="a">鼠标悬停在超链接上时将显示购物车</a>
</body>
</html>
```

【说明】本例 CSS 代码中的 padding-left:40px;用于增加容器左侧的空白，为后来显示背景图片做准备。当触发鼠标悬停操作时，增加背景图片，位置是容器的左边中间。

8.1.3 按钮式链接

按钮式链接的实质就是将链接样式的 4 个边框的颜色分别进行设置，左和上设置为加亮效果，右和下设置为阴影效果，当鼠标悬停到按钮上时，加亮效果与阴影效果刚好相反。

【例 8-4】制作按钮式超链接，当鼠标悬停到按钮上时，可以看到超链接类似按钮"被按下"的效果，如图 8-4 所示。

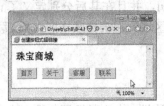 

图 8-4　按钮式链接

代码如下。

```html
<html>
<head>
<meta charset="gb2312">
<title>创建按钮式链接</title>
<style type="text/css">
    a{
        font-family: Arial;              /*统一设置所有样式 */
        font-size: 1em;
        text-align:center;               /*文字居中对齐*/
        margin:3px;                      /*外边距 3px*/
    }
    a:link,a:visited{                    /* 超链接正常状态、被访问过的样式 */
        color: #a62020;
        padding:4px 10px 4px 10px;       /*上、右、下、左的内边距依次为 4px、10px、4px、10px*/
        background-color: #ddd;
        text-decoration: none;           /*无修饰*/
        border-top: 1px solid #eee;      /* 边框实现阴影效果 */
        border-left: 1px solid #eee;
        border-bottom: 1px solid #717171;
        border-right: 1px solid #717171;
    }
    a:hover{                             /* 鼠标悬停时的超链接 */
        color:#821818;                   /* 改变文字颜色 */
        padding:5px 8px 3px 12px;        /* 改变文字位置 */
        background-color:#ccc;           /* 改变背景色 */
        border-top: 1px solid #717171;   /* 边框变换，实现"按下去"的效果 */
        border-left: 1px solid #717171;
        border-bottom: 1px solid #eee;
        border-right: 1px solid #eee;
    }
</style>
</head>
<body>
    <a href="#">首页</a>
    <a href="#">关于</a>
    <a href="#">客服</a>
    <a href="#">联系</a>
```

```
        </body>
</html>
```

【说明】本例的样式代码中首先设置了<a>标签的整体样式，即超链接所有状态下通用的样式，然后通过对 3 个伪属性的颜色、背景色和边框的重新定义，模拟了按钮的特效。

8.2 使用 CSS 设置列表

列表形式在网站设计中占有很大比重，信息的显示非常整齐直观，便于用户理解与单击。从网页出现到现在，列表元素一直是页面中非常重要的应用形式。传统的 HTML 语言提供了项目列表的基本功能，当引入 CSS 后，项目列表被赋予了许多新的属性，甚至超越了它最初设计时的功能。

8.2.1 表格布局的缺点

在表格布局时代，类似于新闻列表这样的效果，一般采用表格来实现，该列表采用多行多列的表格进行布局。其中，第 1 列放置小图标作为修饰，第 2 列放置新闻标题，如图 8-5 所示。

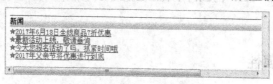

图 8-5 表格布局的新闻列表

以上表格的结构代码如下。

```
<table width="745" border="0" align="center" cellpadding="0" cellspacing="0">
    <tr>
        <td height="30" background="images/back.jpg">新闻</td>
    </tr>
    <tr>
        <td><img src="images/star_red.gif"/><a href="#">2017 年 6 月 18 日全线商品 7 折优惠</a></td>
    </tr>
    <tr>
        <td><img src="images/star_red.gif"/><a href="#">最新活动上线，敬请垂询</a></td>
    </tr>
    <tr>
        <td><img src="images/star_red.gif"/><a href="#">今天您报名活动了吗，抓紧时间哦</a></td>
    </tr>
    <tr>
        <td><img src="images/star_red.gif"/><a href="#">2017 年父亲节将优惠进行到底</a></td>
    </tr>
</table>
```

从上面表格的结构标签来看，标签的对数较多，结构比较复杂。在表格布局中，主要是用到表格的相互嵌套使用，这样就会造成代码的复杂度很高。同时，使用表格布局不利于搜索引擎抓取信息，直接影响网站的排名。

8.2.2 列表布局的优势

列表元素是网页设计中使用频率非常高的元素,在大多数的网站设计上,无论是新闻列表,还是产品,或者是其他内容,均需要以列表的形式来体现。

采用 CSS 样式对整个页面布局时,列表标签的作用被充分挖掘出来。从某种意义上讲,除了描述性的文本,任何内容都可以认为是列表。使用列表布局来实现新闻列表,不仅结构清晰,而且代码数量明显减少,如图 8-6 所示。

图 8-6 列表布局的新闻列表

新闻列表的结构代码如下。

```
<div id="main_left_top">
    <h3>新闻</h3>
    <ul class="news_list">
        <li><a href="#">2017 年 6 月 18 日全线商品 7 折优惠</a> <span>[2017-6-16]</span></li>
        <li><a href="#">最新活动上线,敬请垂询</a> <span>[2017-6-16]</span></li>
        <li><a href="#">今天您报名活动了吗,抓紧时间哦</a> <span>[2017-6-16]</span></li>
        <li><a href="#">2017 年父亲节将优惠进行到底</a> <span>[2017-6-16]</span></li>
    </ul>
</div>
```

8.2.3 CSS 列表属性

在 CSS 样式中,主要是通过 list-style-type、list-style-image 和 list-style-position 这 3 个属性改变列表修饰符的类型,常用的 CSS 列表属性见表 8-1。

表 8-1 常用的 CSS 列表属性

属　性	说　明
list-style	复合属性,用于把所有用于列表的属性设置于一个声明中
list-style-image	将图像设置为列表项标志
list-style-position	设置列表项标记如何根据文本排列
list-style-type	设置列表项标志的类型
marker-offset	设置标记容器和主容器之间水平补白

1. 列表类型

通常的项目列表主要采用<ul>或<ol>标签,然后配合<li>标签罗列各个项目。在 CSS 样式中,列表项的标志类型是通过属性 list-style-type 来修改的,无论是<ul>标记还是<ol>标记,都可以使用相同的属性值,而且效果是完全相同的。

list-style-type 属性主要用于修改列表项的标志类型,例如,在一个无序列表中,列表项的标志是出现在各列表项旁边的圆点,而在有序列表中,标志可能是字母、数字或另外某种符号。

当给<ul>或<ol>标签设置 list-style-type 属性时,在它们中间的所有<li>标签都采用该设置,而如果对<li>标签单独设置 list-style-type 属性,则仅仅作用在该项目上。当 list-style-image 属性为 none 或指定的图像不可用时,list-style-type 属性将发生作用。

list-style-type 属性常用的属性值见表 8-2。

表 8-2 常用的 list-style-type 属性值

属性值	说明
disc	默认值，标记是实心圆
circle	标记是空心圆
square	标记是实心正方形
decimal	标记是数字
upper-alpha	标记是大写英文字母，如 A,B,C,D,E,F,…
lower-alpha	标记是小写英文字母，如 a,b,c,d,e,f,…
upper-roman	标记是大写罗马字母，如 I,II,III,IV,V,VI,VII,…
lower-roman	标记是小写罗马字母，如 i,ii,iii,iv,v,vi,vii,…
none	不显示任何符号

在页面中使用列表，要根据实际情况选用不同的修饰符，或者不选用任何一种修饰符而使用背景图像作为列表的修饰。需要说明的是，当选用背景图像作为列表修饰时，list-style-type 属性和 list-style-image 属性都要设置为 none。

【例 8-5】设置列表类型，本例页面 8-5.html 的显示效果如图 8-7 所示。

代码如下。

```
<html>
<head>
<title>设置列表类型</title>
<style>
   body{
      background-color:#fff;
   }
   ul{
      font-size:1.5em;
      color:rgb(203,96,179);
      list-style-type:disc;            /*标记是实心圆形*/
   }
   li.special{
      list-style-type:circle;          /*标记是空心圆形*/
   }
</style>
</head>
<body>
<h2>热销产品</h2>
<ul>
   <li>天使之恋</li>
   <li>缘定三生</li>
   <li class="special">梦幻时分</li>
   <li>璀璨年华</li>
</ul>
</body>
</html>
```

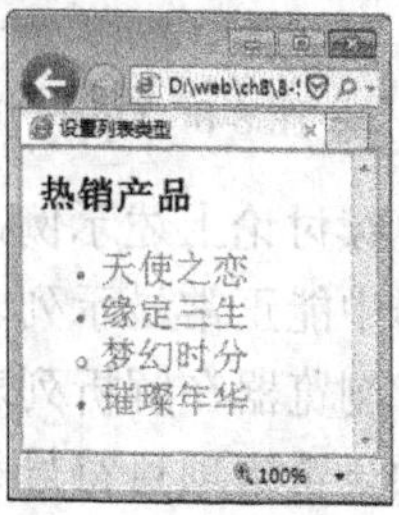

图 8-7 页面显示效果

【说明】需要特别注意的是，list-style-type 属性在页面显示效果方面与左内边距

（padding-left）和左外边距（margin-left）有密切的联系。下面在上述定义 ul 的样式中添加左内边距为 0 的规则，代码如下。

```
ul
{
    font-size:1.5em;
    color:rgb(203,96,179);
    list-style-type:square;        /*标记是实心正方形*/
    padding-left:0;                /*左内边距为 0 */
}
```

在 Opera 浏览器中没有显示列表修饰符，页面效果如图 8-8 所示，而在 IE 浏览器中显示出列表修饰符，页面效果如图 8-9 所示。

图 8-8　Opera 浏览器查看的页面效果　　　图 8-9　IE 浏览器查看的页面效果

继续讨论上述示例，如果将示例中的"padding-left:0;"修改为"margin-left:0;"，则在 Opera 浏览器中能正常显示列表修饰符，而在 IE 浏览器中不能正常显示。引起显示效果不同的原因在于，浏览器在解析列表的内外边距时产生了错误的解析方式。

如果希望项目符号采用图像的方式，建议将 list-style-type 属性设置为 none，然后修改 <li> 标签的背景属性 background 来实现。

【例 8-6】使用背景图像替代列表修饰符，本例页面 8-6.html 的显示效果如图 8-10 所示。代码如下。

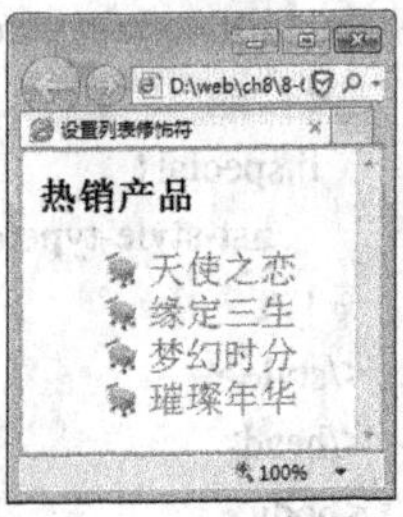

```
<html>
<head>
<title>设置列表修饰符</title>
<style>
    body{
        background-color:#fff;
    }
    ul{
        font-size:1.5em;
        color:rgb(203,96,179);
        list-style-type:none;        /*设置列表类型为不显示任何符号*/
    }
    li{
        padding-left:30px;           /*设置左内边距为 30px，目的是为背景图像留出位置*/
        background:url(images/cart.gif) no-repeat left center;  /*设置背景图像无重复，位置左侧居中*/
    }
</style>
</head>
```

图 8-10　页面显示效果

```
<body>
  <h2>热销产品</h2>
  <ul>
    <li>天使之恋</li>
    <li>缘定三生</li>
    <li>梦幻时分</li>
    <li>璀璨年华</li>
  </ul>
</body>
</html>
```

【说明】在设置背景图像替代列表修饰符时，必须确定背景图像的宽度。本例中的背景图像宽度为 30px，因此，CSS 代码中的 padding-left:30px;设置左内边距为 30px，目的是为背景图像留出位置。

2. 列表项图像符号

除了传统的项目符号外，CSS 还提供了属性 list-style-image，可以将项目符号显示为任意图像。当 list-style-image 属性的属性值为 none 或者设置的图像路径出错时，list-style-type 属性会替代 list-style-image 属性对列表产生作用。

list-style-image 属性的属性值包括 URL（图像的路径）、none（默认值，无图像被显示）和 inherit（从父元素继承属性，部分浏览器对此属性不支持）。

【例 8-7】设置列表项图像符号，本例页面 8-7.html 的显示效果如图 8-11 所示。
代码如下。

```
<html>
<head>
<title>设置列表项图像</title>
<style>
  body{
    background-color:#fff;
  }
  ul{
    font-size:1.5em;
    color:rgb(203,96,179);
    list-style-image:url(images/cart.gif);    /*设置列表项图像*/
  }
  .img_fault{
    list-style-image:url(images/fault.gif);    /*设置列表项图像错误的 URL，图像不能正确显示*/
  }
  .img_none{
    list-style-image:none;                     /*设置列表项图像为不显示，所以没有图像显示*/
  }
</style>
</head>
<body>
<h2>热销产品</h2>
<ul>
    <li>天使之恋</li>
```

图 8-11 页面显示效果

```
        <li class="img_fault">缘定三生</li>
        <li>梦幻时分</li>
        <li class="img_none">璀璨年华</li>
    </ul>
</body>
</html>
```

【说明】

① 页面预览后可以清楚地看到，当 list-style-image 属性设置为 none 或者设置的图像路径出错时，list-style-type 属性会替代 list-style-image 属性对列表产生作用。

② 虽然使用 list-style-image 很容易实现设置列表项图像的目的，但也失去了一些常用特性。list-style-image 属性不能够精确控制图像替换的项目符号距文字的位置，在这个方面不如 background-image 灵活。

3. 列表项位置

list-style-position 属性用于设置在何处放置列表项标记，其属性值只有两个关键词 outside（外部）和 inside（内部）。使用 outside 属性值后，列表项标记被放置在文本以外，环绕文本且不根据标记对齐；使用 inside 属性值后，列表项目标记放置在文本以内，像是插入在列表项内容最前面的行级元素一样。

【例 8-8】设置列表项位置，本例页面 8-8.html 的显示效果如图 8-12 所示。

代码如下。

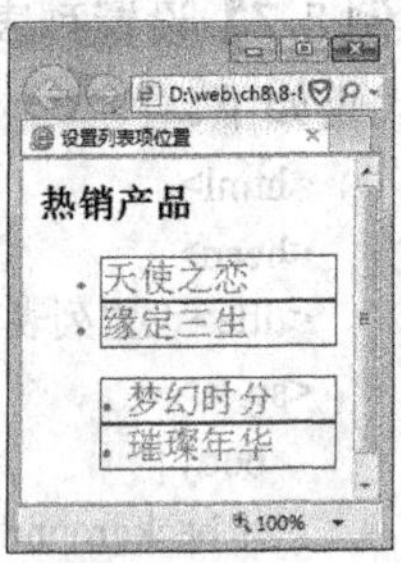

```
<html>
<head>
<title>设置列表项位置</title>
<style>
    body{
        background-color:#fff;
    }
    ul.inside {
        list-style-position: inside;    /*将列表修饰符定义在列表之内*/
    }
    ul.outside {
        list-style-position: outside;   /*将列表修饰符定义在列表之外*/
    }
    li {
        font-size:1.5em;
        color:rgb(203,96,179);
        border:1px solid #00458c;    /*增加边框突出显示效果*/
    }
</style>
</head>
<body>
<h2>热销产品</h2>
<ul class="outside">
    <li>天使之恋</li>
    <li>缘定三生</li>
</ul>
```

图 8-12 页面显示效果

```
<ul class="inside">
    <li>梦幻时分</li>
    <li>璀璨年华</li>
</ul>
</body>
</html>
```

8.2.4 图文信息列表

图文信息列表的应用无处不在，如当当网、淘宝网和迅雷看看等诸多门户，其中用于显示产品或电影的列表都是图文信息列表，如图 8-13 所示。

图 8-13 图文信息列表

由图 8-13 可以看出，图文信息列表其实就是图文混排的一部分，在处理图像和文字之间的关系时大同小异，下面以一个示例讲解图文信息列表的实现。

【例 8-9】使用图文信息列表制作珠宝商城产品图文列表，本例页面 8-9.html 的显示效果如图 8-14 所示。

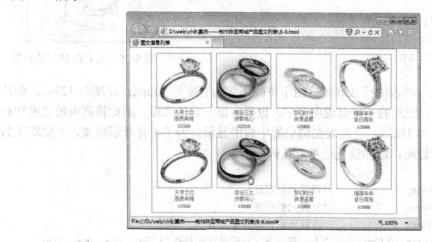

图 8-14 页面显示效果

制作过程如下。

（1）建立网页结构

首先建立一个简单的无序列表，插入相应的图像和文字说明。为了突出显示说明文字和商品价格的效果，采用<strong>、<span>、<em>和
标签对文字进行修饰。

代码如下。

```html
<body>
<ul>
    <li><a href="#"><img src="images/01.jpg" width="132" height="129"/><strong>天使之恋<br>高贵典雅</strong><span>&yen;<em>3366</em></span></a></li>
    <li><a href="#"><img src="images/02.jpg" width="132" height="129"/><strong>缘定三生<br>刻骨铭心</strong><span>&yen;<em>3333</em></span></a></li>
    <li><a href="#"><img src="images/03.jpg" width="132" height="129"/><strong>梦幻时分<br>浪漫温馨</strong><span>&yen;<em>3999</em></span></a></li>
    <li><a href="#"><img src="images/04.jpg" width="132" height="129"/><strong>璀璨年华<br>昔日再现</strong><span>&yen;<em>3988</em></span></a></li>
    <li><a href="#"><img src="images/01.jpg" width="132" height="129"/><strong>天使之恋<br>高贵典雅</strong><span>&yen;<em>3366</em></span></a></li>
    <li><a href="#"><img src="images/02.jpg" width="132" height="129"/><strong>缘定三生<br>刻骨铭心</strong><span>&yen;<em>3333</em></span></a></li>
    <li><a href="#"><img src="images/03.jpg" width="132" height="129"/><strong>梦幻时分<br>浪漫温馨</strong><span>&yen;<em>3999</em></span></a></li>
    <li><a href="#"><img src="images/04.jpg" width="132" height="129"/><strong>璀璨年华<br>昔日再现</strong><span>&yen;<em>3988</em></span></a></li>
</ul>
</body>
```

在没有 CSS 样式的情况下，图像和文字说明均以列表模式显示，页面效果如图 8-15 所示。

（2）使用 CSS 样式初步美化图文信息列表

图文信息列表的结构确定后，接下来开始编写 CSS 样式规则，首先定义 body 的样式规则，代码如下。

```css
body {
    margin:0;
    padding:0;
    font-size:12px;
}
```

图 8-15　无 CSS 样式的效果

接下来，定义整个列表的样式规则。由于每幅图像的宽度为 132px，高度为 129px，图片的左、右要留有空隙，图片的下方有说明文字，也要占据一定的高度，因此将列表的宽度和高度分别设置为 584px 和 380px，且列表在浏览器中居中显示。为了美化显示效果，去除默认的列表修饰符，设置内边距，增加浅色边框，代码如下。

```css
ul {
    width:584px;                    /*设置元素宽度*/
    height:380px;                   /*设置元素高度*/
    margin:0 auto;                  /*设置元素自动居中对齐*/
    padding:12px 0 0 12px;          /*上、右、下、左的内边距依次为 12px、0px、0px、12px*/
    border:1px solid rgb(203,96,179); /*边框为 1px 的紫色实线*/
    border-top-style:dotted;        /*上边框样式为点画线*/
    list-style:none;                /*列表无样式*/
}
```

为了让多个 <li> 标签横向排列，这里使用 "float:left;" 实现这种效果，并且增加外边距进一步美化显示效果。需要注意的是，由于设置了浮动效果，并且又增加了外边距，IE 浏览器可能会产生双倍间距的 bug，所以再增加 "display:inline;" 规则解决兼容性问题，代码如下。

```
ul li {
    float:left;                   /*向左浮动*/
    margin:0 12px 12px 0;         /*上、右、下、左的外边距依次为 0px、12px、12px、0px*/
    display:inline;               /*内联元素*/
}
```

与之前的示例一样，将内联元素<a>标签转化为块元素使其具备宽和高的属性，并将转换后的<a>标签设置宽度和高度。接着设置文本居中显示，定义超出<a>标签定义的宽度时隐藏文字，代码如下。

```
ul li a {
    display:block;                    /*将内联元素 a 标签转化为块元素*/
    width:134px;                      /*a 标签的宽度=图像的宽度+上、左右边框的宽度*/
    height:179px;                     /*a 标签的高度=图像的高度+50*/
    text-decoration:none;
    text-align:center;
    overflow:hidden;                  /*超出 a 标签定义的宽度时隐藏文字*/
}
```

经过以上 CSS 样式初步美化图文信息列表，页面显示效果如图 8-16 所示。

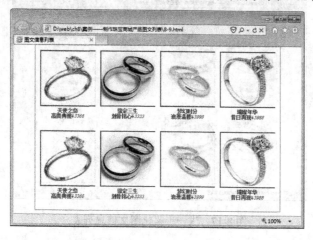

图 8-16　CSS 样式初步美化图文信息列表

(3) 进一步美化图文信息列表

在使用 CSS 样式初步美化图文信息列表之后，虽然页面的外观有了明显的改善，但是在显示细节上并不理想，还需要进一步美化。这里依次对列表中的<img>、<strong>、<span>、和<em>标签定义样式规则，代码如下。

```
ul li a img {
    width:132px;                              /*图像显示的宽度为 132px（等同于图像原始宽度）*/
    height:129px;                             /*图像显示的高度为 129px（等同于图像原始高度）*/
    border:1px solid rgb(203,96,179);         /*边框为 1px 的紫色实线*/
}
ul li a strong {
    display:block;                            /*块级元素*/
    width:134px;                              /*设置元素宽度*/
    height:30px;                              /*设置元素高度*/
    line-height:15px;                         /*行高 15px*/
    font-weight:100;
```

```
        color: rgb(203,96,179);
        overflow:hidden;                /*溢出隐藏*/
    }
    ul li a span {
        display:block;                  /*块级元素*/
        width:134px;                    /*设置元素宽度*/
        height:20px;                    /*设置元素高度*/
        line-height:20px;               /*行高 20px*/
        color:#999;
    }
    ul li a span em {
        font-style:normal;
        font-weight:800;                /*字体加粗*/
        color: #999;                    /*商品价格文字的颜色为灰色*/
    }
```

经过进一步美化图文信息列表，页面显示效果如图 8-17 所示。

图 8-17 进一步美化图文信息列表

（4）设置超链接的样式

在图 8-17 中，当鼠标悬停于图像列表及文字上时，未能看到超链接的样式。为了更好地展现视觉效果，引起浏览者的注意，还需要添加鼠标悬停于图像列表及文字上时的样式变化，代码如下。

```
    ul li a:hover img {
        border-color:#11bdd1;           /*鼠标悬停于图像时，图像显示青色边框*/
    }
    ul li a:hover strong {
        color:#11bdd1;                  /*鼠标悬停于 strong 区域时，文字显示青色*/
    }
    ul li a:hover span em {
        color:#11bdd1;                  /*鼠标悬停于 em 区域时，文字显示青色*/
    }
```

以上设计完成后，最终的页面效果如图 8-14 所示。

8.3 创建导航菜单

作为一个成功的网站,导航菜单必不可缺。导航菜单的风格往往也决定了整个网站的风格,许多设计者都会投入大量的时间和精力来制作美观便捷的导航菜单,从而体现网站的整体架构。在传统方式下,制作导航菜单是很烦琐的工作。设计者不仅要用表格布局,还要使用 JavaScript 实现相应鼠标指针悬停或按下动作。如果使用 CSS 来制作导航菜单,将大大简化设计的流程。

导航菜单有两种分类:一是按照菜单项的结构来分,可以分为普通的链接导航菜单和使用列表标签构建的导航菜单;二是按照菜单的布局显示来分,可以分为纵向导航菜单和横向导航菜单。

8.3.1 普通的超链接导航菜单

普通的超链接导航菜单的制作比较简单,主要采用将文字链接从"内联元素"变为"块级元素"的方法来实现。

【例 8-10】制作荧光灯效果的菜单,鼠标未悬停在菜单项上时的效果如图 8-18(a)所示,鼠标悬停在菜单项上时的效果如图 8-18(b)所示。

制作过程如下。

(1)建立网页结构

首先建立一个包含超链接的 Div 容器,在容器中建立 5 个用于实现导航菜单的文字链接。

代码如下。

```
<body>
    <div id="menu">
        <a href="#">首页</a>
        <a href="#">关于</a>
        <a href="#">产品</a>
        <a href="#">会员</a>
        <a href="#">联系</a>
    </div>
</body>
```

(a)未悬停　　　　(b)悬停

图 8-18　普通的超链接导航菜单

在没有 CSS 样式的情况下,菜单的效果如图 8-19 所示。

(2)设置容器的 CSS 样式

接着设置菜单 Div 容器的整体区域样式,设置菜单的宽度、背景色,以及文字的字体和大小,代码如下。

```
#menu {
    font-family:Arial;
    font-size:14px;
    font-weight:bold;
    width:120px;                /*设置元素宽度*/
    padding:8px;                /*内边距 8px*/
    background:#333;
    margin:0 auto;              /*设置元素自动居中对齐*/
    border:1px solid #ccc;      /*边框为 1px 的灰色实线*/
```

}

经过以上设置容器的 CSS 样式，菜单显示效果如图 8-20 所示。

图 8-19 无 CSS 样式的菜单效果　　　图 8-20 设置 CSS 样式后的菜单效果

（3）设置菜单项的 CSS 样式

在设置容器的 CSS 样式之后，菜单项的排列效果并不理想，还需要进一步美化。为了使 5 个文字链接依次竖直排列，需要将它们从"内联元素"变为"块级元素"。此外，还应该为它们设置背景色和内边距，以使菜单文字之间不要过于局促。接下来设置文字的样式，取消链接下画线，并将文字设置为灰色。最后，建立鼠标悬停于菜单项上时的样式，使菜单项具有"荧光灯"的效果。代码如下：

```
#menu a, #menu a:visited{
    display:block;              /*文字链接从"内联元素"变为"块级元素"*/
    padding:4px 8px;            /*上、下内边距为4px、右、左内边距为8px*/
    color:#ccc;
    text-decoration:none;       /*链接无修饰"*/
    border-top:8px solid #060;  /*上边框为8px的深绿色实线*/
    height:1em;
}
#menu a:hover{                  /*鼠标悬停于菜单项上时的样式*/
    color:#ff0;
    border-top:8px solid #0e0;  /*上边框为8px的亮绿色实线*/
}
```

菜单经过进一步美化，显示效果如图 8-18 所示。

8.3.2 纵向列表模式的导航菜单

1. 纵向列表模式导航菜单的特点

相对于普通的超链接导航菜单，列表模式的导航菜单能够实现更美观的效果。应用 Web 标准进行网页制作时，通常使用<ul>无序列表标签来构建菜单，其中纵向列表模式的导航菜单又是应用比较广泛的一种，如图 8-21 所示。

图 8-21 典型的纵向导航菜单

由于纵向导航菜单的内容并没有逻辑上的先后顺序，因此可以使用无序列表来实现。

【例 8-11】制作纵向列表模式的导航菜单，鼠标未悬停在菜单项上时的效果如图 8-22（a）所示，鼠标悬停在菜单项上时的效果如图 8-22（b）所示。

（a）未悬停　　　　　　　（b）悬停

图 8-22　纵向列表模式的导航菜单

制作过程如下。

（1）建立网页结构

首先建立一个包含无序列表的 Div 容器，列表包含 5 个选项，每个选项中包含 1 个用于实现导航菜单的文字链接，代码如下。

```
<body>
<div id="nav">
    <ul>
        <li><a href="#">首页</a></li>
        <li><a href="#">关于</a></li>
        <li><a href="#">产品</a></li>
        <li><a href="#">会员</a></li>
        <li><a href="#">联系</a></li>
    </ul>
</div>
</body>
```

图 8-23　无 CSS 样式的效果

在没有 CSS 样式的情况下，菜单的效果如图 8-23 所示。

（2）设置容器及列表的 CSS 样式

接着设置菜单 Div 容器的整体区域样式，设置菜单的宽度、字体，以及列表和列表选项的类型和边框样式，代码如下。

```
#nav{
    width:200px;                    /*设置菜单的宽度*/
    font-family:Arial;
}
#nav ul{
    list-style-type:none;           /*不显示项目符号*/
    margin:0px;                     /*外边距为 0px*/
    padding:0px;                    /*内边距为 0px*/
}
#nav li{
    border-bottom:1px solid #ed9f9f;  /*设置列表选项（菜单项）的下边框线*/
}
```

图 8-24　修改后的菜单效果

经过以上设置容器及列表的 CSS 样式，菜单显示效果如图 8-24 所示。

（3）设置菜单项超链接的 CSS 样式

在设置容器的 CSS 样式之后，菜单项的显示效果并不理想，还需要进一步美化。接下来设置菜单项超链接的区块显示、左边的粗红边框、右侧阴影及内边距。最后，建立未访问过的链接、访问过的链接及鼠标悬停于菜单项上时的样式。代码如下：

```css
#nav li a{
    display:block;                          /*区块显示*/
    padding:5px 5px 5px 0.5em;
    text-decoration:none;                   /*链接无修饰*/
    border-left:12px solid #711515;         /*左边的粗红边框*/
    border-right:1px solid #711515;         /*右侧阴影*/
}
#nav li a:link, #nav li a:visited{          /*未访问过的链接、访问过的链接的样式*/
    background-color:#c11136;               /*改变背景色*/
    color:#fff;                             /*改变文字颜色*/
}
#nav li a:hover{                            /*鼠标悬停于菜单项上时的样式*/
    background-color:#990020;               /*改变背景色*/
    color:#ff0;                             /*改变文字颜色*/
}
```

菜单经过进一步美化，显示效果如图 8-22 所示。

2．案例——珠宝商城产品分类纵向导航菜单

【例 8-12】制作珠宝商城产品分类纵向导航菜单，本例文件 8-12.html 的页面效果如图 8-25 所示。

(a) 未悬停　　　　　(b) 悬停

图 8-25 珠宝商城产品分类纵向导航菜单

制作过程如下。

（1）建立网页结构

首先建立一个包含无序列表的 Div 容器，容器包含 1 个分类图标和 1 个列表，列表又包含 11 个选项，每个选项中包含 1 个用于实现导航菜单的文字链接，代码如下。

```html
<body>
<div class="right_box">
    <div class="title">分类</div>
    <ul class="list">
        <li><a href="#">戒指</a></li>
        <li><a href="#">吊坠</a></li>
        <li><a href="#">项链</a></li>
```

```html
        <li><a href="#">耳饰</a></li>
        <li><a href="#">手链</a></li>
    </ul>
</div>
</body>
```

在没有 CSS 样式的情况下,菜单的效果如图 8-26 所示。

(2) 设置容器及列表的 CSS 样式

图 8-26 无 CSS 样式的效果

接着设置页面整体的样式、菜单 Div 容器的样式、标题区的样式、菜单列表及列表项的样式,如图 8-27 所示。

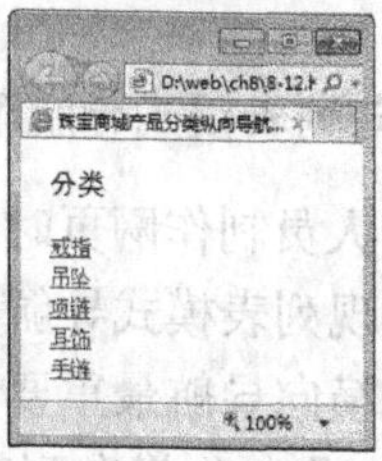

代码如下。

```css
body{                                /*设置页面整体的样式*/
    font-family:Arial, Helvetica, sans-serif;
    padding:0;                       /*内边距为 0px*/
    font-size:14px;
    margin:0px auto;                 /*页面自动居中对齐*/
    color:#000;
}
.right_box{                          /*设置菜单 Div 容器的样式*/
    width:170px;                     /*设置容器宽度*/
    float:left;                      /*向左浮动*/
    padding:10px 0 0 0;  /*上、右、下、左的内边距依次为 10px、0px、0px、0px*/
}
.title{                              /*设置标题区的样式*/
    color:#ee4699;
    padding:0px;                     /*内边距为 0px*/
    float:left;                      /*向左浮动*/
    font-size:19px;
    margin:10px 0 10px 20px;  /*上、右、下、左的外边距依次为 10px、0px、10px、20px*/
}
ul.list{                             /*设置菜单列表的样式*/
    clear:both;                      /*清除浮动*/
    padding:10px 0 0 20px;  /*上、右、下、左的内边距依次为 10px、0px、0px、20px*/
    margin:0px;
}
ul.list li{                          /*设置菜单列表项的样式*/
    list-style:none;                 /*列表项无样式类型*/
    padding:2px 0 2px 0;  /*上、右、下、左的内边距依次为 2px、0px、2px、0px*/
}
```

图 8-27 修改后的菜单效果

(3) 设置菜单项超链接的 CSS 样式

在设置容器及列表的 CSS 样式之后,菜单项的显示效果并不理想,还需要进一步美化。接下来设置菜单项超链接的样式,使每个菜单项的前面都加上列表背景图像 ➡ 。最后,建立鼠标悬停于菜单项上时的链接样式。代码如下。

```css
ul.list li a{                        /*设置菜单项超链接的样式*/
    list-style:none;                 /*列表项无样式类型*/
    text-decoration:none;            /*无修饰*/
    color:#000;
```

```
        background:url(images/menu_bullet.gif) no-repeat left;    /*背景图像无重复左对齐*/
        padding:0 0 0 17px;              /*上、右、下、左的内边距依次为0px、0px、0px、17px*/
    }
    ul.list li a:hover{          /*设置鼠标悬停于菜单项上时的链接样式*/
        text-decoration:underline; /*下画线*/
    }
```

菜单经过进一步美化,显示效果如图8-25所示。

8.3.3 横向列表模式的导航菜单

1.横向列表模式导航菜单的特点

在设计人员制作网页时,经常要求导航菜单能够在水平方向上显示。通过CSS属性的控制,可以实现列表模式导航菜单的横竖转换。在保持原有HTML结构不变的情况下,将纵向导航转变成横向导航最重要的环节就是设置<li>标签为浮动。

【例8-13】制作横向列表模式的导航菜单,鼠标未悬停在菜单项上时的效果如图8-28(a)所示,鼠标悬停在菜单项上时的效果如图8-28(b)所示。

　　　　(a)未悬停　　　　　　　　　(b)悬停

图8-28 横向列表模式的导航菜单

制作过程如下。

(1)建立网页结构

首先建立一个包含无序列表的Div容器,列表包含5个选项,每个选项中包含1个用于实现导航菜单的文字链接,代码如下。

```
<body>
<div id="nav">
  <ul>
    <li><a href="#">首页</a></li>
    <li><a href="#">关于</a></li>
    <li><a href="#">产品</a></li>
    <li><a href="#">会员</a></li>
    <li><a href="#">联系</a></li>
  </ul>
</div>
</body>
```

图8-29 无CSS样式的效果

在没有CSS样式的情况下,菜单的效果如图8-29所示。

(2)设置容器及列表的CSS样式

接着设置菜单Div容器的整体区域样式,设置菜单的宽度、字体,以及列表和列表选项的类型和边框样式,代码如下。

```
#nav{
    width:360px;                /*设置菜单水平显示的宽度*/
```

```
        font-family:Arial;
}
#nav ul{                              /*设置列表的类型*/
    list-style-type:none;             /*不显示项目符号*/
    margin:0px;                       /*外边距为 0px*/
    padding:0px;                      /*内边距为 0px*/
}
#nav li{
    float:left;                       /*使得菜单项都水平显示*/
}
```

以上设置中最为关键的代码就是"float:left;",正是设置了<li>标签为浮动,才将纵向导航菜单转变成横向导航菜单。经过以上设置容器及列表的 CSS 样式,菜单显示效果如图 8-30 所示。

图 8-30 设置 CSS 样式后的效果

(3) 设置菜单项超链接的 CSS 样式

在设置容器的 CSS 样式之后,菜单项的显示横向拥挤在一起,效果非常不理想,还需要进一步美化。接下来设置菜单项超链接的区块显示、四周的边框线及内外边距。最后,建立未访问过的链接、访问过的链接及鼠标悬停于菜单项上时的样式。代码如下。

```
#nav li a{
    display:block;                    /*块级元素*/
    padding:3px 6px 3px 6px;
    text-decoration:none;             /*链接无修饰*/
    border:1px solid #711515;         /*超链接区块四周的边框线效果相同*/
    margin:2px;
}
#nav li a:link, #nav li a:visited{    /*未访问过的链接、访问过的链接的样式*/
    background-color:#c11136;         /*改变背景色*/
    color:#fff;                       /*改变文字颜色*/
}
#nav li a:hover{                      /*鼠标悬停于菜单项上时的样式*/
    background-color:#990020;         /*改变背景色*/
    color:#ff0;                       /*改变文字颜色*/
}
```

菜单经过进一步美化,显示效果如图 8-28 所示。

2. 案例——制作珠宝商城主导航菜单

【例 8-14】制作珠宝商城主导航菜单,当前页菜单项背景自动显示为紫色。本例文件 8-14.html 的页面效果如图 8-31 所示。

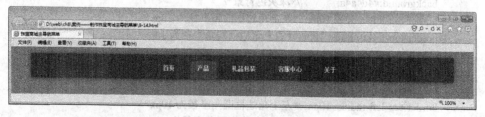

图 8-31 珠宝商城主导航菜单

制作过程如下。

（1）前期准备

① 栏目目录结构。

在栏目文件夹下创建文件夹 css，用来存放外部样式表文件。

② 外部样式表。

在文件夹 css 下新建一个名为 style.css 的样式表文件。

（2）制作页面

① 制作页面的 CSS 样式。

打开建立的 style.css 文件，定义页面的 CSS 规则，代码如下。

```css
body{                                   /*设置页面整体样式*/
    background: rgb(203,96,179);        /*紫色背景*/
    font-family: '宋体', sans-serif;
}
.container {                            /*设置内容容器样式*/
    width: 1170px;                      /*容器宽 1170px*/
    padding:0 15px;                     /*上、下内边距 0px，左、右内边距 15px*/
    margin:0 auto;                      /*内容水平居中对齐*/
}
.header-top{                            /*设置页面顶部区域的样式*/
    background:#fff;                    /*白色背景*/
    border-radius: 25px;                /*边框圆角半径为 25px*/
}
.top-nav{                               /*设置菜单容器的样式*/
    background:#4d4a4a;                 /*深灰色背景*/
    text-align:center;                  /*文本水平居中对齐*/
    box-shadow: 0px 0px 20px #4d4a4a;   /*容器深灰色阴影，阴影模糊半径 20px*/
}
.top-nav ul li {                        /*设置菜单列表项的样式*/
    display:inline-block;               /*外观为行级元素，内容为块级元素*/
}
.top-nav ul li a {                      /*设置菜单列表项链接的样式*/
    display: inline-block;              /*外观为行级元素，内容为块级元素*/
    color: #fff;                        /*白色文字*/
    text-decoration: none;              /*链接无修饰*/
    font-weight: 700;                   /*字体加粗*/
    font-size: 1em;
    margin: 1em 0.5em 1px;
    padding: 0.7em 1.2em 1.2em;
    background:#4d4a4a;                 /*深灰色背景*/
    border-top-left-radius: 10px;       /*左上角边框圆角半径为 10px*/
    border-top-right-radius: 10px;      /*右上角边框圆角半径为 10px*/
}
.top-nav ul li a:hover,.top-nav ul li.active a{/*设置菜单列表项悬停链接和按下链接的样式*/
    background: #a336a2;                /*紫色背景*/
    border-top-left-radius: 10px;       /*左上角边框圆角半径为 10px*/
    border-top-right-radius: 10px;      /*右上角边框圆角半径为 10px*/
```

}

② 制作页面的网页结构代码。

为了使读者对页面的样式与结构有一个全面的认识,最后说明整个页面(8-14.html)的结构代码,代码如下。

```html
<!doctype html>
<html>
<head>
<title>珠宝商城主导航菜单</title>
<link href="css/style.css" rel="stylesheet" type="text/css"/>
<meta charset="gb2312">
</head>
<body>
    <div class="container">
        <div class="header-top">
            <div class="top-nav">
                <ul>
                    <li><a href="index.html">首页</a></li>
                    <li class="active"><a href="product.html">产品</a></li>
                    <li><a href="gift.html">礼品包装</a></li>
                    <li><a href="custom.html">客服中心</a></li>
                    <li><a href="about.html">关于</a></li>
                </ul>
            </div>
        </div>
    </div>
</body>
</html>
```

8.4 综合案例——使用 CSS 修饰页面和制作导航菜单

有关 CSS 修饰页面和制作导航菜单的知识已经讲解完毕,本节通过讲解珠宝商城网购学堂主页及栏目页的制作,复习总结前面所学的 CSS 相关的知识,使读者能够举一反三,不断提高网页设计与制作的水平。

8.4.1 制作珠宝商城网购学堂主页

1. 页面布局规划

页面布局的首要任务是弄清网页的布局方式,分析版式结构,待整体页面搭建有明确规划后,再根据成熟的规划切图。

通过成熟的构思与设计,珠宝商城网购学堂页面的效果如图 8-32 所示,页面布局示意图如图 8-33 所示。页面中的主要内容包括顶部的标志文字及导航菜单、左侧的学堂区、中间的学堂特色、右侧的学堂宗旨和底部的版权信息。

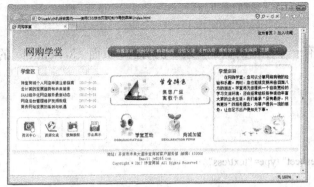
图 8-32 珠宝商城网购学堂主页的效果

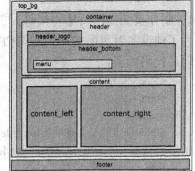
图 8-33 页面布局示意图

2．页面的制作过程

（1）前期准备

① 栏目目录结构。

在栏目文件夹下创建文件夹 images 和 style，分别用来存放图像素材和外部样式表文件。

② 页面素材。

将两个页面需要使用的图像素材存放在文件夹 images 下。

③ 外部样式表。

在文件夹 style 下新建一个名为 style.css 的样式表文件。

（2）制作页面

① 页面整体的制作。

页面的整体布局包括 body、超链接伪类和 wrap 容器，其中 wrap 容器设置背景图像，如图 8-34 所示。

图 8-34 wrap 容器设置背景图像

CSS 代码如下。

```
* {
    margin:0px;
    padding:0px;
    border:0px;
}
body {
    font-family:"宋体";
    font-size:13px;
    color:#000;
    background-color:#fff;
}
a:link, a:visited {            /*超链接伪类的 CSS 规则*/
```

```
        color:#333;
        text-decoration: none;          /*无修饰*/
        font-weight: normal;
    }
    a:active, a:hover {                 /*超链接伪类的CSS规则*/
        color:#fff;
        text-decoration: underline;     /*下画线*/
    }
    #wrap {
        width:984px;                    /*设置元素宽度*/
        height:500px;                   /*设置元素高度*/
        background:url(../images/bgpic.jpg) no-repeat;    /*设置wrap容器的背景图像*/
        margin:0 auto;
    }
```

② 页面顶部文字提示的制作。

页面顶部的文字提示被放置在名为top的Div容器中,主要用来显示"设为首页"和"加入收藏"的文字提示,如图8-35所示。

图8-35 页面顶部文字提示的布局效果

CSS代码如下。

```
    #top {
        float:right;                    /*设置向右浮动*/
        width:150px;                    /*设置元素宽度*/
        font-family:"黑体";
        text-align:right;               /*文字右对齐*/
        margin-top:10px;                /*上外边距为10px*/
        margin-bottom:20px;             /*下外边距为20px*/
        padding-right:20px;             /*右内边距为20px*/
    }
    #top span {
        padding-left:5px;               /*左内边距为5px*/
        padding-right:5px;              /*右内边距为5px*/
    }
```

③ 页面导航的制作。

页面导航的内容被放置在名为nav的Div容器中,主要用来显示学堂标志文字和导航菜单,如图8-36所示。

图8-36 页面导航的布局效果

CSS代码如下。

```
    #nav {                              /*导航区域的CSS规则*/
```

```css
    width:984px;              /*设置元素宽度*/
    float:left;               /*向左浮动*/
    overflow:hidden;          /*溢出隐藏*/
}
#nav_logo {                   /*标志图片的 CSS 规则*/
    float:left;               /*向左浮动*/
    width:250px;              /*设置元素宽度*/
    height:60px;              /*设置元素高度*/
    line-height:60px;         /*行高等于高度，内容垂直方向居中对齐*/
    font-size:32px;
    margin-left:15px;         /*左外边距为 15px*/
    padding:0 0 0 30px;       /*上右下左内边距分别为 0px、0px、0px、30px*/
}
#nav_menu {                   /*导航菜单的 CSS 规则*/
    height:36px;              /*设置元素高度*/
    margin:10px 0px 0px 30px;
    float:left;               /*向左浮动*/
}
#nav_menu_head {              /*导航菜单左半圆弧的 CSS 规则*/
    float:left;               /*向左浮动*/
    width:20px;               /*设置元素宽度*/
    height:36px;              /*设置元素高度*/
    background:url(../images/nav_menu_head.gif) no-repeat;  /*导航菜单左半圆弧的背景图像*/
}
#nav_menu_mid {               /*导航菜单中间区域的 CSS 规则*/
    float:left;               /*向左浮动*/
    width:580px;              /*设置元素宽度*/
    height:36px;              /*设置元素高度*/
    background:url(../images/nav_bg.jpg) repeat-x;  /*导航菜单中间区域的背景图像*/
}
#nav_menu_mid ul {            /*导航菜单中间区域无序列表的 CSS 规则*/
    list-style:none;          /*列表无样式*/
    margin: 0px;
    padding: 0px;
}
#nav_menu_mid li {            /*导航菜单中间区域列表选项的 CSS 规则*/
    float:left;               /*向左浮动*/
    margin-top:10px;          /*上外边距为 10px*/
    padding-left:11px;        /*左内边距为 10px*/
}
#nav_menu_mid a {             /*导航菜单中间区域超链接伪类的 CSS 规则*/
    font-family:"黑体";
    font-size:15px;
    color:#fff;
}
#nav_menu_tail {              /*导航菜单右半圆弧的 CSS 规则*/
    float:left;               /*向左浮动*/
    width:20px;               /*设置元素宽度*/
```

```
            height:36px;                      /*设置元素高度*/
            background: url(../images/nav_menu_tail.gif) no-repeat;   /*导航菜单右半圆弧的背景图像*/
        }
```
④ 页面中部的制作。

页面中部的内容被放置在名为 main 的 Div 容器中，主要用来显示内容左侧的学堂区（main_left）、中间的学堂特色（main_mid）和右侧的学堂宗旨，如图 8-37 所示。

图 8-37 页面中部的布局效果

CSS 代码如下。

```
        #main {                              /*页面中部的 CSS 规则*/
            float:left;                      /*向左浮动*/
            width:984px;                     /*设置元素宽度*/
            height:280px;                    /*设置元素高度*/
            margin-top:15px;                 /*上外边距为 15px*/
        }
        #main_left {                         /*页面中部左侧区域的 CSS 规则*/
            float:left;                      /*向左浮动*/
            width:320px;                     /*设置元素宽度*/
            overflow:auto;                   /*溢出自动处理*/
            margin-left:10px;                /*左外边距为 10px*/
        }
        #main_left_top {                     /*页面中部左侧区域上部的 CSS 规则*/
            background: url(../images/main_left_top_bg.jpg) no-repeat;/*左侧区域上部的背景图像*/
            height:35px;
        }
        #main_left_top h3 {                  /*页面中部左侧区域上部标题的 CSS 规则*/
            height:40px;                     /*设置元素高度*/
            font-size:16px;
            font-weight:bold;                /*文字加粗*/
            color: #105cb6;
            padding-left:20px;               /*左内边距为 20px*/
            padding-top:10px;                /*上内边距为 10px*/
        }
        .news_list * {                       /*左侧新闻区域的 CSS 规则*/
            margin:0;
            padding:0;
            list-style:none;                 /*列表无样式*/
            text-decoration : none;          /*无修饰*/
        }
```

```css
.news_list li {                              /*左侧新闻区域列表选项的 CSS 规则*/
    float:left;                              /*向左浮动*/
    padding-left:20px;                       /*左内边距为 20px*/
    width:300px;                             /*设置元素宽度*/
    height:20px;                             /*设置元素高度*/
    overflow:hidden;                         /*溢出隐藏*/
}
.news_list li a {                            /*左侧新闻区域列表选项超链接的 CSS 规则*/
    width:200px;                             /*设置元素宽度*/
    float:left;                              /*向左浮动*/
}
.news_list li a:hover {                      /*鼠标经过时的 CSS 规则*/
    text-decoration:none;                    /*无修饰*/
    color:#f32600;
}
.news_list li span {                         /*左侧新闻区域 span 标签的 CSS 规则*/
    float:left;                              /*向左浮动*/
    width:75px;                              /*设置元素宽度*/
    color:#999999;
}
#main_left_bottom {                          /*页面中部左侧区域下部的 CSS 规则*/
    float:left;                              /*向左浮动*/
    width:310px;                             /*设置元素宽度*/
    height:80px;                             /*设置元素高度*/
    margin-top:20px;                         /*上外边距为 20px*/
    margin-left:5px;                         /*左外边距为 15px*/
    overflow:hidden;                         /*溢出隐藏*/
}
#main_mid {                                  /*页面中部中间区域的 CSS 规则*/
    float:left;                              /*向左浮动*/
    margin-left:5px;                         /*左外边距为 5px*/
}
#main_mid_top {                              /*页面中部中间区域上部的 CSS 规则*/
    width:350px;                             /*设置元素宽度*/
    height:114px;                            /*设置元素高度*/
    margin-top:20px;                         /*上外边距为 20px*/
    margin-bottom:20px;                      /*下外边距为 20px*/
    background: url(../images/main_mid_top.gif) no-repeat;    /*中间区域上部的背景图像*/
}
#main_mid_bottom{                            /*页面中部中间区域下部的 CSS 规则*/
    width:350px;                             /*设置元素宽度*/
    height:105px;                            /*设置元素高度*/
}
#main_mid_bottom ul li {                     /*中间区域下部的列表选项的 CSS 规则*/
    float:left;                              /*向左浮动*/
    margin-left:15px;                        /*左外边距为 15px*/
    display:inline;                          /*行级元素*/
}
```

```css
#main_mid_bottom ul li a {            /*列表选项超链接的CSS规则*/
    display:block;                    /*块级元素*/
    width:150px;                      /*设置元素宽度*/
    height:100px;                     /*设置元素高度*/
    text-decoration:none;
    text-align:center;
    overflow:hidden;                  /*溢出隐藏*/
}
#main_mid_bottom ul li a strong {     /*列表选项超链接文字加粗效果的CSS规则*/
    font-size:16px;
    font-family:"黑体";
    line-height:15px;                 /*行高15px*/
    font-weight:100;                  /*字重100*/
    color:#333;
    overflow:hidden;                  /*溢出隐藏*/
}
#main_mid_bottom span {               /*中间区域下部span标签的CSS规则*/
    display:block;                    /*块级元素*/
    font-family:"Arial Black", Gadget, sans-serif;
    font-size:10px;
    text-align:left;
    color:#999;
}
#main_mid_bottom a:hover strong {/*中间区域下部鼠标经过效果的CSS规则*/
    color:#39f;
}
#main_right {                         /*页面中部右侧区域的CSS规则*/
    float:left;                       /*向左浮动*/
    width:275px;                      /*设置元素宽度*/
    height:260px;                     /*设置元素高度*/
    margin-left:5px;                  /*左外边距为5px*/
    background:url(../images/main_right_bg.jpg) no-repeat;   /*页面中部右侧区域的背景图像*/
}
#main_right h3 {                      /*页面中部右侧区域标题的CSS规则*/
    height:20px;
    font-family:"黑体";
    font-size:15px;
    color: #105cb6;
    padding-left:20px;                /*左内边距为20px*/
    padding-top:15px;                 /*上内边距为15px*/
}
#main_right p {                       /*页面中部右侧区域段落的CSS规则*/
    text-indent:2em;                  /*段落缩进两个字符*/
    line-height:18px;                 /*行高18px*/
    padding-left:13px;                /*左内边距为13px*/
    padding-right:13px;               /*右内边距为13px*/
}
#main_right a:hover {                 /*页面中部右侧区域鼠标经过效果的CSS规则*/
```

```
        text-decoration:none;
        color:#f32600;
    }
```

⑤ 页面底部的制作。

页面底部的内容被放置在名为 footer 的 Div 容器中，用来显示版权信息，如图 8-38 所示。

```
地址：开封市未来大道珠宝商城客户服务部 邮编：475000
              Email: jw@163.com
     Copyright © 2017 珠宝商城 All Rights Reserved
```

图 8-38 页面底部的布局效果

CSS 代码如下。

```
#footer {
    clear:both;                               /*清除浮动*/
    height:65px;
    margin:0;
    padding:10px;
    background:url(../images/footer_bg.gif) repeat-x;    /*页面底部的背景图像*/
    font-size:13px;
    color:#666;
    text-align:center;                        /*文本水平居中对齐*/
}
```

⑥ 页面结构代码。

为了使读者对页面的样式与结构有一个全面的认识，最后说明整个页面（index.html）的结构代码，代码如下。

```html
<html>
<head>
<meta charset="gb2312">
<title>网购学堂</title>
<link href="style/style.css" rel="stylesheet" type="text/css" />
</head>
<body>
<div id="wrap">
  <div id="top">设为首页<span>|</span>加入收藏</div>
  <div id="nav">
    <div id="nav_logo">网购学堂</div>
    <div id="nav_menu">
      <div id="nav_menu_head"></div>
      <div id="nav_menu_mid">
        <ul>
          <li><a href="#" target="_self">商城首页</a></li>
          <li><a href="#" target="_self">网购学堂</a></li>
          <li><a href="#" target="_self">购物指南</a></li>
          <li><a href="#" target="_self">经验交流</a></li>
          <li><a href="#" target="_self">支付选择</a></li>
          <li><a href="#" target="_self">维修常识</a></li>
          <li><a href="#" target="_self">安全网购</a></li>
          <li><a href="#" target="_self">注册</a></li>
```

```html
            </ul>
          </div>
          <div id="nav_menu_tail"></div>
        </div>
    </div>
    <div id="main">
        <div id="main_left">
            <div id="main_left_top">
                <h3>学堂区</h3>
                <ul class="news_list">
                    <li><a href="#">珠宝商城个人网店申请注册指南</a> <span>2017-5-30</span></li>
                    <li><a href="#">云计算的发展趋势和未来前景</a> <span>2017-5-22</span></li>
                    <li><a href="#">SAAS 组件化网店服务最新动态</a> <span>2017-4-15</span></li>
                    <li><a href="#">网店后台管理维护视频教程</a> <span>2017-4-10</span></li>
                    <li><a href="#">商务网站发展的瓶颈与机遇</a> <span>2017-3-20</span></li>
                </ul>
            </div>
            <div id="main_left_bottom"><img src="images/main_left_bottom_bg.gif" width="311" height="80" border="0" usemap="#Map" />
                <map name="Map" id="Map">
                </map>
            </div>
        </div>
        <div id="main_mid">
            <div id="main_mid_top">
            </div>
            <div id="main_mid_bottom">
                <ul>
                    <li><a href="#"><img src="images/main_mid_bottom_01.gif" width="60" height="85" /><strong>学堂互动</strong><span>COMMUNICATION</span></a></li>
                    <li><a href="#"><img src="images/main_mid_bottom_02.gif" width="60" height="85" /><strong>商城加盟</strong><span>DECLARATION FORM</span></a></li>
                </ul>
            </div>
        </div>
        <div id="main_right">
            <h3>学堂宗旨</h3>
            <p>在网购学堂，您可以分享网络购物的经验和乐趣。……（此处省略文字）</p>
        </div>
    </div>
    <div id="footer">
        <p>地址：开封市未来大道珠宝商城客户服务部  邮编：475000 </p>
        <p>Email：jw@163.com</p>
        <p>Copyright &copy; 2017 珠宝商城  All Rights Reserved</p>
    </div>
</div>
</body>
</html>
```

8.4.2 制作珠宝商城网购学堂栏目页

1. 页面布局规划

制作珠宝商城网购学堂栏目的子页面。网购学堂栏目的子页面为 study.html，其布局与主页面（index.html）有一定相似之处，页面效果如图 8-39 所示，布局示意图如图 8-40 所示。

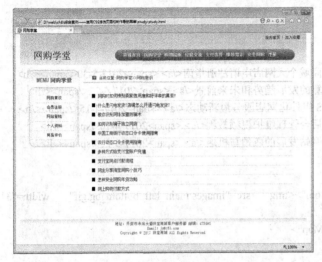
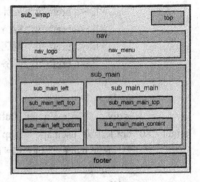

图 8-39 珠宝商城网购学堂栏目页的效果　　　　图 8-40 页面布局示意图

2. 页面的制作过程

（1）前期准备

在栏目文件夹下创建网购学堂的子文件夹 study，用来存放栏目子页面 study.html。

（2）制作页面

① 制作子页面的 CSS 样式。

打开已经建立的 style.css 文件，在主页面 CSS 样式的结尾继续添加子页面的 CSS 规则，代码如下。

```
#sub_wrap {                        /*wrap 容器的 CSS 规则*/
    width:984px;
    background:url(../images/bgpic.jpg) no-repeat; /*wrap 容器的背景图像*/
    margin:0 auto;
}
#sub_main {                        /*页面中部的 CSS 规则*/
    float:left;                    /*向左浮动*/
    width:984px;                   /*设置元素宽度*/
    height:auto;                   /*高度自适应*/
    margin-top:15px;               /*上外边距为 15px*/
}
#sub_main_left {                   /*页面中部左侧区域的 CSS 规则*/
    float:left;                    /*向左浮动*/
    width:180px;                   /*解决扩展框问题*/
    height:300px;
    margin-left:25px;              /*左外边距为 25px*/
```

```css
#sub_main_left_top {                    /*页面中部左侧区域上部的 CSS 规则*/
    width:180px;
    height:80px;
    background:url(../images/sub_main_left_top_bg.jpg) no-repeat;  /*左侧区域上部的背景图像*/
}
#sub_main_left_top h3 {                 /*页面中部左侧区域上部标题的 CSS 规则*/
    height:30px;
    font-family:"黑体";
    font-size:20px;
    color:#39f;
    text-align:center;
    padding-top:25px;                   /*上内边距为 25px*/
}
#sub_main_left_top h3 span {            /*页面中部左侧区域上部 span 的 CSS 规则*/
    color:#666;
    margin-left:5px;                    /*左外边距为 5px*/
    font-size:18px;
}
#sub_main_left_bottom {                 /*页面中部左侧区域下部的 CSS 规则*/
    width:180px;                        /*设置元素宽度*/
    height:auto;                        /*高度自适应*/
    background:url(../images/sub_main_left_bottom_bg.jpg) repeat-y;   /*背景图像垂直重复*/
}
#sub_main_left_bottom ul {              /*页面中部左侧区域下部无序列表的 CSS 规则*/
    padding:0 25px;
    line-height:30px;                   /*行高 30px*/
}
#sub_main_left_bottom ul li {           /*页面中部左侧区域下部列表选项的 CSS 规则*/
    list-style:none;                    /*列表无样式*/
    text-align:center;
    border-bottom:1px dashed #ccc;      /*下边框为 1px 灰色虚线*/
}
#sub_main_left_bottom ul a:hover {      /*页面中部左侧区域下部列表鼠标经过的 CSS 规则*/
    color:#39f;
    text-decoration:none;               /*无修饰*/
}
#sub_main_left_behind {                 /*页面中部左侧区域下部封闭结尾的 CSS 规则*/
    background:url(../images/sub_main_left_behind_bg.jpg) no-repeat;
    height:25px;
    width:180px;
}
#sub_main_main {                        /*页面中部主区域的 CSS 规则*/
    float:left;                         /*向左浮动*/
    height:500px;
    margin-left:10px;                   /*左外边距为 10px*/
}
#sub_main_main_top {                    /*页面中部主区域上部的 CSS 规则*/
```

```css
    width:720px;
    height:55px;
    background:url(../images/sub_main_main_top_bg.gif) repeat-x;  /*背景图像水平重复*/
}
#sub_main_main_top img {            /*页面中部主区域上部图像的 CSS 规则*/
    margin-top:20px;                /*上外边距为 20px*/
    margin-left:30px;               /*左外边距为 30px*/
}
#sub_main_main_top span {           /*页面中部主区域上部 span 的 CSS 规则*/
    color:#666;
    font-family:"黑体";
    font-size:14px;
    padding-left:10px;              /*左内边距为 10px*/
}
#sub_main_main_content {            /*页面中部主区域内容部分的 CSS 规则*/
    width:720px;
    height:auto;                    /*高度自适应*/
}
.sub_main_main_content_list {       /*页面中部主区域内容列表的 CSS 规则*/
    font-size:14px;
    padding-top:20px;               /*上内边距为 20px*/
    padding-left:50px;              /*左内边距为 50px*/
    line-height:30px;               /*行高 30px*/
    list-style:square;              /*列表类型为实心正方形*/
}
#sub_main_main_content li {         /*页面中部主区域内容列表选项的 CSS 规则*/
    border-bottom:1px dashed #ccc;  /*下边框为 1px 灰色虚线*/
}
.sub_main_main_content_list a:hover {/*页面中部主区域内容列表鼠标经过的 CSS 规则*/
    color:#f00;
    text-decoration:none;
}
```

② 制作子页面的网页结构代码。

在文件夹 study 中建立子页面 study.html，代码如下。

```html
<!doctype html>
<html>
<head>
<meta charset="gb2312">
<title>网购学堂</title>
<link href="../style/style.css" rel="stylesheet" type="text/css" />
</head>
<body>
<div id="sub_wrap">
  <div id="top"> <a href="#">设为首页</a><span>|</span><a href="#">加入收藏</a> </div>
  <div id="nav">
    <div id="nav_logo"></div>
    <div id="nav_menu">
      <div id="nav_menu_head"></div>
```

```html
            <div id="nav_menu_mid">
              <ul>
                <li><a href="#" target="_self">商城首页</a></li>
                <li><a href="#" target="_self">网购学堂</a></li>
                <li><a href="#" target="_self">购物指南</a></li>
                <li><a href="#" target="_self">经验交流</a></li>
                <li><a href="#" target="_self">支付选择</a></li>
                <li><a href="#" target="_self">维修常识</a></li>
                <li><a href="#" target="_self">安全网购</a></li>
                <li><a href="#" target="_self">注册</a></li>
              </ul>
            </div>
            <div id="nav_menu_tail"></div>
          </div>
        </div>
        <div id="sub_main">
          <div id="sub_main_left">
            <div id="sub_main_left_top">
              <h3> MENU<span>网购学堂</span></h3>
            </div>
            <div id="sub_main_left_bottom">
              <ul>
                <li><a href="#">网购常识</a></li>
                <li><a href="#">会员注册</a></li>
                <li><a href="#">网站登录</a></li>
                <li><a href="#">个人资料</a></li>
                <li><a href="#">商品评价</a></li>
              </ul>
            </div>
            <div id="sub_main_left_behind"></div>
          </div>
          <div id="sub_main_main">
            <div id="sub_main_main_top"><img src="../images/sub_main_main_top_01.gif" width="14" height="14" /><span>当前位置:网购学堂>>网购常识</span></div>
            <div id="sub_main_main_content">
              <ul class="sub_main_main_content_list">
                <li><a href="#">网购时如何辨别卖家信用度和好评率的真假?</a></li>
                <li><a href="#">什么是闪电发货?店铺怎么开通闪电发货?</a></li>
                <li><a href="#">教你识别网络加盟防骗术</a></li>
                <li><a href="#">如何识别骗子独立网店</a></li>
                <li><a href="#">中国工商银行动态口令卡使用指南</a></li>
                <li><a href="#">农行动态口令卡使用指南 </a></li>
                <li><a href="#">多种方式给支付宝账户充值</a></li>
                <li><a href="#">支付宝网点付款流程</a></li>
                <li><a href="#">网友分享淘宝网购小技巧</a></li>
                <li><a href="#">怎样安全网购年货攻略</a></li>
                <li><a href="#">网上购物付款方式</a></li>
              </ul>
```

```
                </div>
            </div>
        </div>
        <div id="footer">
            <p>地址：开封市未来大道珠宝商城客户服务部  邮编：475000 </p>
            <p>Email：jw@163.com</p>
            <p>Copyright &copy; 2017 珠宝商城  All Rights Reserved</p>
        </div>
    </div>
</body>
</html>
```

【说明】

① 子页面 study.html 位于文件夹 study 中，style.css 位于文件夹 style 中，并且文件夹 study 和 style 是同级的。因此，在 study.html 中引用外部样式表 style.css 时，要注意使用相对路径的写法，即写为 href="../style/style.css"。

② 同样，页面使用的图片素材位于文件夹 images 中，并且文件夹 images 和 style 也是同级的。因此，在样式表 style.css 中引用文件夹 images 中的图片时，也要注意使用相对路径的写法。例如，引用背景图像的正确写法是：

background:url(../images/bgpic.jpg) no-repeat;

习题 8

1. 制作如图 8-41 所示的水平导航菜单。

图 8-41 题 1 图

2. 制作带有箭头和说明信息的纵向导航菜单，如图 8-42 所示。
3. 综合使用 CSS 修饰页面元素与制作导航菜单技术制作如图 8-43 所示的页面。

图 8-42 题 2 图

图 8-43 题 3 图

第 9 章 Div+CSS 布局页面

传统网站是采用表格进行布局的，但这种方式已经逐渐淡出设计舞台，取而代之的是符合 Web 标准的 Div+CSS 布局方式。随着 Web 标准在国内的逐渐普及，许多网站已经开始重构。Web 标准提出将网页的内容与表现分离，同时要求 HTML 文档具有良好的结构。

9.1 Div+CSS 布局理念

使用 Div+CSS 布局页面是当前制作网站流行的技术。网页设计师必须按照设计要求，首先搭建一个可视的排版框架，这个框架有自己在页面中显示的位置、浮动方式，然后再向框架中填充排版的细节，这就是 Div+CSS 布局页面的基本理念。

9.1.1 认识 Div+CSS 布局

传统的 HTML 标签中，既有控制结构的标签（如<title>标签和<p>标签），又有控制表现的标签（如<font>标签和<b>标签），还有本意用于结构后来被滥用于控制表现的标签（如<h1>标签和<table>标签）。页面的整个结构标签与表现标签混合在一起。

相对于其他 HTML 继承而来的元素，Div 标签的特性就是它是一种块级元素，更容易被 CSS 代码控制样式。

Div+CSS 的页面布局不仅是设计方式的转变，而且是设计思想的转变，这一转变为网页设计带来了许多便利。虽然在设计中使用的元素依然没有改变，在旧的表格布局中，也会使用到 Div 和 CSS，但它们却没有被用于页面布局。采用 Div+CSS 布局方式的优点如下。

- Div 用于搭建网站结构，CSS 用于创建网站表现，将表现与内容分离，便于大型网站的协作开发和维护。
- 缩短了网站的改版时间，设计者只要简单地修改 CSS 文件就可以轻松地改版网站。
- 强大的字体控制和排版能力，使设计者能够更好地控制页面布局。
- 使用只包含结构化内容的 HTML 代替嵌套的标签，提高搜索引擎对网页的索引效率。
- 用户可以将许多网页的风格格式同时更新。

9.1.2 正确理解 Web 标准

从使用表格布局到使用 Div+CSS 布局，有些 Web 设计者对标准理解不深，很容易步入 Web 标准的误区，主要表现在以下几个方面，希望读者学习后能对 Web 标准有新的认识。

1．表格布局的思维模式

初学者很容易认为 Div+CSS 布局就是将原来使用表格的地方用 Div 来代替，原来是表格嵌套，现在是 Div 嵌套，使用这种思维模式进行设计其效果并不理想，意义也不大。

2．标签的使用

HTML 标签是用来定义结构的，不是用来实现"表现"的。

3. CSS 与 ID

在对页面进行布局时,不需要为每个元素都定义一个 ID,并且不是每段内容都要用<div>标签进行布局,完全可以使用<p>标签加以代替,这两个标签都是块级元素,使用<div>标签仅是在浮动时便于操作。

9.1.3 将页面用 Div 分块

使用 Div+CSS 布局页面完全有别于传统的网页布局习惯,它将页面首先在整体上进行 Div 标签的分块,然后对各个块进行 CSS 定位,最后再在各个块中添加相应的内容。

Div 标签是可以被嵌套的,这种嵌套的 Div 主要用于实现更为复杂的页面排版。下面以两个示例说明嵌套的 Div 之间的关系。

【例 9-1】未嵌套的 Div 容器,本例文件的 Div 布局效果如图 9-1 所示。

代码如下。

```
<body>
<div id="top">此处显示 id "top" 的内容</div>
<div id="main">此处显示 id "main" 的内容</div>
<div id="footer">此处显示 id "footer" 的内容</div>
</body>
</html>
```

以上代码中分别定义了 id="top"、id="main"和 id="footer"的 3 个 Div 标签,它们之间是并列关系,没有嵌套。在页面布局结构中以垂直方向顺序排列。而在实际的工作中,这种布局方式并不能满足需要,经常会遇到 Div 之间的嵌套。

【例 9-2】嵌套的 Div 容器,本例文件的 Div 布局效果如图 9-2 所示。

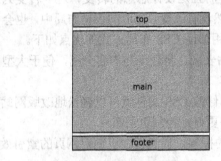 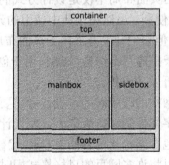

图 9-1 未嵌套的 Div　　　　图 9-2 嵌套的 Div

代码如下。

```
<body>
<div id="container">
    <div id="top">此处显示  id "top" 的内容</div>
    <div id="main">
        <div id="mainbox">此处显示  id "mainbox" 的内容</div>
        <div id="sidebox">此处显示  id "sidebox" 的内容</div>
    </div>
    <div id="footer">此处显示  id "footer" 的内容</div>
</div>
</body>
```

本例中，id="container"的 Div 作为盛放其他元素的容器，它所包含的所有元素对于 id="container"的 Div 来说都是嵌套关系。对于 id="main"的 Div 容器，则根据实际情况进行布局，这里分别定义 id="mainbox"和"sidebox"两个 Div 标签，虽然新定义的 Div 标签之间是并列的关系，但都处于 id="main"的 Div 标签内部，因此它们与 id="main"的 Div 形成一个嵌套关系。

9.2 典型的 CSS 布局样式

网页设计师为了让页面外观与结构分离，就要用 CSS 样式来规范布局。使用 CSS 样式规范布局可以让代码更加简洁和结构化，使站点的访问和维护更加容易。通过前面的学习，读者已经对页面布局的实现过程有了基本理解。

网页设计的第一步是设计版面布局。就像传统的报纸、杂志编辑一样，将网页看作一张报纸或者一本杂志来进行排版布局。通过前面的学习，已经对页面布局的实现过程有了基本理解。本节结合目前较为常用的 CSS 布局样式，向读者进一步讲解布局的实现方法。

9.2.1 两列布局样式

许多网站都有一些共同的特点，即页面顶部放置一个大的导航或广告条，右侧是链接或图片，左侧放置主要内容，页面底部放置版权信息等，如图 9-3 所示的布局就是经典的两列布局。

一般情况下，此类页面布局的两列都有固定的宽度，而且从内容上很容易区分主要内容区域和侧边栏。页面布局整体上分为上、中、下 3 部分，即 header 区域、container 区域和 footer 区域。其中的 container 又包含 mainBox（主要内容区域）和 sideBox（侧边栏），布局示意图如图 9-4 所示。

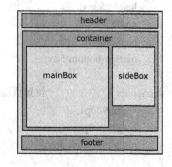

图 9-3 经典的两列布局　　　　图 9-4 两列页面布局示意图

这里以最经典的三行两列宽度固定布局为例讲解经典的两列布局。

【例 9-3】三行两列宽度固定布局。首先使用 id="wrap"的 Div 容器将所有内容包裹起来。在 wrap 内部，id="header"的 Div 容器、id="container"的 Div 容器和 id="footer"的 Div 容器把页面分成 3 部分，而中间的 container 又再被 id="mainBox"的 Div 容器和 id="sideBox"的 Div 容器分成 2 块，本例文件 9-3.html 在浏览器中的页面效果如图 9-5 所示。

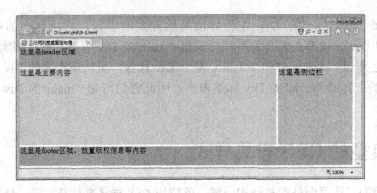

图 9-5 三行两列宽度固定布局的页面效果

代码如下。

```
<html>
<head>
<title>常用的 CSS 布局</title>
<style type="text/css">
* {
    margin:0;
    padding:0;
}
body {                  /*设置页面全局参数*/
    font-family:"华文细黑";
    font-size:20px;
}
#wrap {                 /*设置页面容器的宽度，并居中放置*/
    margin:0 auto;
    width:900px;
}
#header {               /*设置页面头部信息区域*/
    height:50px;
    width:900px;
    background:#f96;
    margin-bottom:5px;
}
#container {            /*设置页面中部区域*/
    width:900px;
    height:200px;
    margin-bottom:5px;
}
#mainBox {              /*设置页面主内容区域*/
    float:left;         /*因为是固定宽度，采用浮动方法可避免 IE 3 像素 bug*/
    width:695px;
    height:200px;
    background:#fd9;
}
#sideBox {              /*设侧边栏区域*/
    float:right;        /*向右浮动*/
```

```
            width:200px;
            height:200px;
            background:#fc6;
        }
        #footer {                      /*设置页面底部区域*/
            width:900px;
            height:50px;
            background:#f96;
        }
    </style>
</head>
<body>
<div id="wrap">
    <div id="header">这里是 header 区域</div>
    <div id="container">
        <div id="mainBox">这里是</div>
        <div id="sideBox">这里是侧边栏</div>
    </div>
    <div id="footer">这里是 footer 区域,放置版权信息等内容</div>
</div>
</body>
</html>
```

【说明】

① 两列宽度固定指的是 mainBox 和 sideBox 两个块级元素的宽度固定,通过样式控制将其放置在 container 区域的两侧。两列布局的方式主要是以 mainBox 和 sideBox 的浮动实现的。

② 需要注意的是,演示中的布局规则并不能满足实际情况的需要。例如,当 mainBox 中的内容过多时,在 Opera 浏览器和 Firefox 浏览器中就会出现错位的情况,如图 9-6 所示。

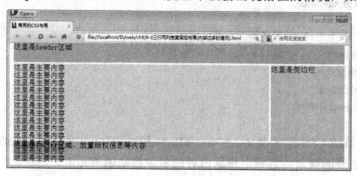

图 9-6 Opera 浏览器中 mainBox 中内容过多时的情况

对于与高度和宽度都固定的容器,当内容超过容器所容纳的范围时,可以使用 CSS 样式中的 overflow 属性将溢出的内容隐藏或设置滚动条。

如果要真正解决这个问题,就要使用高度自适应的方法,即当内容超过容器高度时,容器能够自动地延展。要实现这种效果,就要修改 CSS 样式的定义。首先要做的是删除样式中容器的高度属性,并将其后面的元素清除浮动。

下面的示例讲解了如何对 CSS 样式进行修改。

【例 9-4】使用高度自适应的方法进行三行两列宽度固定布局。在例 9-3 的基础上,删除

CSS 样式中 container、mainBox 和 sideBox 的高度,并且清除 footer 的浮动效果,本例文件 9-4.html 在浏览器中的页面效果如图 9-7 所示。

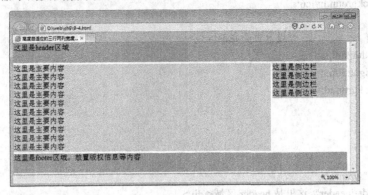

图 9-7　高度自适应的三行两列宽度固定布局的页面效果

修改 container、mainBox、sideBox 和 footer 的 CSS 定义,代码如下。

```
#container {              /*设置页面中部区域*/
    margin-bottom:5px;
}
#mainBox {                /*设置页面主内容区域*/
    float:left;           /*因为是固定宽度,采用浮动方法可避免 IE 3 像素 bug*/
    width:695px;
    background:#fd9;
}
#sideBox {                /*设侧边栏区域*/
    float:right;
    width:200px;
    background:#fc6;
}
#footer {                 /*设置页面底部区域*/
    clear:both;           /*清除 footer 的浮动效果*/
    width:900px;
    height:50px;
    background:#f96;
}
```

【说明】通过修改 CSS 样式定义,在<mainBox>和<sideBox>标签内部添加任何内容,都不会出现溢出容器之外的现象,容器会根据内容的多少自动调节高度。

9.2.2　三列布局样式

三列布局在网页设计时更为常用,如图 9-8 所示。对于这种类型的布局,浏览者的注意力最容易集中在中栏的信息区域,其次才是左右两侧的信息。

三列布局与两列布局相似,在处理方式上可以利用两列布局结构的方式处理,如图 9-9 所示的就是 3 个独立的列组合而成的三列布局。三列布局仅比两列布局多了一列内容,无论形式上怎么变化,最终还是基于两列布局结构演变出来的。

图 9-8 经典的三列布局

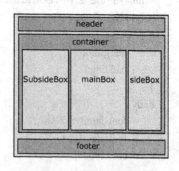
图 9-9 三列页面布局示意图

1. 两列定宽中间自适应的三列结构

设计人员可以利用负边距原理实现两列定宽中间自适应的三列结构,这里负边距值指的是将某个元素的 margin 属性值设置成负值,对于使用负边距的元素可以将其他容器"吸引"到身边,从而解决页面布局的问题。

【例 9-5】两列定宽中间自适应的三列结构。页面中 id="container"的 Div 容器包含了主要内容区域(mainBox)、次要内容区域(subsideBox)和侧边栏(sideBox),效果如图 9-10 所示。如果将浏览器窗口进行缩放,可以看到中间列自适应宽度的效果,效果如图 9-11 所示。

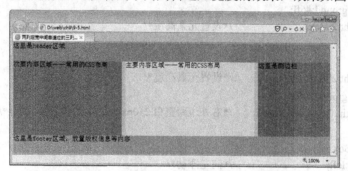
图 9-10 两列定宽中间自适应的三列结构的页面效果

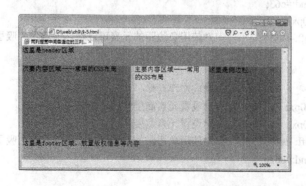
图 9-11 中间列自适应宽度的效果(浏览器窗口缩小时的状态)

代码如下。

```html
<html>
<head>
<title>两列定宽中间自适应的三列结构</title>
<style type="text/css">
* {
    margin:0;
    padding:0;
}
body {
    font-family:"宋体";
    font-size:18px;
    color:#000;
}
#header {
    height:50px;           /*设置元素高度*/
    background:#0cf;
}
#container {
    overflow:auto;         /*溢出自动延展*/
}
#mainBox {
    float:left;            /*向左浮动*/
    width:100%;
    background:#6ff;
    height:200px;          /*设置元素高度*/
}
#content {
    height:200px;          /*设置元素高度*/
    background:#ff0;
    margin:0 210px 0 310px;  /*右外边距空白210px，左外边距空白310px*/
}
#submainBox {
    float:left;            /*向左浮动*/
    height:200px;          /*设置元素高度*/
    background:#c63;
    width:300px;
    margin-left:-100%;     /*使用负边距的元素可以将其他容器"吸引"到身边*/
}
#sideBox {
    float:left;            /*向左浮动*/
    height:200px;          /*设置元素高度*/
    width:200px;           /*设置元素宽度*/
    margin-left:-200px;    /*使用负边距的元素可以将其他容器"吸引"到身边*/
    background:#c63;
}
#footer {
    clear:both;            /*清除浮动*/
    height:50px;           /*设置元素高度*/
```

```
            background:#3cf;
        }
    </style>
</head>
<body>
<div id="header">这里是 header 区域</div>
<div id="container">
    <div id="mainBox">
        <div id="content">主要内容区域——常用的 CSS 布局</div>
    </div>
    <div id="submainBox">次要内容区域——常用的 CSS 布局</div>
    <div id="sideBox">这里是侧边栏</div>
</div>
<div id="footer">这里是 footer 区域，放置版权信息等内容</div>
</body>
</html>
```

【说明】本例中的主要内容区域（mainBox）中包含具体内容区域（content），设计思路是利用 mainBox 的浮动特性，将其宽度设置为 100%，再结合 content 的左右外边距留下的空白，并利用负边距原理将次要内容区域（subsideBox）和侧边栏（sideBox）"吸引"到身边。

2．三列自适应结构

9.2.1 节讲解的示例中左右两列都是固定宽度的，能否将其中一列或两列都变成自适应结构呢？首先，介绍一下三列自适应结构的特点，如下所示。

- 三列都设置为自适应宽度。
- 中间列的主要内容首先出现在网页中。
- 可以允许任意一个列的内容为最高。

下面演示如何实现三列自适应结构。

【例 9-6】三列自适应结构。三列自适应结构的页面效果如图 9-12 所示。将浏览器窗口进行缩放，可以清楚地看到三列自适应宽度的效果，如图 9-13 所示。

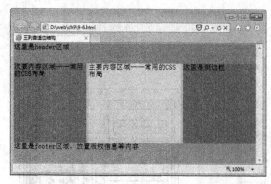
图 9-12　三列自适应结构的页面效果

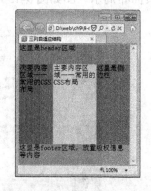
图 9-13　浏览器窗口缩小时的状态

本例只修改了 content、submainBox 和 sideBox 元素的 CSS 定义，代码如下。

```
#content {
    height:200px;                /*设置元素高度*/
    background:#ff0;
```

```
        margin:0 31% 0 31%;        /*设置外边距左右距离为自适应*/
    }
    #submainBox {
        float:left;                /*向左浮动*/
        height:200px;              /*设置元素高度*/
        background:#c63;
        width:30%;                 /*设置宽度为30%*/
        margin-left:-100%;         /*设置负边距为-100%*/
    }
    #sideBox {
        float:left;                /*向左浮动*/
        height:200px;              /*设置元素高度*/
        width:30%;                 /*设置宽度为30%*/
        margin-left:-30%;          /*设置负边距为-30%*/
        background:#c63;
    }
```

【说明】要实现三列自适应结构,要从改变列的宽度入手。首先,要将 submainBox 和 sideBox 两列的宽度设置为自适应。其次,要调整左右两列有关负边距的属性值。最后,要对内容区域 content 容器的外边距 margin 值加以修改。

在读者掌握了典型的页面布局之后,接下来讲解两个综合案例进一步巩固布局的知识。

9.3 综合案例——制作珠宝商城博客页面

本节主要讲解珠宝商城博客页面的制作,重点讲解使用 Div+CSS 布局页面的相关知识。
页面布局规划如下。
页面布局的首要任务是弄清网页的布局方式,分析版式结构,待整体页面搭建有明确规划后,再根据成熟的规划切图。
珠宝商城博客页面采用的是典型的三行两列宽度固定的布局模式,页面显示效果如图 9-14 所示,页面布局示意图如图 9-15 所示。

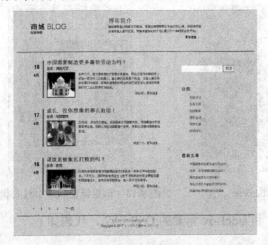
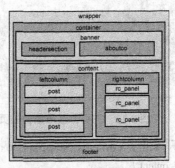

图 9-14 珠宝商城博客页面   图 9-15 页面布局示意图

页面中的主要内容包括网站 Logo、菜单、表单、列表、图文混排及版权区域。
制作过程如下。

1. 前期准备

（1）栏目目录结构

在栏目文件夹下创建文件夹 images 和 css，分别用来存放图像素材和外部样式表文件。

（2）页面素材

将本页面需要使用的图像素材存放在文件夹 images 下。

（3）外部样式表

在文件夹 css 下新建一个名为 style.css 的样式表文件。

2. 制作页面

（1）制作页面的 CSS 样式

打开建立的 style.css 文件，定义页面的 CSS 规则，代码如下。

```
body {                              /*设置页面整体样式*/
    margin:0;
    padding:0;
    line-height: 1.5em;             /*设置行高是字符的 1.5 倍*/
    font-family: Arial, Helvetica, sans-serif;
    font-size: 11px;
    color: #333333;                 /*设置文字颜色为深灰色*/
    background-color: #ede4bb;      /*设置背景颜色为土黄色*/
}
a:link, a:visited {
    color: #333333;                 /*设置正常链接和访问过链接颜色为深灰色*/
    text-decoration: none;          /*链接无修饰*/
}
a:hover {
    color: #9791ad;                 /*设置悬停链接颜色为蓝灰色*/
}
h1 {                                /*设置 h1 标题的样式*/
    margin: 0px;
    padding: 0px 0px 5px 0px;
    font-size: 22px;
    font-weight: bold;              /*字体加粗*/
    color:#666666;
}
h2 {                                /*设置 h2 标题的样式*/
    margin: 0px;
    padding: 0px 0px 5px 0px;
    font-size: 20px;
    font-weight: bold;              /*字体加粗*/
    color:#363340;
}
h3 {                                /*设置 h3 标题的样式*/
    margin: 0px;
```

```
        padding-bottom: 10px;
        font-size: 16px;
        font-weight: bold;            /*字体加粗*/
        color: #363340;
    }
    h4 {                              /*设置 h4 标题的样式*/
        margin: 0px;
        font-weight: normal;          /*字体正常粗细*/
        padding-bottom: 3px;
        font-size: 12px;
        color: #FFFFFF;
        text-decoration: none;        /*无修饰*/
    }
    p {                               /*段落样式*/
        margin: 0 0 5px 0;
        font-size: 11px;
        text-align: justify;          /*两端对齐*/
    }
    .readmore_black a{                /*设置更多信息链接样式*/
        clear: both;                  /*清除所有浮动*/
        float: right;                 /*向右浮动*/
        display: block;
        width: 80px;
        height: 18px;
        padding-top: 2px;             /*设置上内边距为 2px*/
        text-align: center;
        color: #000000;
        text-decoration: none;        /*链接无修饰*/
    }
    .readmore_black   a:hover {       /*设置更多信息鼠标悬停链接样式*/
        color: #9791ad;               /*设置悬停链接颜色为蓝灰色*/
    }
    #container {                      /*设置整个页面容器的样式*/
        margin: 0px auto;             /*容器自动居中*/
        width: 900px;
    }
    #banner{                          /*设置页面顶部区域的样式*/
        width: 900px;
        height: 150px;
        padding: 0;
        border-bottom: 2px solid #403d4a; /*顶部区域下边框为 2px 深色实线*/
    }
    #banner p{                        /*设置页面顶部区域段落的样式*/
        padding: 0px;
        color: #333333;
        text-align: justify;          /*两端对齐*/
    }
    .headersection {                  /*设置页面顶部区域网站标志区域的样式*/
```

```css
        float: left;                    /*向左浮动*/
        width: 300px;
        height: 80px;
        padding: 50px 0 0 50px;
        color: #FFCC00;
        font-size: 28px;
        font-weight: bold;              /*字体加粗*/
    }
    .sitetitle {                        /*网站标志区域标题的样式*/
        color: #000000;
        font-size: 28px;
        font-weight: bold;
        padding-bottom: 5px;            /*设置标题文字下内边距为5px*/
    }
    .sitetitle span{                    /*标题中局部文字的样式*/
        color:#666666;
        font-weight: normal;            /*字体正常粗细*/
    }
    .aboutco {                          /*设置页面顶部博客简介区域的样式*/
        float: right;                   /*向右浮动*/
        width: 350px;
        padding: 30px 200px 0 0;
    }
    #content {                          /*设置页面主体内容区域的样式*/
        float: left;                    /*向左浮动*/
        width: 900px;
    }
    #leftcolumn {                       /*设置页面主体内容区域左侧的样式*/
        float: left;
        width: 510px;
        padding: 30px 0px 0px 50px;
    }
    .post {                             /*内容区域左侧最新发布博文的样式*/
        float: left;                    /*向左浮动*/
        width: 500px;
        padding-bottom: 40px;           /*设置博文下内边距为40px*/
    }
    .postbody {                         /*最新发布博文内容区域的样式*/
        float: left;
        width: 435px;
        padding-left: 12px;
        border-left: 5px solid #666666; /*区域左边框为5px深灰色实线*/
    }
    .postbody img {                     /*最新发布博文图片的样式*/
        float: left;                    /*向左浮动*/
        margin-right: 10px;             /*图片右外边距为10px*/
        border: 3px solid #333333;      /*图片四周边框为3px深灰色实线*/
    }
```

```css
.posttext{                              /*最新发布博文内容区域文字的样式*/
    float: left;                        /*向左浮动*/
    width: 310px;
}
.postdate {                             /*最新发布博文编号的样式*/
    float: left;
    width: 35px;
    height: 50px;
    padding: 15px 0 0 13px;
    font-size: 20px;
    color: #000000;
    font-weight: bold;                  /*字体加粗*/
}
.month {                                /*最新发布博文月份的样式*/
    clear: both;
    padding: 15px 0 0 0;
    font-size:12px;
}
.tagline {                              /*最新发布博文作者的样式*/
    font-size: 12px;
    font-weight: bold;                  /*字体加粗*/
    margin-bottom: 5px;
}
.comment_more {                         /*博文更多信息区域的样式*/
    clear: both;
    width: 310px;
    text-align: right;                  /*文字右对齐*/
    height: 20px;
}
.comment_more span {                    /*博文更多信息区域评论文字的样式*/
    padding-left: 15px;
}
.paging{                                /*最新发布博文分页的样式*/
    clear: both;                        /*清除所有浮动*/
    width: 510px;
    height: 25px;
    margin-bottom: 10px;
}
.paging a{                              /*最新发布博文分页超链接的样式*/
    float: left;
    height: 22px;
    padding: 3px 10px 0 10px;
    text-align: center;                 /*文字居中对齐*/
    font-size: 12px;
    margin-right: 5px;
    text-decoration: none;              /*链接无修饰*/
}
#rightcolumn {                          /*设置页面主体内容区域右侧的样式*/
```

```css
        float: right;              /*向右浮动*/
        width: 250px;
        padding: 30px 50px 0 0;
}
.rc_panel {                        /*右侧区域子栏目的样式*/
        width: 250px;
        margin-bottom: 20px;
}
.rc_paneltop{                      /*右侧区域每个子栏目上方分隔区域的样式*/
        width: 250px;
        height: 10px;
}
.rc_panelbottom{                   /*右侧区域每个子栏目下方分隔区域的样式*/
        width: 250px;
        height: 10px;
}
.rc_panelbody {                    /*每个子栏目内容容器的样式*/
        padding: 10px 0 20px 25px;
}
.rc_panel form {                   /*表单子栏目中表单的样式*/
        padding: 0 0 10px 0;
        margin: 0px;
}
.textfield {                       /*表单子栏目中文本域的样式*/
        float: left;
        height: 19px;
        width: 150px;
}
.button {                          /*表单子栏目中按钮的样式*/
        float: left;               /*向左浮动*/
        display: block;
        width: 42px;
        height: 25px;
        text-align: center;        /*文字居中对齐*/
        color: #666666;
        text-decoration: none;
        border: 1px solid #403d4a; /*按钮四周边框为 1px 灰色实线*/
}
.rc_panelbody ul{                  /*子栏目内容容器中列表的样式*/
        margin: 0px;
        padding: 0 0 0 10px;
}
.rc_panelbody li{                  /*子栏目内容容器中列表项的样式*/
        padding: 4px 0px 4px 0px;
        list-style: none;          /*列表无样式*/
        color: #666666;
}
.rc_panelbody li a{                /*列表项链接的样式*/
```

```css
        padding-left: 20px;
        color: #666666;
        text-decoration: none;
}
.rc_panelbody li a:hover{           /*列表项鼠标悬停链接的样式*/
        color: #9791ad;
        text-decoration: none;
}
#footer {                           /*页面底部版权区域的样式*/
        clear: both;
        width: 860px;
        height: 50px;
        padding: 10px 40px 0px 0px;
        text-align: center;
        color: #333333;
        line-height: 18px;
        border-top: 2px solid #403d4a;/*底部区域上边框为 2px 深色实线*/
}
#footer a{                          /*页面底部版权区域超链接的样式*/
        color: #999999;
        text-decoration: none;
}
#footer a:hover{                    /*页面底部版权区域鼠标悬停链接的样式*/
        text-decoration: underline;  /*链接加下画线*/
}
```

(2)制作页面的网页结构代码

为了使读者对页面的样式与结构有一个全面的认识，最后说明整个页面（blog.html）的结构代码，代码如下。

```html
<!doctype html>
<html>
<head>
<meta charset="gb2312">
<title>珠宝商城博客</title>
<link href="css/style.css" rel="stylesheet" type="text/css" />
</head>
<body>
<div id="container_wrapper">
  <div id="container">
    <div id="banner">
      <div class="headersection">
        <div class="sitetitle">商城<span> BLOG</span></div>
        <p>百家争鸣</p>
      </div>
      <div class="aboutco">
        <h1>博客简介</h1>
        <p>商城博客是以网络作为载体，简易迅速便捷……（此处省略文字）</p>
        <div class="readmore_black"><a href="#">更多信息</a></div>
```

```html
        </div>
      </div>
      <div id="content">
        <div id="leftcolumn">
          <div class="post">
            <div class="postdate">18
              <div class="month">6 月</div>
            </div>
            <div class="postbody">
              <h2>中国需要制造更多廉价劳动力吗？</h2>
              <div class="tagline">发表：海阔天空<span></span></div>
              <img src="images/photo04.gif" alt="" />
              <div class="posttext">
                <p>去年六月，富士康首席执行官郭台铭宣布，……（此处省略文字）</p>
                <div class="comment_more">
                  <span>评论(6) </span>- <a href="#/">更多信息...</a>
                </div>
              </div>
            </div>
          </div>
          <div class="post">
            <div class="postdate">17
              <div class="month">6 月</div>
            </div>
            <div class="postbody">
              <h2>成长，没你想象的那么迫切！</h2>
              <div class="tagline">发表：哈姆雷特</div>
              <img src="images/photo02.gif" alt="" />
              <div class="posttext">
                <p align="left">20 多岁，你迷茫又着急。……（此处省略文字）</p>
                <p> </p>
                <div class="comment_more">
                  <span><span>评论(11) </span>- </span><a href="#/">更多信息...</a>
                </div>
              </div>
            </div>
          </div>
          <div class="post">
            <div class="postdate">16
              <div class="month">6 月</div>
            </div>
            <div class="postbody">
              <h2>课改是被家长打败的吗？</h2>
              <div class="tagline">发表：麦兜</div>
              <img src="images/photo03.gif" alt="" />
              <div class="posttext">
                <p>以减负和素质教育为初衷课改施行 9 年后……（此处省略文字）</p>
                <div class="comment_more">
```

```html
              <span><span>评论(18) </span> - </span><a href="#/">更多信息...</a>
            </div>
          </div>
        </div>
      </div>
      <div class="paging"> <a href="#/">1</a><a href="#/">2</a><a href="#/">3</a><a href="#/">4</a><a href="#/">下一页</a> </div>
</div>
<div id="rightcolumn">
  <div class="rc_panel">
    <div class="rc_paneltop"></div>
    <div class="rc_panelbody">
      <form method="post" action="#/">
        <input class="textfield" name="search" type="text" id="keyword"/>
        <input class="button" type="submit" name="Submit" value="搜索" />
      </form>
    </div>
    <div class="rc_panelbottom"></div>
  </div>
  <div class="rc_panel">
    <div class="rc_paneltop"></div>
    <div class="rc_panelbody">
      <h3>分类</h3>
      <ul>
        <li><a href="#">财经资讯</a></li>
        <li><a href="#">生活点滴</a></li>
        <li><a href="#">时政要闻</a></li>
        <li><a href="#">娱乐运动</a></li>
        <li><a href="#">游戏长廊</a></li>
        <li><a href="#">休闲时光</a></li>
      </ul>
    </div>
    <div class="rc_panelbottom"></div>
  </div>
  <div class="rc_panel">
    <div class="rc_paneltop"></div>
    <div class="rc_panelbody">
      <h3>最新文章</h3>
      <ul>
        <li><a href="#">中国需要制造更多廉价劳动力</a></li>
        <li><a href="#">成长，没你想象的那么迫切！</a></li>
        <li><a href="#">课改是被家长打败的吗？</a></li>
        <li><a href="#">有多少孩子为自由梦想而求知</a></li>
        <li><a href="#">高富帅电视相亲被当场揭穿</a></li>
      </ul>
    </div>
    <div class="rc_panelbottom"></div>
  </div>
```

```
            </div>
         </div>
         <div id="footer">
            <a href="#">首页</a> |<a href="#">关于</a>| <a href="#">档案</a> | <a href="#">服务
            </a> |<a href="#">联系</a><br />
            Copyright &copy; 2017 <a href="#">珠宝商城</a>| 设计人 <a href="#">海阔天空</a>
         </div>
      </div>
   </div>
  </body>
</html>
```

9.4 综合案例——制作珠宝商城网络服务中心页面

本节主要讲解珠宝商城网络服务中心页面的制作，重点讲解使用 Div+CSS 布局页面的相关知识。

9.4.1 页面布局规划

页面布局的首要任务是弄清网页的布局方式，分析版式结构，待整体页面搭建有明确规划后，再根据成熟的规划切图。

通过成熟的构思与设计，珠宝商城网络服务中心的效果如图 9-16 所示，页面布局示意图如图 9-17 所示。页面中的主要内容包括网站 Logo、广告条、横向导航菜单、纵向导航菜单、图文混排及版权区域。

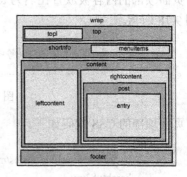

图 9-16 商城网络服务中心页面的效果　　　　图 9-17 页面布局示意图

9.4.2 页面的制作过程

1. 前期准备

（1）栏目目录结构

在栏目文件夹下创建文件夹 images 和 css，分别用来存放图像素材和外部样式表文件。

（2）页面素材

将本页面需要使用的图像素材存放在文件夹 images 下。

（3）外部样式表

在文件夹 css 下新建一个名为 div.css 的样式表文件。

2. 制作页面

div.css 中各区域的样式设计如下。

（1）页面整体的制作

页面整体 body、整体容器 wrap 和图片样式的 CSS 定义代码如下。

```css
body {                              /*设置页面整体样式*/
    margin: 0pt;
    padding: 0pt;
    font-family: 宋体;
    font-size: 11px;                /*设置文字大小为11px*/
    color: rgb(102, 102, 102);      /*设置默认文字颜色为灰色*/
}
.wrap {                             /*设置页面容器样式*/
    margin: 0pt auto;               /*自动水平居中*/
    background: url('../images/main_bg.gif') repeat-y center top; /*背景图像垂直重复*/
    width: 762px;
}
img {                               /*设置图片样式*/
    border: 0px none;               /*图片无边框*/
    margin: 0pt;
    padding: 0pt;
}
```

（2）页面顶部的制作

页面顶部的内容被放置在名为 top 的 Div 容器中，主要用来显示网站的标志图片和文字，如图 9-18 所示。

图 9-18 页面顶部的显示效果

页面顶部的 CSS 代码如下。

```css
.top {                              /*设置页面顶部容器样式*/
    background: url('../images/main_bg.gif') repeat-y center top;/*背景图像垂直重复*/
    height: 83px;
    clear: both;
    width: 702px;
```

```css
        padding-left: 30px;          /*容器左内边距30px*/
        padding-right: 30px;         /*容器右内边距30px*/
    .topl {                          /*设置页面顶部容器左端区域样式*/
        background: url('../images/top_paint.gif') no-repeat left center;/*背景图像无重复左端中央对齐*/
        float: left;                 /*向左浮动*/
        width: 350px;
        height: 83px;
    }
    .topl h1 {                       /*设置左端区域h1标题样式*/
        margin: 0px 40px;
        padding: 25px 0pt 0pt;
        background-color: rgb(255, 255, 255);
        font-size: 26px;             /*设置文字大小为26px*/
        font-weight: normal;         /*字体正常粗细*/
    }
    .topl h1 a {                     /*设置左端区域h1标题超链接样式*/
        color: #08519C;              /*文字颜色为青色*/
        text-decoration: none;       /*链接无修饰*/
    }
```

（3）页面广告条及菜单的制作

页面广告条及菜单被放置在名为 shortnfo 的 Div 容器中，主要用来显示页面的主题图片和主导航菜单，如图 9-19 所示。

图 9-19 页面广告条及菜单的显示效果

页面广告条及菜单的 CSS 代码如下。

```css
    .shortnfo {                      /*设置广告条及菜单容器样式*/
        background: url('../images/header.jpg') no-repeat center top; /*背景图像无重复顶端中央对齐*/
        height: 225px;
        font-family: Tahoma, Arial, Helvetica, sans-serif;
        font-size: 12px;
    }
    .shortnfo .menuitems {           /*设置广告条容器中菜单区域样式*/
        padding: 12px 34px 30px 30px;
        text-align: right;           /*文字右对齐*/
    }
    .shortnfo ul {                   /*设置菜单区域中无序列表样式*/
        margin: 0px;
        list-style-type: none;       /*列表项无样式类型*/
        list-style-image: none;
        list-style-position: outside;
```

```css
}
.shortnfo li {                              /*列表项样式*/
    padding: 0pt 9px;                       /*上、右、下、左的内边距依次为 0px、9px、0px、9px*/
    display: inline;                        /*内联元素*/
}
.shortnfo li a:link, .shortnfo li a:visited {   /*列表项正常链接和访问过链接样式*/
    margin: 0px;
    color:#08519C;                          /*文字颜色为青色*/
    text-decoration: none;
}
.shortnfo li a:hover {                      /*列表项悬停链接样式*/
    margin: 0px;
    color: rgb(176, 0, 0);
    text-decoration: underline;             /*加下画线*/
}
```

(4)页面中部的制作

页面中部的内容被放置在名为 content 的 Div 容器中，包括左侧区域和右侧区域。左侧区域主要用来显示服务中心市场营销和项目合作菜单的内容，右侧区域主要用来显示服务中心的图文混排的简介信息，如图 9-20 所示。

图 9-20 页面中部的效果

页面中部的 CSS 代码如下。

```css
.content {                                  /*设置主体内容容器样式*/
    clear: both;                            /*清除所有浮动*/
    width: 762px;
}
.content .leftColumn {                      /*设置主体内容左侧区域样式*/
    margin: 0pt;
    padding: 10px 8px 10px 25px;/*上、右、下、左的内边距依次为 10px、8px、10px、25px*/
    float: left;                            /*向左浮动*/
    width: 225px;
}
.leftColumn h2, .leftColumn h2 a { /*设置左侧区域 h2 标题及标题内链接的样式*/
    font-size: 20px;
```

```css
    }
    .leftColumn ul {              /*设置左侧区域无序列表样式*/
        margin: 0pt;
        padding: 0pt 0pt 5px;
        font-size: 12px;
        font-family: "宋体";
        list-style-type: none;     /*列表项无样式类型*/
    }
    .leftColumn li {              /*设置列表项样式*/
        margin: 7px 0px;
        padding-left:30px;         /*左内边距 30px*/
    }
    .leftColumn a:link, .leftColumn a:visited {/*左侧区域正常链接和访问过链接样式*/
        color: rgb(102, 102, 102);
        font-weight: normal;       /*字体正常粗细*/
        text-decoration: none;
    }
    .leftColumn a:hover {         /*左侧区域悬停链接样式*/
        color: rgb(176, 0, 0);
        font-weight: bold;         /*字体加粗*/
        text-decoration: none;
    }
    .content .rightColumn {       /*设置主体内容左侧区域样式*/
        padding: 15px 0px 10px 8px;
        float: left;               /*向左浮动*/
        width: 470px;
    }
    .rightColumn h2, .rightColumn h2 a {/*设置右侧区域 h2 标题及标题内链接的样式*/
        margin: 0pt;
        padding: 0pt;
        font-size: 18px;
        color: rgb(85, 85, 85);    /*文字深灰色*/
        letter-spacing: 0px;
        font-weight: normal;       /*字体正常粗细*/
        text-decoration: none;
    }
    .rightColumn h2 a:hover {     /*设置右侧区域 h2 标题悬停链接的样式*/
        margin: 0pt;
        padding: 0pt;
        font-size: 18px;
        color: rgb(180, 0, 0);     /*文字红色*/
        letter-spacing: 0px;
        font-weight: normal;       /*字体正常粗细*/
        text-decoration: none;
    }
    .post {                        /*设置右侧区域内容容器样式*/
        margin: 0pt 0pt 20px;
    }
```

```css
.entry {                              /*设置内容容器中不包含欢迎信息区域的样式*/
    padding:5px;                      /*内边距 5px*/
}
.center p {                           /*设置内容容器段落样式*/
    margin: 5px 0px;
    font-size:12px;
    line-height:1.5;                  /*设置行高是字符的 1.5 倍*/
    text-indent:2em;                  /*首行缩进*/
}
.post img {                           /*设置内容容器中图片样式*/
    margin-right:10px;                /*图片右外边距 10px，以便和右侧的文字留有一定的空隙*/
}
```

（5）页面底部的制作

页面底部的内容被放置在名为 footer 的 Div 容器中，用来显示版权信息，如图 9-21 所示。

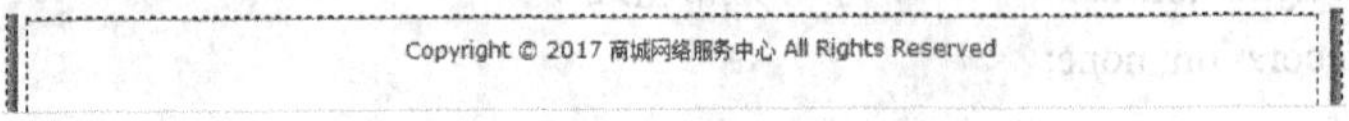

Copyright © 2017 商城网络服务中心 All Rights Reserved

图 9-21　页面底部的效果

页面底部的 CSS 代码如下。

```css
.footer {                             /*设置页面底部容器样式*/
    width: 702px;
    height: 40px;
    margin-left:12px;
    padding-top: 10px;
    padding-left: 34px;
    border-top:1px solid #999;        /*容器上边框为 1px 灰色实线*/
    clear: both;
    font-family: Verdana, Geneva, Arial, Helvetica, sans-serif;
    font-size: 12px;
    color: #08519C;
}
.footer p {                           /*设置页面底部容器中段落的样式*/
    text-align:center;                /*文字居中对齐*/
    margin: 0pt;
    padding: 0pt;
}
```

（6）网页结构文件

为了使读者对页面的样式与结构有一个全面的认识，最后说明整个页面（index.html）的结构代码，代码如下。

```html
<!doctype html>
<html>
    <head>
        <meta charset="gb2312">
        <title>珠宝商城网络服务中心</title>
        <link href="css/div.css" rel="stylesheet" type="text/css" />
    </head>
    <body>
```

```html
<div class="wrap">
  <div class="top">
    <div class="topl">
      <h1><a href="#">商城网络服务中心</a></h1>
    </div>
  </div>
  <div class="shortnfo">
    <div class="menuitems">
      <ul>
        <li><a href="#"><strong>首页</strong></a></li>
        <li><a href="#"><strong>关于</strong></a></li>
        <li><a href="#"><strong>产品展示</strong></a></li>
        <li><a href="#"><strong>技术服务</strong></a></li>
        <li><a href="#"><strong>联系我们</strong></a></li>
      </ul>
    </div>
  </div>
  <div class="content">
    <div class="leftColumn">
      <h2>市场营销</h2>
      <ul>
        <li><a href="#">营销网络</a></li>
        <li><a href="#">营销管理</a></li>
        <li><a href="#">营销方案</a></li>
        <li><a href="#">营销策略</a></li>
      </ul>
      <h2>项目合作</h2>
      <ul>
        <li><a href="#">项目加盟</a></li>
        <li><a href="#">技术开发</a></li>
        <li><a href="#">项目培训</a></li>
        <li><a href="#">团队建设</a></li>
        <li><a href="#">项目融资</a></li>
        <li><a href="#">服务指南</a></li>
      </ul>
    </div>
    <div class="rightColumn">
      <div class="center">
        <div class="post">
          <h2><a href="#" rel="bookmark">欢迎走进商城网络服务中心</a></h2>
          <div class="entry"> <img src="images/pic1.jpg" alt="fotos" align="left" />
            <p>商城网络服务中心成立于 2007 年 9 月，……（此处省略文字）</p>
            <img src="images/pic2.jpg" alt="fotos" align="right" />
            <p>中心组建商务产业研究脑库机构和产业联盟，……（此处省略文字）</p>
            <p>中心举办电子商务产业培训、国内外电子商务……（此处省略文字）</p>
          </div>
        </div>
      </div>
```

```
            </div>
         </div>
         <div class="footer">
            <p>Copyright &copy; 2017  商城网络服务中心  All Rights Reserved</p>
         </div>
      </div>
   </body>
</html>
```

习题 9

1. 制作如图 9-22 所示的三行两列固定宽度型布局。
2. 制作如图 9-23 所示的三行三列固定宽度型布局。

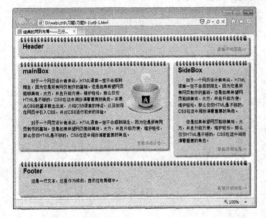
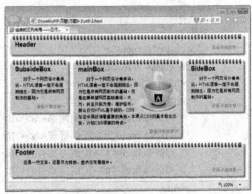

图 9-22　题 1 图　　　　　　　　　　　图 9-23　题 2 图

3. 综合使用 Div+CSS 布局技术创建如图 9-24 所示的页面。

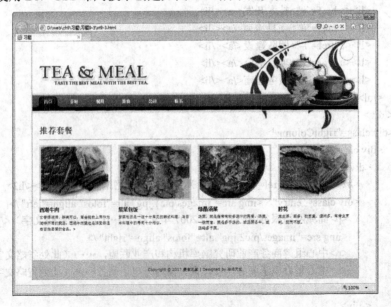

图 9-24　题 3 图

4. 综合使用 Div+CSS 布局技术创建如图 9-25 所示的页面。

图 9-25　题 4 图

5. 综合使用 Div+CSS 布局技术创建如图 9-26 所示的页面。

图 9-26　题 5 图

第 10 章 网页行为语言——JavaScript

在 Web 标准中，使用 HTML 设计网页的结构，使用 CSS 设计网页的表现，使用 JavaScript 制作网页的特效。CSS 样式表可以控制和美化网页的外观，但是对网页的交互行为却无能为力，此时脚本语言提供了解决方案。本章讲述的就是实现网页交互与特效的行为语言——JavaScript。

10.1 JavaScript 概述

JavaScript 是一种基于对象和事件驱动并具有相对安全性的客户端脚本语言。同时也是一种广泛用于客户端 Web 开发的脚本语言，常用来给 HTML 网页添加动态功能。

脚本（Script）实际上就是一段程序，用来完成某些特殊的功能。脚本程序既可以在服务器端运行（称为服务器脚本，如 ASP 脚本、PHP 脚本等），也可以直接在浏览器端运行（称为客户端脚本）。

JavaScript 具有非常丰富的特性，是一种动态、弱类型、基于原型的语言，内置支持类。JavaScript 可与 HTML、CSS 一起实现在一个 Web 页面中链接多个对象及与 Web 客户交互的作用，从而开发出客户端的应用程序。JavaScript 通过嵌入或调入到 HTML 文档中实现其功能，它弥补了 HTML 语言的不足，是 Java 与 HTML 折中的选择。JavaScript 的开发环境很简单，不需要 Java 编译器，而是直接运行在浏览器中，因此备受网页设计者的喜爱。

作为一个运行于浏览器环境中的语言，JavaScript 被设计用来向 HTML 页面添加交互行为，利用它可以完成以下任务。

- 响应事件：页面加载完成或单击某个 HTML 元素时，调用指定的 JavaScript 程序。
- 读写 HTML 元素：JavaScript 程序可以读取及改变当前 HTML 页面内某个元素的内容。
- 验证用户输入的数据：在数据被提交到服务器之前验证这些数据。
- 检测访问者的浏览器：根据所检测到的浏览器，为这个浏览器载入相应的页面。
- 创建 cookies：存储和取回位于访问者的计算机中的信息。

10.2 在网页中调用 JavaScript

在网页中调用 JavaScript 有 3 种方法：直接加入 HTML 文档、链接脚本文件和在 HTML 标签内添加脚本。

1. 直接加入 HTML 文档

JavaScript 的脚本程序包括在 HTML 中，使之成为 HTML 文档的一部分。其格式为：

```
<script type="text/javascript">
    JavaScript 语言代码；
    JavaScript 语言代码；
    …
```

        </script>
语法说明：

script：脚本标记。它必须以<script type="text/javascript">开头，以</script>结束，界定程序开始的位置和结束的位置。

script在页面中的位置决定了什么时候装载脚本，如果希望在其他所有内容之前装载脚本，就要确保脚本在页面的<head>…</head>之间。

JavaScript脚本本身不能独立存在，它是依附于某个HTML页面在浏览器端运行的。在编写JavaScript脚本时，可以像编辑HTML文档一样，在文本编辑器中输入脚本的代码。

需要注意的是，HTML中不能省略</script>标签，这种标签不符合HTML规范，所以得不到某些浏览器的正确解析。另外，最好将<script>标签放在</body>标签之前，这样能使浏览器更快地加载页面。

2．链接脚本文件

如果已经存在一个脚本文件（以js为扩展名），则可以使用script标记的src属性引用外部脚本文件的URL。采用引用脚本文件的方式，可以提高程序代码的利用率。其格式为：

  <head>
  …
  <script type="text/javascript" src="脚本文件名.js"></script>
  …
  </head>

type="text/javascript"属性定义文件的类型是javascript。src属性定义.js文件的URL。

如果使用src属性，则浏览器只使用外部文件中的脚本，并忽略任何位于<script>…</script>之间的脚本。脚本文件可以用任何文本编辑器（如记事本）打开并编辑，一般脚本文件的扩展名为.js，内容是脚本，不包含HTML标记。其格式为：

  JavaScript语言代码; // 注释
  …
  JavaScript语言代码;

3．在HTML标签内添加脚本

可以在HTML表单的输入标签内添加脚本，以响应输入的事件。

10.3 JavaScript基本交互方法

JavaScript与浏览者交互有多种方法，本节讲解其中比较常用的3种方法，即alert()、confirm()和prompt()。这3种交互方法属于windows对象，不会对HTML文档产生影响，在编写代码时可以省略对象的引用，即直接使用方法声明。

10.3.1 信息对话框

信息对话框在网站中非常常见，用于告诉浏览者某些信息，浏览者必须单击"确定"按钮才能关闭对话框，否则页面无法操作，这种互动方式充分说明了对话框不属于HTML文档。其格式为：

  alert("信息内容");

信息内容可以是一个表达式。不过,最终 alert()方法接收到的是字符串值。

【例 10-1】使用信息对话框实现页面的交互,本例文件 10-1.html 在浏览器中显示的效果如图 10-1 和图 10-2 所示。

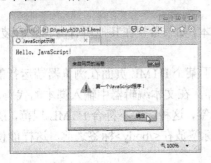 

图 10-1　加载时的运行结果　　　　图 10-2　单击"确定"按钮后的运行结果

代码如下。

```
<html>
  <head>
    <title>信息对话框</title>
    <script type="text/javascript">
      document.write("Hello, JavaScript! ");
      alert("第一个 JavaScript 程序! ");
    </script>
  </head>
  <body>
    <h3 style="font:14pt;text-align:center">JavaScript 很精彩! </h3>
  </body>
</html>
```

【说明】

① document.write()是文档对象的输出函数,其功能是将括号中的字符或变量值输出到窗口。alert()是 JavaScript 的窗口对象方法,其功能是弹出一个对话框并显示其中的字符串。

② 如图 10-1 所示为浏览器加载时的显示结果,图 10-2 所示为单击自动弹出对话框中的"确定"按钮后的最终显示结果。从上面的例题可以看出,在用浏览器加载 HTML 文件时,是从文件头向后解释并处理 HTML 文档的。

③ 在<script language ="JavaScript">…</script>中的程序代码有大、小写之分。例如,将 document.write()写成 Document.write(),程序将无法正确执行。

10.3.2　选择对话框

信息对话框只有一个"确定"按钮,这样浏览者没有任何选择。而选择对话框有"确定"和"取消"两个按钮,根据浏览者的选择,程序将出现不同的结果。其格式为:

　　confirm("对话框提示文字内容");

类似于 alert()方法,confirm()方法只接收 1 个参数,并转换为字符串值显示。而 confirm()方法还会产生一个值为 true 或 false 的结果,即返回一个布尔值。浏览者单击对话框中的"确定"按钮,confirm()方法将返回 true;单击对话框中的"取消"按钮,confirm()方法将返回 false。JavaScript 程序可以使用判断语句对这两种值做出不同处理,以达到显示不同结果的目的。

【例 10-2】本例弹出一个 confirm 选择对话框,如果用户单击"确定"按钮,则网页中显示"OK!";如果单击"取消"按钮,则网页中显示"Cancel!"。本例文件 10-2.html 在浏览器中显示的效果如图 10-3 和图 10-4 所示。

图 10-3 初始显示　　　　图 10-4 单击"确定"按钮后的运行结果

代码如下。

```
<html>
<head>
<title>选择对话框</title>
</head>
<body>
<script>
    var userChoice = window.confirm("请选择"确定"或"取消"");
    if (userChoice == true) {
        document.write("OK!");
    }
    if (userChoice == false) {
        document.write("Cancel!");
    }
</script>
</body>
</html>
```

【说明】浏览者通过对话框的不同选择后,JavaScript 程序对返回值进行判断,执行了不同的代码。

10.3.3 提示对话框

提示对话框在网站中应用比较少,一般用于类似题目测试这样的小程序。提示对话框显示一段提示文本,其下面是一个等待浏览者输入的文本框,并伴有"确定"和"取消"按钮。其格式为:

　　prompt("提示文字内容",文本框输入默认文本);

prompt()方法需要设计者定义两个参数,而第 2 个参数是可选的。和 confirm()方法不同,prompt()方法只返回 1 个值。当浏览者单击"确定"按钮时,返回文本框中输入的文本;单击"取消"按钮时,返回值为 null。

【例 10-3】使用提示对话框实现页面的交互,页面加载后,弹出显示"请问您的爱好?"的提示对话框。浏览者在文本框中输入内容后,单击对话框中的"确定"按钮,如图 10-5 所示,页面中显示出文本框中输入的内容,如图 10-6 所示。

图 10-5　浏览者在文本框中输入内容　　　图 10-6　单击"确定"按钮后的运行结果

代码如下：

```
<!doctype html>
<html>
    <head>
        <title>提示对话框</title>
    </head>
    <body>
        <script type="text/javascript">
            document.write("您的爱好是---"+prompt('请问您的爱好?','请输入'));
        </script>
    </body>
</html>
```

10.4　表单对象与交互性

Form 对象（称表单对象或窗体对象）提供一个让客户端输入文字或选择的功能。例如，单选按钮、复选框、选择列表等，由<form>标签组构成，JavaScript 自动为每一个表单建立一个表单对象，并可以将用户提供的信息送至服务器进行处理，当然也可以在 JavaScript 脚本中编写程序对数据进行处理。

表单中的基本元素（子对象）有按钮、单选按钮、复选按钮、提交按钮、重置按钮、文本框等。在 JavaScript 中要访问这些基本元素，必须通过对应特定的表单元素的元素名来实现。每一个元素主要是通过该元素的属性或方法来引用。

调用 Form 对象的一般格式为：

<form name="表单名" action="URL" …>
　　<input type="表项类型" name="表项名" value="默认值" 事件="方法函数"…>
　　　…
</form>

1．Text 单行单列输入元素

功能：对 Text 标识中的元素实施有效的控制。
属性：name：设定提交信息时的信息名称。对应于 HTML 文档中的 name。
　　　value：用以设定出现在窗口中对应 HTML 文档中 value 的信息。
　　　defaultvalue：包括 Text 元素的默认值。
方法：blur()：将当前焦点移到后台。
　　　select()：加亮文字。
事件：onFocus：当 Text 获得焦点时，产生该事件。
　　　onBlur：当元素失去焦点时，产生该事件。
　　　onSelect：当文字被加亮显示后，产生该事件。

onChange：当 Text 元素值改变时，产生该事件。

在下面程序中，浏览者必须在文本框中输入内容。

```
<head>
<script language="JavaScript">
    function checkField(field) {
        if (field.value == "") {    /*如果文本框中未输入内容*/
            window.alert("您必须输入名字");/*弹出警告框*/
            field.focus(); }
        else
            window.alert("您好"+field.value+"!");
    }
</script>
</head>
<body style="font:9pt">
    <form name="myForm">
        请输入名字: <input type="text" name="myField" onBlur="checkField(this)"><br>
        <input type="submit" value="提交">
    </form>
</body>
```

程序运行后，浏览者如果没有在文本框中输入内容，单击"提交"按钮将弹出必须输入名字的警告框，如图 10-7 所示。

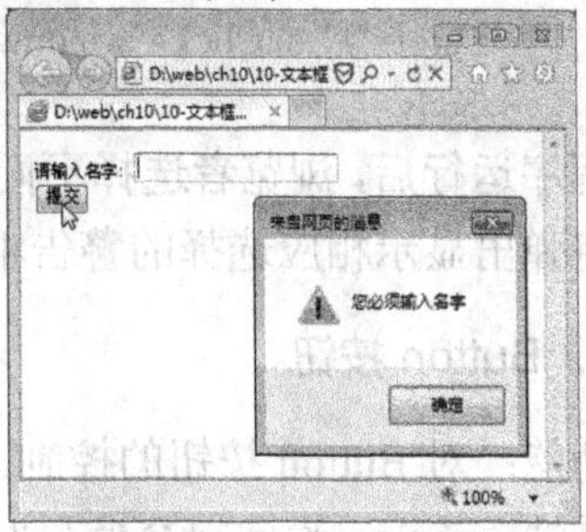

图 10-7　页面显示效果

2．Textarea 多行多列输入元素

功能：对 Textarea 中的元素进行控制。

属性：name：设定提交信息时的信息名称，对应 HTML 文档 Textarea 的 name。

　　　value：设定出现在窗口中对应 HTML 文档中 value 的信息。

　　　defaultvalue：元素的默认值。

方法：blur()：将失去输入焦点。

　　　select()：加亮文字。

事件：onBlur：当失去输入焦点后产生该事件。

　　　onFocus：当输入获得焦点后，产生该事件。

　　　onChange：当文字值改变时，产生该事件。

　　　onSelect：加亮文字，产生该事件。

3．Select 选择元素

功能：实施对滚动选择元素的控制。

属性：name：设定提交信息时的信息名称，对应文档 select 中的 name。

　　　value：用以设定出现在窗口中对应 HTML 文档中 value 的信息。

　　　length：对应文档 select 中的 length。

　　　options：组成多个选项的数组。

　　　selectIndex：指明一个选项。

　　　text：选项对应的文字。

· 223 ·

selected：指明当前选项是否被选中。
index：指明当前选项的位置。
defaultselected：默认选项。

事件：onBlur：当 select 选项失去焦点时，产生该事件；
　　　onFocas：当 select 获得焦点时，产生该事件。
　　　onChange：选项状态改变后，产生该事件。

下面的程序是把在选择栏中选定的内容在信息框中显示。

```
<body>
<form name="myForm">
  <select name="mySelect">
    <option value="第一个选择">1</option>
    <option value="第二个选择">2</option>
    <option value="第三个选择">3</option>
  </select>
</form>
<a href="#" onClick="window.alert(document.myForm.mySelect.value);">请选择列表</a>
</body>
```

程序运行后，浏览者选择不同的列表选项，单击"请选择列表"链接将弹出显示相应选择的警告框，如图 10-8 所示。

4．Button 按钮

功能：对 Button 按钮的控制。
属性：name：设定提交信息时的信息名称，对应文档中 button 的 name。

图 10-8　页面显示效果

　　　value：设定出现在窗口中对应 HTML 文档中 value 的信息。

方法：click()：该方法类似于单击一个按钮。
事件：onClick：当单击 Button 按钮时，产生该事件。

下例演示一个单击按钮的事件。

```
<body>
<form name="myForm" action="target.html">
  <input type="button" value="单击我" onClick="window.alert('你单击了我.');">
</form>
</body>
```

程序运行后，浏览者单击按钮将弹出显示"你单击了我"的警告框，如图 10-9 所示。

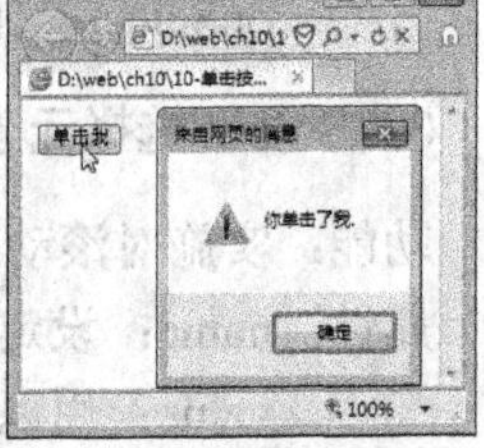

图 10-9　页面显示效果

5．checkbox 复选框

功能：实施对一个具有复选框中元素的控制。
属性：name：设定提交信息时的信息名称。
　　　value：用以设定出现在窗口中对应 HTML 文档中 value 的信息。
　　　checked：该属性指明框的状态 true/false。
　　　defauitchecked：默认状态。

方法：click()：使得框的某一个项被选中。
事件：onClick：当框被选中时，产生该事件。

6. Password 口令

功能：对具有口令输入的元素的控制。
属性：name：设定提交信息时的信息名称，对应 HTML 文档中 password 中的 name。
　　value：设定出现在窗口中对应 HTML 文档中 value 的信息。
　　defaultvalu：默认值。
方法：select()：加亮输入口令域。
　　blur()：失去 password 输入焦点。
　　focus()：获得 password 输入焦点。

7. submit 提交元素

功能：对一个具有提交功能按钮的控制。
属性：name：设定提交信息时的信息名称，对应 HTML 文档中的 submit。
　　value：用以设定出现在窗口中对应 HTML 文档中 value 的信息。
方法：click()：相当于单击 submit 按钮。
事件：onClick：当单击该按钮时，产生该事件。

下面举例说明在 JavaScript 程序中如何使用 Form 对象实现 Web 页面信息交互。

【例 10-4】使用 Form 对象实现 Web 页面信息交互，要求浏览者输入姓名并接受商城协议。当不输入姓名并且未接受协议时，单击"提交"按钮会弹出警告框，提示用户输入姓名并且接受协议；当用户输入姓名并且接受协议时，单击"复位"按钮会弹出确认框，等待用户确认是否清除输入的信息。本例文件 10-4.html 在浏览器中显示的效果如图 10-10 所示。

图 10-10　使用 Form 对象实现 Web 页面信息交互

代码如下。

```
<!doctype html>
<head>
<title>使用 Form 对象实现 Web 页面信息交互</title>
<script>
function check(){
if (window.document.form1.name1.value.length==0&&window.document.form1.agree.checked==false)
    alert("姓名不能为空且必须接受协议!");
    return true;
```

```
    }
    function set() {
    if (confirm("真的清除吗?"))           /*在弹出的确认框中如果用户选择"确定"*/
        return true;                      /*函数返回真*/
    else
        return false;
    }
</script>
</head>
<body>
    <form name="form1" action="" method="post" onsubmit="check()" onreset="set()">
        请输入姓名 <input type="text" name="name1" size="16"><br>
        接受商城协议 <input type="checkbox" name="agree"><br>
        <input type="submit" value="提交">
        <input type="reset" value="复位">
    </from>
</body>
</html>
```

【说明】在 JavaScript 程序中使用 Form 对象，可以实现更为复杂的 Web 页面信息交互过程。但前提是这些交互过程只在 Web 页面内进行，不需要占用服务器资源。

10.5 制作网页特效

在网页中添加一些适当的网页特效，使页面具有动态效果，丰富页面的观赏性与表现力，能吸引更多的浏览者访问页面。下面讲解几个常见的网页特效。

10.5.1 制作网页 Tab 选项卡切换效果

Tab 选项卡效果是常见的网页效果，许多网站都可以看到这种栏目切换的效果。关于 Tab 实现的方式有很多，不过总的来说原理是一致的，都是通过鼠标事件触发相应的功能函数，实现相关栏目的切换。

【例 10-5】制作珠宝商城客服中心页面的栏目切换的效果，页面的显示效果如图 10-11 所示。

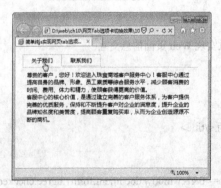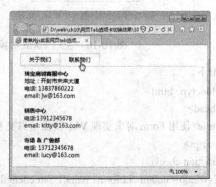

图 10-11 Tab 选项卡切换效果

代码如下。

```html
<html>
<head>
<meta charset="gb2312">
<title>简单纯 js 实现网页 Tab 选项卡切换效果</title>
<style>
    *{                              /*页面所有元素的默认外边距和内边距*/
        margin:0;
        padding:0;
    }
    body{                           /*页面整体样式*/
        font-size:14px;
        font-family:"Microsoft YaHei";
    }
    ul,li{                          /*列表和列表项样式*/
        list-style:none;            /*列表项无符号*/
    }
    #tab{                           /*选项卡样式*/
        position:relative;          /*相对定位*/
        margin-left:20px;           /*左外边距 20px*/
        margin-top:20px             /*上外边距 20px*/
    }
    #tab .tabList ul li{            /*选项卡列表项样式*/
        float:left;                 /*向左浮动*/
        background:#fefefe;
        border:1px solid #ccc;      /*1px 浅灰色实线边框*/
        padding:5px 0;
        width:100px;
        text-align:center;          /*文本水平居中对齐*/
        margin-left:-1px;
        position:relative;
        cursor:pointer;
    }
    #tab .tabCon{                   /*选项卡容器样式*/
        position:absolute;          /*绝对定位*/
        left:-1px;
        top:32px;
        border:1px solid #ccc;      /*1px 浅灰色实线边框*/
        border-top:none;
        width:450px;
        height:auto;                /*高度自适应*/
    }
    #tab .tabCon div{               /*非当前选项卡样式*/
        padding:10px;
        position:absolute;
        opacity:0;                  /*完全透明,无法看到选项卡*/
    }
    #tab .tabList li.cur{           /*当前选项卡列表样式*/
```

```
            border-bottom:none;      /*当前选项卡底部无边框*/
            background:#fff;
        }
        #tab .tabCon div.cur{         /*当前选项卡不透明样式*/
            opacity:1;                /*完全不透明，能够看到选项卡*/
        }
    </style>
</head>
<body>
<div id="tab">
    <div class="tabList">
        <ul>
            <li class="cur">关于我们</li>
            <li>联系我们</li>
        </ul>
    </div>
    <div class="tabCon">
        <div class="cur">
            <p>尊贵的客户，您好！欢迎进入珠宝商城客户服务中心！……（此处省略文字）</p>
            <p>客服中心的核心价值，是通过建立完善的客户服务体系，……（此处省略文字）</p>
        </div>
        <div>
            <p><strong>珠宝商城客服中心</strong></p>
            <p>地址：开封市未来大道</p>
            <p>电话:13837860222</p>
            <p>email: jw@163.com</p><br/>
            <p><strong>销售中心</strong></p>
            <p>电话:13912345678</p>
            <p>email: kitty@163.com</p><br/>
            <p><strong>市场 & 广告部</strong></p>
            <p>电话: 13712345678 </p>
            <p>email: lucy@163.com</p>
        </div>
    </div>
</div>
<script>
window.onload = function() {
    var oDiv = document.getElementById("tab");
    var oLi = oDiv.getElementsByTagName("div")[0].getElementsByTagName("li");
    var aCon = oDiv.getElementsByTagName("div")[1].getElementsByTagName("div");
    var timer = null;
    for (var i = 0; i < oLi.length; i++) {
        oLi[i].index = i;
        oLi[i].onmouseover = function() {         /*鼠标悬停切换选项卡*/
            show(this.index);
        }
    }
    function show(a) {
```

```
                index = a;
                var alpha = 0;
                for (var j = 0; j < oLi.length; j++) {
                    oLi[j].className = "";
                    aCon[j].className = "";
                    aCon[j].style.opacity = 0;
                    aCon[j].style.filter = "alpha(opacity=0)";      /*非当前选项卡完全透明*/
                }
                oLi[index].className = "cur";
                clearInterval(timer);
                timer = setInterval(function() {
                    alpha += 2;
                    alpha > 100 && (alpha = 100);
                    aCon[index].style.opacity = alpha / 100;        /*当前选项卡完全不透明*/
                    aCon[index].style.filter = "alpha(opacity=" + alpha + ")";
                    alpha == 100 && clearInterval(timer);
                })
            }
        }
    </script>
</body>
</html>
```

【说明】

① 实现选项卡切换效果的原理是将当前选项卡的不透明度样式设置为完全不透明，进而显示出选项卡；将非当前选项卡的不透明度样式设置为完全透明，隐藏了非当前选项卡。

② 本例中共设置了两个选项卡，如果用户需要设置更多的选项卡，很容易实现，只需增加列表项<li>的定义即可。

③ 本例采用的是鼠标悬停切换选项卡的效果，如果需要设置为鼠标单击切换选项卡的效果，只需将 JavaScript 脚本中的 onmouseover 修改为 onclick 即可。

10.5.2 循环滚动的图文字幕

在网站的首页经常可以看到循环滚动的图文展示信息，来引起浏览者的注意，这种技术是通过滚动字幕技术实现的。

1．字幕标签的语法

在网页中，制作滚动字幕使用<marquee>标签，其格式为：

　　<marquee direction="left|right|up|down" behavior="scroll|side|alternate" loop="i|-1|infinite" hspace="m" vspace="n" scrollamount="i" scrolldelay="j" bgcolor="色彩" width="x|x%" height="y"> 流动文字或（和）图片 </marquee>

字幕属性的含义如下。

● direction：设置字幕内容的滚动方向。
● behavior：设置滚动字幕内容的运动方式。
● loop：设置字幕内容滚动次数，默认值为无限。
● hspace：设置字幕水平方向空白像素数。

- vspace：设置字幕垂直方向空白像素数。
- scrollamount：设置字幕滚动的数量，单位是像素。
- scrolldelay：设置字幕滚动的延迟时间，单位是毫秒。
- bgcolor：设置字幕的背景颜色。
- width：设置字幕的宽度，单位是像素。
- height：设置字幕的高度，单位是像素。

2．案例——循环滚动的图文字幕

【例10-6】制作循环滚动的珠宝产品展示页面，滚动的图像支持超链接，并且鼠标指针移动到图像上时，画面静止；鼠标指针移出图像后，图像继续滚动，页面的显示效果如图10-12所示。

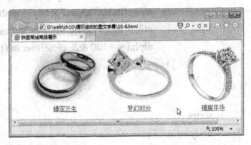

图10-12　循环滚动的图文字幕

制作步骤如下。

（1）前期准备

在示例文件夹下创建图像文件夹images，用来存放图像素材。将本页面需要使用的图像素材存放在文件夹images下，本实例中使用的图片素材大小均为200px×150px。

（2）建立网页

在示例文件夹下新建一个名为10-6.html的网页。

（3）编写代码

打开新建的网页10-6.html，编写实现循环滚动图像字幕的程序，代码如下。

```
<html>
<head>
<title>珠宝商城商品展示</title>
</head>
<body>
<table width="660" border="0" align="center">
<tr>
<td>
<div id=demo style="overflow: hidden; width: 660px; color: #ffffff; height: 180px">
<table cellPadding=0 width=100% align=left border=0 cellspace=0>
<tbody>
<tr>
<!----------------------demo1---------------------->
<td id=demo1 vAlign=top>
<table cellSpacing=1 cellPadding=1>
<tbody>
```

```html
<tr vAlign=top>
<td vAlign=top noWrap>
  <div align=right>
    <table cellSpacing=0 cellPadding=0 align=center border=0>
      <tbody>
      <tr>
      <td align=middle>
        <table cellSpacing=0 cellPadding=0 width=200 align=center border=0>
          <tbody>
          <tr>
          <td align=middle height=150>
          <a href="#" target=_blank>
          <img width=200 height=150 src="images/01.jpg" border=0>
          </a></td></tr>
          <tr>
          <td class=nav1 align=middle height=20>
          <a class=apm2 href="#" target=_blank>天使之恋
          </a></td></tr></tbody></table></td>
      <td align=middle>
        <table cellSpacing=0 cellPadding=0 width=200 align=center border=0>
          <tbody>
          <tr>
          <td align=middle height=150>
          <a href="#" target=_blank>
          <img width=200 height=150 src="images/02.jpg" border=0>
          </a></td></tr>
          <tr>
          <td class=nav1 align=middle height=20>
          <a class=apm2 href="#" target=_blank>缘定三生
          </a></td></tr></tbody></table></td>
      <td align=middle>
        <table cellspacing=0 cellpadding=0 width=200 align=center border=0>
          <tbody>
          <tr>
          <td align=middle height=150>
          <a href="#" target=_blank>
          <img width=200 height=150 src="images/03.jpg" border=0>
          </a></td></tr>
          <td class=nav1 align=middle height=20>
          <a class=apm2 href="#" target=_blank>梦幻时分
          </a></td></tr></tbody></table></td>
      <td align=middle>
        <table cellspacing=0 cellpadding=0 width=200 align=center border=0>
          <tbody>
          <tr>
          <td align=middle height=150>
          <a href="#" target=_blank>
```

```
            <img width=200 height=150 src="images/04.jpg" border=0>
            </a></td></tr>
        <tr>
            <td class=nav1 align=middle height=20>
            <a class=apm2 href="#" target=_blank>璀璨年华
            </a></td></tr></tbody></table></td>
        </tr></tbody></table></div></td></tr></tbody></table></td>
<!--------------------demo2--------------------->
            <td id=demo2 width="0">
            </td>
        </tr></tbody></table>
        </div>
<!-------------------demo end----------------->
<script>
    var dir=1                        /*每步移动像素，该值越大，字幕滚动越快*/
    var speed=20                     /*循环周期（毫秒），该值越大，字幕滚动越慢*/
    demo2.innerHTML=demo1.innerHTML
    function Marquee(){              /*正常移动*/
      if (dir>0  && (demo2.offsetWidth-demo.scrollLeft)<=0) demo.scrollLeft=0
      if (dir<0 && (demo.scrollLeft<=0)) demo.scrollLeft=demo2.offsetWidth
        demo.scrollLeft+=dir
        demo.onmouseover=function() {clearInterval(MyMar)}           /*暂停移动*/
        demo.onmouseout=function() {MyMar=setInterval(Marquee,speed)} /*继续移动*/
    }
    var MyMar=setInterval(Marquee,speed)
</script>
</td>
</tr>
</table>
</body>
</html>
```

【说明】制作循环滚动字幕的关键在于字幕参数的设置及合适的图像素材，要求如下。

① 滚动字幕代码的第 1 行定义的是字幕 Div 容器，其宽度决定了字幕中能够同时显示的最多图片个数。例如，本例中每张图片的宽度为 200px，设置字幕 Div 的宽度为 660px。这样，在字幕 Div 中最多能显示 3 个完整的图片。字幕所在表格的宽度应当等于字幕 Div 的宽度。例如，设置表格的宽度为 660px，恰好等于字幕 Div 的宽度。

② 字幕 Div 的高度应当大于图片的高度，这是因为在图片下方定义的还有超链接文字，而文字本身也会占用一定的高度。例如，本例中每个图片的高度为 150px，设置字幕 Div 的高度为 180px，这样既可以显示出图片，也可以显示出链接文字。

10.5.3 幻灯片广告

在网站的首页中经常能够看到幻灯片播放的广告，既美化了页面的外观，又可以节省版面的空间。本节主要讲解如何使用 JavaScript 脚本制作幻灯片广告。

【例 10-7】制作幻灯片广告，每隔一段时间，广告自动切换到下一幅画面；用户单击广告下方的数字，将直接切换到相应的画面；用户单击链接文字，可以打开相应的网页（读者可以根据需要自己设置链接的页面，这里不再制作该链接功能），本例文件 10-7.html 在浏览器中的浏览效果如图 10-13 所示。

(a)

(b)

图 10-13　幻灯片广告

制作步骤如下。

（1）前期准备

在栏目文件夹下创建图像文件夹 images，用来存放图像素材。将本页面需要使用的图像素材存放在文件夹 images 下，本实例中使用的图片素材大小均为 410px×200px。

幻灯片切换广告的特效需要使用特定的 Flash 幻灯片播放器，本例中使用的幻灯片播放器名为 playswf.swf，将其复制到示例文件夹的根目录中。

（2）建立网页

在示例文件夹下新建一个名为 10-7.html 的网页。

（3）编写代码

打开新建的网页 10-7.html，编写实现幻灯片广告的程序，代码如下。

```
<!doctype html>
<html>
<head>
<title> Flash 幻灯片广告</title>
</head>
<body>
<div style="width:410px;height:220px;border:1px solid #000">
<script type=text/javascript>
<!--
    imgUrl1="images/01.jpg";
    imgtext1="曲院幽荷";
    imgLink1=escape("#");
    imgUrl2="images/02.jpg";
    imgtext2="杨柳垂堤";
    imgLink2=escape("#");
    imgUrl3="images/03.jpg";
    imgtext3="夕阳断桥";
    imgLink3=escape("#");
    imgUrl4="images/04.jpg";
    imgtext4="翠绿竹林";
    imgLink4=escape("#");
    var focus_width=410              /*图片的宽度*/
    var focus_height=200             /*图片的高度*/
    var text_height=20               /*文字的高度*/
```

```
            var swf_height = focus_height+text_height          /*播放器的高度=图片的高度+文字的高度*/
            var pics = imgUrl1+"|"+imgUrl2+"|"+imgUrl3+"|"+imgUrl4
            var links = imgLink1+"|"+imgLink2+"|"+imgLink3+"|"+imgLink4
            var texts = imgtext1+"|"+imgtext2+"|"+imgtext3+"|"+imgtext4
            document.write('<object ID="focus_flash" classid="clsid:d27cdb6e-ae6d-11cf-96b8-44553540000"
            codebase="http://fpdownload.macromedia.com/pub/shockwave/cabs/flash/swflash.cab#version=
                    6,0,0,0" width="'+ focus_width +'" height="'+ swf_height +'">');
            document.write('<param name="allowScriptAccess" value="sameDomain"><param name="movie"
                    value="playswf.swf"><param name="quality" value="high"><param name="bgcolor"
                    value="#fff">');
            document.write('<param name="menu" value="false"><param name=wmode value="opaque">');
            document.write('<param name="FlashVars" value="pics='+pics+'&links='+links+'&texts='+
              texts+'&borderwidth='+focus_width+'&borderheight='+focus_height+'&textheight='+text_height+'">');
            document.write('<embed ID="focus_flash" src="playswf.swf" wmode="opaque" FlashVars= "pics=
                    '+pics+'&links='+links+'&texts='+texts+'&borderwidth='+focus_width+'&borderheight=
                    '+focus_height+'&textheight='+text_height+'" menu="false" bgcolor="#c5c5c5" quality= "high"
              width="'+ focus_width+'" height="'+ swf_height +'" allowScriptAccess="sameDomain" type=
                    "application/x-shockwave-flash" pluginspage="http://www.macromedia.com/go/getflashplayer" />');
            document.write('</object>');
            -->
        </script>
    </div>
</body>
</html>
```

【说明】制作幻灯片切换效果的关键在于播放器参数的设置及合适的图像素材,要求如下。

① 播放器参数中的 focus_width 设置为图片的宽度(410px),focus_height 设置为图片的高度(200px),text_height 设置为文字的高度(20px),pics 用于定义图片的来源,links 用于定义链接文字的链接地址,texts 用于定义链接文字的内容。

② 幻灯片所在 Div 容器的宽度应当等于图片的宽度,Div 容器的高度应当等于图片的高度+文字的高度。例如,设置 Div 容器的宽度为 410px,恰好等于图片的宽度;设置 Div 容器的高度为 220px,恰好等于图片的高度(200px)+文字的高度(20px)。

10.5.4 制作二级纵向列表模式的导航菜单

【例 10-8】在前面的章节中已经讲解了纵向列表模式导航菜单,本节将讲解使用 CSS 样式结合 JavaScript 脚本制作二级纵向列表模式的导航菜单,页面显示效果如图 10-14 所示。

图 10-14 二级纵向列表模式的导航菜单

制作过程如下。

(1)建立网页结构

首先建立一个包含二级导航菜单选项的嵌套无序列表。其中,一级导航菜单包含 4 个菜单项，二级导航菜单包含用于实现导航的文字链接。代码如下。

```html
<body>
<ul id="nav">
  <li><a href="#">商品管理</a>
    <ul>
      <li><a href="#">添加商品</a></li>
      <li><a href="#">商品分类</a></li>
      <li><a href="#">品牌管理</a></li>
      <li><a href="#">用户评论</a></li>
    </ul>
  </li>
  <li><a href="#">订单管理</a>
    <ul>
      <li><a href="#">订单查询</a></li>
      <li><a href="#">添加订单</a></li>
      <li><a href="#">合并订单</a></li>
    </ul>
  </li>
  <li><a href="#">促销管理</a>
    <ul>
      <li><a href="#">拍卖活动</a></li>
      <li><a href="#">商品团购</a></li>
      <li><a href="#">优惠活动</a></li>
    </ul>
  </li>
  <li><a href="#">系统设置</a></li>
</ul>
</body>
```

图 10-15　菜单的初始效果

在没有 CSS 样式的情况下，菜单的初始效果如图 10-15 所示。

（2）设置菜单的 CSS 样式

在设计网页菜单时，一般二级导航是被隐藏的，只有当鼠标经过一级导航时才会触发二级导航的显示，而当鼠标移开后，二级导航又自动隐藏。在这个设计思路的基础上，接着设置菜单的宽度、字体，以及列表和列表选项的类型和边框样式。

代码如下。

```css
ul {
    margin:0;                              /*外边距为 0px*/
    padding:0;                             /*内边距为 0px*/
    list-style:none;                       /*列表无项目符号*/
    width:120px;
    border-bottom:1px solid   #999;
    font-size:12px;
    text-align:center;                     /*文字居中对齐*/
}
ul li {
    position:relative;                     /*相对定位*/
}
li ul {
```

· 235 ·

```css
        position:absolute;              /*绝对定位*/
        left:119px;
        top:0;
        display:none;
}
ul li a {
        width:108px;
        display:block;                  /*块级元素*/
        text-decoration:none;           /*无修饰*/
        color:#666666;
        background:#fff;
        padding:5px;
        border:1px solid #ccc;
        border-bottom:0px;
}
ul li a:hover {
        background-color:#69f;
        color:#fff;
}
/*解决 ul 在 IE 8 下显示不正确的问题*/
* html ul li {
        float:left;
        height:1%;
}
* html ul li a {
        height:1%;
}
/* end */
li:hover ul, li.over ul {
        display:block;
}
```

需要说明的是，CSS 代码中的:hover 属于伪类，而 IE 8 浏览器只支持<a>标签的伪类，不支持其他标签的伪类。为此在 CSS 中定义了一个鼠标经过一级导航时的类.over，并将其属性也设置为"display:block;"。除此之外，如果想在 IE 8 浏览器中也能正确显示，还需要借助 JavaScript 脚本来实现。

（3）添加实现二级导航菜单的 JavaScript 脚本

在页面的<head>…</head>之间添加实现二级导航菜单的 JavaScript 脚本。代码中需要指定鼠标经过一级导航时的类名 over，代码如下。

```javascript
<script type="text/javascript">
startList = function() {
  if (document.all&&document.getElementById) {
    navRoot = document.getElementById("nav");        /*获取页面元素无序列表 nav*/
    for (i=0; i<navRoot.childNodes.length; i++) {
     node = navRoot.childNodes[i];
     if (node.nodeName=="LI") {
       node.onmouseover=function() {
        this.className+=" over";                     /*指定鼠标经过一级导航时的类名 over*/
```

```
            }
            node.onmouseout=function() {
                this.className=this.className.replace(" over", "");
            }
          }
        }
      }
    }
    window.onload=startList;                    /*页面加载时调用函数*/
    </script>
```

至此,二级纵向列表模式的导航菜单制作完毕,页面预览后的效果如图 10-14 所示。

【说明】

① CSS 代码中将列表<li>标签定义为 ul li {position:relative;}相对定位方式,目的在于将其作为子级定位的对象,而不会导致最终在绝对定位时二级导航菜单会出现错位现象。

② 将列表<li>标签内部的无序列表设置为绝对定位,相对于父级元素距左侧 119px,距顶部 0px,并且隐藏不可见,代码如下。

```
    li ul {
        position:absolute;
        left:119px;
        top:0;
        display:none;
    }
```

这里设置绝对定位距左侧 119px,而不是<ul>标签最初定义的 120px,少了 1px 的距离是因为绝对定位的二级导航感应区的位置要能被鼠标所触及,如果设置不当就会造成鼠标还未到达二级导航的位置时,二级导航就又被隐藏了。

③ 代码中的 li:hover ul, li.over ul {display:block;}表示当鼠标经过时,ul 的样式为 display:block,即鼠标经过时显示相应的二级导航。

习题 10

1. 制作一个页面,当鼠标单击按钮时,页面背景从蓝色自动变为红色,如图 10-16 所示。

图 10-16 题 1 图

2. 根据当前机内的时间,显示不同时段的欢迎内容,如图 10-17 所示。

图 10-17 题 2 图

3. 在网页中显示一个工作中的数字时钟，如图 10-18 所示。

4. 制作一个禁止使用鼠标右键操作的网页。当浏览者在网页上单击鼠标右键时，自动弹出一个警告对话框，禁止用户使用右键快捷菜单，实例效果如图 10-19 所示。

图 10-18　题 3 图

图 10-19　题 4 图

5. 制作一个循环切换画面的广告网页。每隔一段时间，广告自动切换到下一幅画面；用户单击广告右边的小图，将直接切换到相应的画面，效果如图 10-20 所示。

图 10-20　题 5 图

6. 文字循环向上滚动，当光标移动到文字上时，文字停止滚动；光标移开则继续滚动，如图 10-21 所示。

图 10-21　题 6 图

第 11 章 珠宝商城前台页面

本章主要运用前面章节讲解的各种网页制作技术介绍网站的开发流程，从而进一步巩固网页设计与制作的基本知识。

11.1 网站的开发流程

典型的网站开发流程包括以下几个阶段。
① 规划站点：包括确立站点的策略或目标、确定所面向的用户及站点的数据需求。
② 网站制作：包括设置网站的开发环境、规划页面设计和布局、创建内容资源等。
③ 测试站点：测试页面的链接及网站的兼容性。
④ 发布站点：将站点发布到服务器上。

11.1.1 规划站点

建设网站首先要对站点进行规划，规划的范围包括确定网站的服务职能、服务对象、所要表达的内容等，还要考虑站点文件的结构等。在着手开发站点之前认真进行规划，能够在以后节省大量的时间。

1. 规划站点目标

在站点的规划中，最重要的就是"构思"，良好的创意往往比实际的技术更为重要，在这个过程中可以用文档将规划内容记录、修改并完善，因为它直接决定了站点的质量和未来的访问量。在规划站点目标时应确定如下问题。

（1）确定建站的目的

建立网站的目的要么是增加利润，要么是传播信息或观点。显然，创建珠宝商城网站的目的是第一种：增加利润。随着网上交易安全性方面的逐渐完善，网上购物已逐渐成为人们消费的时尚。同时，通过网上在线销售，可以扩展企业的销售渠道，提高公司的知名度，降低企业的销售成本，珠宝商城正是在这样的业务背景下建立的。

（2）确定目标用户

不同年龄、爱好的浏览者，对站点的要求是不同的。所以最初的规划阶段，确定目标用户是一个至关重要的步骤。珠宝商城网站主要针对网上购买珠宝饰品的消费者，年龄一般以20～60岁为主。针对这个年龄阶段的特点，网站提供的功能和服务需符合现代、时尚、便捷的特点。设计整站风格时也需考虑时尚、明快的设计样式，包括整个网站的色彩、Logo、图片设计等。

（3）确定网站的内容

内容决定一切，内容价值决定了浏览者是否有兴趣继续关注网站。电子商务系统包括的模块很多，除了网站之外，还涉及商品管理、客户管理、订单管理、支付管理、物流管理等诸多方面。

珠宝商城前台页面的主要功能包括：展示产品广告和产品分类，展示产品列表和产品明细，展示推荐产品和促销产品，查看购物车，客服中心及会员注册等。

珠宝商城后台页面的主要功能包括：商品管理，订单管理，促销管理，广告管理，文章管理，会员管理和系统设置等。

由于篇幅所限，本书只讲解前台页面的首页、产品列表页、产品明细页、查看购物车页和后台页面的登录页、查询商品页、添加商品页、会员管理页。

首页（index.html）：显示网站的 Logo、导航菜单、广告、产品系列、新品发布和体验中心等信息。

产品列表页（product.html）：显示产品展示列表的页面。

产品明细页（productdetails.html）：显示产品细节的页面。

查看购物车页（checkout.html）：查看添加到购物车中的商品信息及金额。

登录页（login.html）：使用账号登录商城后台管理页面。

查询商品页（search.html）：在商城后台管理页面中查询需要管理的商品。

添加商品页（addgoods.html）：在商城后台管理页面中添加新的商品。

会员管理页（manage.html）：在商城后台管理页面中管理会员信息。

2．使用合理的文件夹保存文档

若要有效地规划和组织站点，除了规划站点的外观外，就是规划站点的基本结构和文件的位置。一般来说，使用文件夹可以清晰、明了地表现文档的结构，所以应该用文件夹来合理构建文档结构。首先为站点建立一个根文件夹（根目录），在其中创建多个子文件夹，然后将文档分门别类存储到相应的文件夹下，如果必要，还可创建多级子文件夹，这样可以避免很多不必要的麻烦。设计合理的站点结构，能够提高工作效率，方便对站点的管理。

文档中不仅有文字，还包含其他任何类型的对象，例如，图像、声音等，这些文档资源不能直接存储在 HTML 文档中，所以更需要注意它们的存放位置。例如，可以在 images 文件夹中放置网页中所用到的各种图像文件，在 products 文件夹中放置商品方面的网页。

3．使用合理的文件名称

当网站的规模变得很大时，使用合理的文件名就显得十分必要了，文件名应容易理解且便于记忆，让人看文件名就能知道网页表述的内容。

虽然使用中文的文件名对中国人来说显得很方便，但在实际的网页设计过程中应避免使用中文，因为很多 Web 服务器使用的是英文操作系统，不能对中文文件名提供很好的支持，并且浏览网站的用户也可能使用英文操作系统，中文文件名可能导致浏览错误或访问失败。如果实在对英文不熟悉，可以采用汉语拼音作为文件名称来使用。

另外，很多 Web 服务器采用不同的操作系统，有可能区分文件名大小写。所以在构建站点时，全部要使用小写的文件名。

4．本地站点结构与远端站点结构保持相同

为了方便维护和管理，本地站点的结构应与远端站点结构保持相同，这样在本地站点完成对网页的设计、制作、编辑时，可以与远方站点对应，把本地站点上传至 Web 服务器上时，能够保证完整地将站点上传，避免不必要的麻烦。

11.1.2 网站制作

完整的网站制作包括以下两个过程。

1. 前台页面制作

当网页设计人员拿到美工效果图以后,编写 HTML、CSS,将效果图转换为.html 网页,其中包括图片收集、页面布局规划等工作。

2. 后台程序开发

后台程序开发包括网站数据库设计、网站和数据库的连接、动态网页编程等。本书主要讲解前台页面的制作,后台程序开发可以在动态网站设计的课程中学习。

11.1.3 测试网站

网站测试与传统的软件测试不同,它不但需要检查是否按照设计的要求运行,而且还要测试系统在不同用户端的显示是否合适,最重要的是从最终用户的角度进行安全性和可用性测试。

在把站点上传到服务器之前,要先在本地对其测试。实际上,在站点建设过程中,最好经常对站点进行测试并解决出现的问题,这样可以尽早发现问题并避免重犯错误。在发布站点之前,可以通过运行站点报告来测试整个站点并解决出现的问题。

测试网页主要从以下 3 个方面着手。
- 页面的效果是否美观。
- 页面中的链接是否正确。
- 页面的浏览器兼容性是否良好。

11.1.4 发布站点

当完成了网站的设计、调试、测试和网页制作等工作后,需要把设计好的站点上传到服务器来完成整个网站的发布。可以使用网站发布工具将文件上传到远程 Web 服务器以发布该站点,以及同步本地和远端站点上的文件。

11.2 设计首页布局

熟悉了网站的开发流程后,就可以开始制作首页了。制作首页前,用户还需要创建站点目录,搭建整个网站的大致结构。

11.2.1 创建站点目录

在制作各个页面前,用户需要确定整个网站的目录结构,包括创建站点根目录和根目录下的通用目录。

1. 创建站点根目录

本书所有章节的案例均建立在 D:\web 下的各个章节目录中。因此,本章讲解的综合案例建立在 D:\web\ch11 目录中,该目录作为站点根目录。

2. 根目录下的通用目录

对于中小型网站，一般会创建如下通用的目录结构。
- images 目录：存放网站的所有图片。
- css 目录：存放 CSS 样式文件，实现内容和样式的分离。
- js 目录：存放 JavaScript 脚本文件。
- admin 目录：存放网站后台管理程序。

在 D:\web\ch11 目录中依次建立上述目录，整个网站的目录结构如图 11-1 所示。

对于网站下的各网页文件，例如，index.html 等一般存放在网站根目录下。需要注意的是，网站的目录、网页文件名及网页素材文件名一般都为小写，并采用代表一定含义的英文命名。

图 11-1　网站目录结构

11.2.2　页面布局规划

网站首页包括网站的 Logo、导航菜单、广告、产品系列、新品发布和体验中心等信息，效果如图 11-2 所示，布局示意图如图 11-3 所示。

图 11-2　网站首页效果

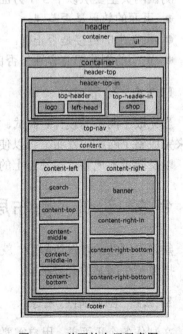

图 11-3　首页的布局示意图

11.3　制作首页

在实现了首页的整体布局后，接下来就要完成首页的制作了，其制作过程如下。

1. 页面整体的制作

页面全局规则包括页面 body、表格、图像、超链接和列表等元素的 CSS 定义，代码如下。

```css
/*设置页面整体样式*/
body{
    background: rgb(203,96,179);  /*紫色背景*/
    font-family: '宋体', sans-serif;
}
img {                             /*设置图像样式*/
    border: 0;                    /*图像无边框*/
}
ul{                               /*设置列表样式*/
    padding: 0;
    margin: 0;
}
.clearfix{                        /*设置清除浮动样式*/
    clear: both;                  /*清除所有浮动样式*/
}
h1,h2,h3,h4,h5,h6,label,p{        /*设置 h1~h6 标题及标签、段落的样式*/
    margin:0;                     /*外边距为 0*/
}
```

2. 页面顶部的制作

页面顶部的内容被放置在名为 header 的 Div 容器中，主要用来显示网站的登录、注册和联系链接，如图 11-4 所示。

图 11-4 页面顶部的布局效果

CSS 代码如下。

```css
/*---------页面顶部区域---------*/
header {                          /*设置顶部容器样式*/
    display: block;               /*块级元素*/
    padding: 20px 0 4px;          /*上、右、下、左内边距依次为20px、0px、0px、4px*/
}
.header ul{                       /*设置列表样式*/
    float:right;                  /*向右浮动*/
}
.header ul li{                    /*设置列表项样式*/
    display:inline-block;         /*外观为行级元素，内容为块级元素*/
}
.header ul li a{                  /*设置列表项链接样式*/
    text-decoration:none;         /*链接无修饰*/
    color:#fff;                   /*白色文字*/
    font-size:0.9em;
    padding:0em 1em;
}
.header ul li a:hover{            /*设置列表项悬停链接样式*/
```

```
            color: #000;                /*黑色文字*/
        }
        .header ul li span{             /*设置列表项文字样式*/
            color:#fff;                 /*白色文字*/
            font-size:1em;
        }
```

3. 网站标志和购物车信息的制作

网站标志和购物车信息的内容被放置在名为 header-top 的 Div 容器中，如图 11-5 所示。

图 11-5　网站标志和购物车信息的布局效果

该区域的制作在前面的章节已经讲解，这里不再赘述。

4. 主导航菜单的制作

主导航菜单的内容被放置在名为 top-nav 的 Div 容器中，如图 11-6 所示。

图 11-6　主导航菜单的布局效果

该区域的制作在前面的章节已经讲解，这里不再赘述。

5. 主体左侧区域的制作

主体左侧区域的内容被放置在名为 content-left 的 Div 容器中，主要用来显示查询表单、特色礼品、专业设计、礼品券和产品发布信息，如图 11-7 所示。

CSS 代码如下。

```
    /*--------主体左侧区域---------*/
    .content {                          /*主体容器样式*/
        padding: 3em 0em;
    }
    col-md-3,.col-md-4,col-md-8{        /*区块容器样式*/
        position: relative;             /*相对定位*/
        padding-right: 15px;
        padding-left: 15px;
        float: left;                    /*向左浮动*/
    }
    .col-md-3 {                         /*戒指系列容器样式*/
        width: 25%;
    }
    .col-md-4 {                         /*主体左侧容器样式*/
        width: 33.33%;
    }
    .col-md-8 {                         /*主体右侧容器样式*/
```

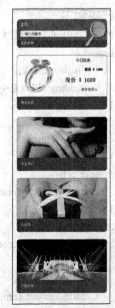

图 11-7　左侧区域布局效果

```css
        width: 66.67%;
}
.content-left{                      /*左侧内容浮动样式*/
        float:left;                 /*向左浮动*/
}
.search{                            /*查询表单样式*/
        position:relative;          /*相对定位*/
        background: url(../images/se.png)no-repeat 0px 0px; /*背景图像不重复*/
        display:block;              /*块级元素*/
        width:100%;
        min-height:107px;           /*最小高度107px*/
        background-size: cover;     /*将背景图像缩放到正好完全覆盖定义背景的区域*/
        padding:1em 1em 0;
}
.search h5{                         /*查询表单标题文字样式*/
        color:#fff;                 /*白色文字*/
        font-size:1em;
}
.search input[type="text"] {        /*查询表单文本域样式*/
        outline: none;              /*文本域无轮廓*/
        padding:4px 15px;
        width: 79%;
        border: 1px solid #fafafa;  /*1px浅灰色实线边框*/
        font-size:0.9em;
        color:#4d4a4a;              /*深灰色文字*/
        background:#fafafa;         /*浅灰色背景*/
        margin:14px 0;
}
.search input[type="submit"] {      /*查询表单查询按钮样式*/
        width: 86px;
        height: 100px;
        background: url(../images/search.png) no-repeat 0px 0px; /*背景图像（放大镜）不重复*/
        border: none;               /*无边框*/
        cursor: pointer;
        position:absolute;          /*绝对定位*/
        outline: none;
        top: 7px;                   /*距离容器顶部7px*/
        right: 0px;                 /*距离容器右侧0px*/
        padding:0;
}
.search a{                          /*查询表单"高级查询"链接的样式*/
        color:#fff;                 /*白色文字*/
        font-size:0.9em;
        text-decoration:none;       /*链接无修饰*/
}
.search a:hover{                    /*查询表单"高级查询"悬停链接的样式*/
        text-decoration:underline;  /*加下画线*/
}
```

```css
.content-top{                                 /*特色礼品区域样式*/
    background: #fff;                         /*白色背景*/
    border:1px solid #4d4a4a;                 /*1px 深灰色实线边框*/
    border-radius:10px;                       /*边框圆角半径为 10px*/
    position:relative;                        /*相对定位*/
    margin: 2em 0;
}
.content-top img{                             /*特色礼品区域左侧图像样式*/
    padding: 1em 2em 1em;
}
.top-content{                                 /*特色礼品区域右侧内容样式*/
    position:absolute;                        /*绝对定位*/
    top: 5%;
    right: 5%;
}
.top-content p{                               /*特色礼品区域右侧段落样式*/
    color:#a336a2;                            /*紫色文字*/
    font-size:1em;
    font-weight: 600;                         /*字体加粗*/
    padding: 0 0 0 3em;
}
.top-content span{                            /*特色礼品区域右侧商品原价文字的样式*/
    color:#000;                               /*黑色文字*/
    font-size:0.9em;                          /*字体大小为 0.9 倍默认字体大小*/
    display:block;                            /*块级元素*/
    padding: 1.2em 0 1.2em 6em;
    font-weight: 600;                         /*字体加粗*/
}
.top-content b{                               /*特色礼品区域右侧商品现价文字的样式*/
    color:#000;                               /*黑色文字*/
    font-size:1.5em;                          /*字体大小为 1.5 倍默认字体大小*/
    display:block;                            /*块级元素*/
    padding:0 0 0.5em;
}
.top-content a{                               /*特色礼品区域右侧"更多信息"链接的样式*/
    color:#d03bcf;                            /*紫色文字*/
    font-size:0.9em;                          /*字体大小为 0.9 倍默认字体大小*/
    text-decoration:none;                     /*链接无修饰*/
    font-weight: 600;                         /*字体加粗*/
    padding: 0 0 0 5em;
}
.top-content a:hover{                         /*特色礼品区域右侧"更多信息"悬停链接的样式*/
    text-decoration:underline;                /*加下画线*/
}
.top-content a i{                             /*"更多信息"右侧箭头的样式*/
    width: 12px;
    height: 12px;
    background: url(../images/img-sprite.png) no-repeat -9px -14px ;  /*背景不重复*/
```

```css
        display:inline-block;          /*外观为行级元素,内容为块级元素*/
        vertical-align: middle;        /*垂直方向居中对齐*/
}
.gift{                                 /*特色礼品区域下方"特色礼品"区域的样式*/
        background:#4d4a4a;            /*深灰色背景*/
        font-size:0.9em;
        padding:15px;
        border-bottom-left-radius: 8px; /*左下角边框圆角半径为 8px*/
        border-bottom-right-radius: 8px; /*右下角边框圆角半径为 8px*/
}
.gift a{                               /*特色礼品区域下方"特色礼品"链接的样式*/
        color:#fff;                    /*白色文字*/
        text-decoration:none;          /*链接无修饰*/
}
.gift a:hover{                         /*特色礼品区域下方"特色礼品"悬停链接的样式*/
        text-decoration:underline;     /*加下画线*/
}
.content-middle{                       /*专业设计区域样式*/
        background: url(../images/pic2.jpg)no-repeat center; /*背景不重复*/
        display:block;                 /*块级元素*/
        width:100%;
        min-height:199px;
        background-size: cover;        /*将背景图像缩放到正好完全覆盖定义背景的区域*/
        border:1px solid #4d4a4a;      /*1px 深灰色实线边框*/
        border-radius:10px;            /*边框圆角半径为 10px*/
}
p.rem{                                 /*专业设计文字位置的样式*/
        color: #f9bb08;
        font-size: 2em;
        padding: 3em 1em 1em; /*上、右、下、左内边距依次为 3 倍、1 倍、1 倍、1 倍默认字体*/
        font-family: 'Courgette', cursive;
}
.content-middle-in{                    /*礼品券区域样式*/
        background: url(../images/pic1.jpg)no-repeat center; /*背景不重复*/
        display:block;                 /*块级元素*/
        width:100%;
        min-height:199px;
        background-size: cover;        /*将背景图像缩放到正好完全覆盖定义背景的区域*/
        border:1px solid #4d4a4a;      /*1px 深灰色实线边框*/
        border-radius:10px;            /*边框圆角半径为 10px*/
        margin: 2em 0;
}
.content-bottom{                       /*产品发布区域样式*/
        background: url(../images/pic.jpg)no-repeat 0px 0px; /*背景不重复*/
        display:block;                 /*块级元素*/
        width:100%;
        min-height:199px;
        background-size: cover;        /*将背景图像缩放到正好完全覆盖定义背景的区域*/
```

```css
        border:1px solid #4d4a4a;      /*1px 深灰色实线边框*/
        border-radius:10px;            /*边框圆角半径为 10px*/
    }
```

6. 主体右侧区域的制作

主体右侧区域被放置在名为 content-right 的 Div 容器中，用来显示广告图片、订婚戒指系列产品、新品发布和体验中心信息，如图 11-8 所示。

图 11-8 主体右侧区域的布局效果

CSS 代码如下。

```css
    /*---------主体右侧区域---------*/
    .content-right {                   /*主体右侧区域样式*/
        float: right;                  /*向右浮动*/
    }
    .banner{                           /*广告图片样式*/
        background: url(../images/banner.png)no-repeat center; /*背景不重复*/
        display:block;                 /*块级元素*/
        width:100%;
        min-height:254px;
        background-size: cover;        /*将背景图像缩放到正好完全覆盖定义背景的区域*/
    }
    .content-right-in{                 /*订婚戒指系列产品容器的样式*/
        display:block;                 /*块级元素*/
        width:100%;
        min-height: 172px;
        background-size: cover;        /*将背景图像缩放到正好完全覆盖定义背景的区域*/
```

```css
        border-radius: 10px;           /*边框圆角半径为10px*/
        margin: 3em 0 2em;
        padding: 1em 1em 1.3em;
}
.content-right-in h2{                  /*订婚戒指系列产品标题左侧文字的样式*/
        color:#d45bd4;                 /*紫色文字*/
        font-size: 1.3em;
        text-transform: uppercase;
        padding:0em 0 1em;
        font-weight: 600;              /*字体加粗*/
}
.content-right-in h2 span{             /*订婚戒指系列产品标题右侧文字的样式*/
        color:#000;                    /*黑色文字*/
}
.ring img{                             /*订婚戒指图片的样式*/
        box-shadow: 0px 1px 8px #000;  /*图片加阴影*/
}
.ring {                                /*订婚戒指图片下方文字的对齐样式*/
        text-align: center;            /*文本水平居中对齐*/
}
.right-on p{                           /*订婚戒指图片下方文字的样式*/
        color:#000;                    /*黑色文字*/
        font-size:0.9em;
        font-weight: 600;              /*字体加粗*/
        padding: 1em 0;
}
.right-on p span{                      /*订婚戒指售价文字的样式*/
        padding:0 0em 0 1em;
}
.right-on h6{                          /*订婚戒指购物车和明细文字的样式*/
        font-size:0.9em;
        color:#000;                    /*黑色文字*/
}
.right-on h6 label{                    /*购物车和明细文字之间分隔竖线的样式*/
        padding:0 0.5em;
}
.right-on h6 a{                        /*订婚戒指购物车和明细链接的样式*/
        text-decoration:none;          /*链接无修饰*/
        color:#d45bd4;                 /*紫色文字*/
}
.right-on h6 a:hover{                  /*订婚戒指购物车和明细悬停链接的样式*/
        text-decoration:underline;     /*加下画线*/
}
.content-right-bottom{                 /*新品发布和体验中心容器的样式*/
        padding:1em 0;
}
.content-right-bottom h3{              /*新品发布和体验中心标题的样式*/
        font-size:1.5em;
```

```css
            font-weight:600;           /*字体加粗*/
        }
        .content-right-bottom h3 a{    /*新品发布和体验中心标题链接的样式*/
            text-decoration:none;      /*链接无修饰*/
            color:#000;                /*黑色文字*/
        }
        .content-right-bottom h3 a span{  /*新品发布和体验中心标题局部的样式*/
            color:#d45bd4;             /*紫色文字*/
        }
        .content-right-bottom h3 a:hover{ /*新品发布和体验中心标题悬停链接的样式*/
            color:#d45bd4;             /*紫色文字*/
        }
        .content-right-bottom p{       /*新品发布和体验中心段落的样式*/
            color:#000;                /*黑色文字*/
            font-size:0.9em;           /*字体大小为 0.9 倍默认字体大小*/
            line-height: 2em;
            padding: 1em 0 0;
        }
```

7. 页面底部区域的制作

页面底部区域的内容被放置在名为 footer 的 Div 容器中，用来显示版权信息，如图 11-9 所示。

图 11-9 页面底部区域的布局效果

CSS 代码如下。

```css
        /*---------页面底部区域---------*/
        .footer{
            background: #cf3da3;       /*紫色背景*/
            display:block;             /*块级元素*/
            width:100%;
            height: 80px;
            background-size: cover;    /*将背景图像缩放到正好完全覆盖定义背景的区域*/
        }
        p.footer-class{                /*版权区域段落的样式*/
            float:left;                /*向左浮动*/
            color:#fff;
            font-size:14px;
            padding: 32px 0px;
            margin-left:430px;
        }
```

8. 页面结构代码

为了使读者对页面的样式与结构有一个全面的认识，最后说明整个页面（index.html）的结构代码。对于前面章节已经讲解过的局部内容的代码，这里只显示其在完整代码中的位置，具体内容不再列出,读者可参考完整的页面代码。代码如下。

```html
<html>
<head>
<title>首页</title>
<meta charset="gb2312">
<link href="css/style.css" rel="stylesheet" type="text/css" />
</head>
<body>
    <div class="header">
        <div class="container">
            <ul>
                <li><a href="account.html">登录</a> <span>|</span></li>
                <li><a href="register.html">注册</a><span>|</span></li>
                <li ><a href="contact.html">联系</a></li>
            </ul>
            <div class="clearfix"> </div>
        </div>
    </div>
    <div class="container">
        <div class="header-top">
            <div class="header-top-in"><!--下面是网站标志和购物车信息的代码,已讲解不再列出-->
            (省略的网站标志和购物车信息代码)
            </div>
            <div class="top-nav">    <!--下面是主导航菜单的代码,已讲解不再列出-->
            (省略的主导航菜单代码)
            </div>
            <div class="content">
                <div class="col-md-8 content-right">
                    <div class="banner"></div>
                    <div class="content-right-in">
                        <h2>订婚 <span>戒指</span></h2>
                        <div class="col-md-3 ring">
                            <a href="productdetails.html"><img   src="images/pi.jpg" alt=" " ></a>
                            <div class="right-on">
                                <p>售价 <span>&yen3366 </span></p>
                                <h6><a href="checkout.html">购物车</a>
                                    <label>|</label><a href="productdetails.html">  明细</a>
                                </h6>
                            </div>
                        </div>
            ……(其余3幅图片的定义代码类似,此处省略)
                        <div class="clearfix"> </div>
                    </div>
                    <div class="content-right-bottom">
                        <h3><a href="productdetails.html">新品发布</a></h3>
                        <p>3月23日—30日,世界顶级盛会——瑞士……(此处省略文字)</p>
                    </div>
                    <div class="content-right-bottom">
```

```html
            <h3><a href="productdetails.html">体验中心</a></h3>
            <p>珠宝商城积极拓展线下体验中心，以优质……（此处省略文字）</p>
          </div>
        </div>
        <div class="col-md-4 content-left">
          <div class="search">
            <h5>查询</h5>
            <form>
              <input type="text" value="输入关键词" onfocus="this.value = '';" onblur="if (this.value == '') {this.value = '';}">
              <input type="submit" value="">
            </form>
            <a href="#">高级查询</a>
          </div>
          <div class="content-top">
            <img class="img-responsive" src="images/ri.jpg" alt=" ">
            <div class="top-content">
              <p>今日特惠</p>
              <span>原价    &yen 1999</span>
              <b>现价  &yen 1680</b>
              <a href="productdetails.html">更多信息<i> </i></a>
            </div>
            <p class="gift"><a href="productdetails.html" >特色礼品</a></p>
          </div>
          <div class="content-middle">
            <p class="rem"> </p>
            <p class="gift"><a href="productdetails.html" >专业设计</a></p>
          </div>
          <div class="content-middle-in">
            <p class="rem"> </p>
            <p class="gift"><a href="productdetails.html" >礼品券</a></p>
          </div>
          <div class="content-bottom">
            <p class="rem"> </p>
            <p class="gift"><a href="productdetails.html" >产品发布</a></p>
          </div>
        </div>
        <div class="clearfix"> </div>
      </div>
      <div class="footer">
        <p class="footer-class">Copyright &copy; 2017 珠宝商城 ICP 备 10012222 号</p>
      </div>
    </div>
  </body>
</html>
```

至此，珠宝商城首页制作完毕。

11.4 制作产品列表页

首页制作完成以后,其他页面在制作时就有章可循了,相同的样式和结构可以复用,所以实现其他页面的实际工作量会大大小于首页制作的工作量。

产品列表页用于展示产品列表,页面效果如图 11-10 所示,布局示意图如图 11-11 所示。

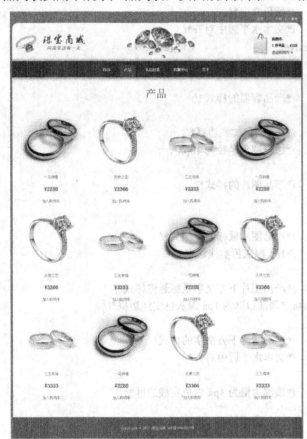
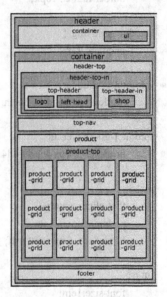

图 11-10　产品列表页的效果　　　　　图 11-11　布局示意图

产品列表页的布局与首页有极大的相似之处,如网站的 Logo、导航菜单、版权区域等,这里不再赘述其实现过程,而是重点讲解产品列表区域的 CSS 样式定义和页面结构代码。

1. 前期准备

(1) 新建网页

在站点根目录下新建产品中心页 product.html。

(2) 准备图片素材

将用于产品列表展示的图片复制到站点的 images 文件夹中。

2. 制作页面

(1) 产品展示区域的 CSS 样式

产品展示区域的内容被放置在名为 product 的 Div 容器中,用来展示产品图文列表。
CSS 代码如下。

```css
/*---------产品列表区域---------*/
.product {                          /*产品列表区域的样式*/
    padding: 3em 1em;
}
.product h2{                        /*产品列表标题的样式*/
    font-size:3em;
    color:#a336a2;                  /*紫色文字*/
    text-align:center;              /*文本水平居中对齐*/
    font-family: 'Courgette', cursive;
    padding:0 0 1em;
}
.product-grid{                      /*产品容器的样式*/
    padding:0em;
    border: 1px solid #fff;         /*1px 白色实线边框*/
    border-radius: 10px;            /*边框圆角半径为 10px*/
}
.product-grid img {                 /*产品图片的样式*/
    padding: 1em;
}
.product-grid:hover{                /*产品图片鼠标悬停样式*/
    border: 1px solid #4d4a4a;      /*1px 深灰色实线边框*/
}
.product-grid:hover .ut{            /*产品图片下方文字鼠标悬停样式*/
    border-top: 1px solid #4d4a4a;  /*顶部边框为 1px 深灰色实线边框*/
}
.ut{                                /*产品图片下方文字的样式*/
    text-align:center;              /*文本水平居中对齐*/
    padding:1.5em 1em;
    border-top: 1px solid #fff;     /*顶部边框为 1px 白色实线边框*/
}
.ut p{                              /*产品图片下方文字段落的样式*/
    font-size:1em;
}
.ut p a{                            /*产品图片下方文字段落的链接样式*/
    color:#d45bd4;                  /*紫色文字*/
}
.ut p a:hover{                      /*产品图片下方文字悬停链接样式*/
    color:#000;                     /*黑色文字*/
    text-decoration:none;           /*链接无修饰*/
}
.ut span{                           /*价格文字的样式*/
    color:#4d4a4a;                  /*深灰色文字*/
    font-size:1.5em;
    display:block;                  /*块级元素*/
    padding:1em 0;
    font-weight:600;                /*字体加粗*/
}
.ut a{                              /*产品名称和加入购物车文字链接的样式*/
```

```
            color:#d45bd4;              /*紫色文字*/
            font-size:1em;
            text-decoration:none;        /*链接无修饰*/
        }
        .ut a:hover{                    /*产品名称和加入购物车文字悬停链接的样式*/
            text-decoration:underline;   /*加下画线*/
        }
```

(2) 产品列表区域的页面结构代码

这里不再列出页面的全部代码，只列出产品列表区域的页面结构代码，代码如下。

```
<div class="product">
  <h2>产品</h2>
  <div class="product-top">
    <div class="col-md-3 product-grid">
      <a href="productdetails.html"><img class="img-responsive" src="images/pr.jpg" alt=""></a>
      <div class="ut">
        <p><a href="productdetails.html">一见钟情</a></p>
        <span> &yen2288 </span>
        <a href="productdetails.html">加入购物车</a>
      </div>
    </div>
    <div class="col-md-3 product-grid">
      <a href="productdetails.html">
        <img class="img-responsive" src="images/pr1.jpg" alt="">
      </a>
      <div class="ut">
        <p><a href="productdetails.html">天使之恋</a></p>
        <span>&yen3366</span>
        <a href="productdetails.html">加入购物车</a>
      </div>
    </div>
    <div class="col-md-3 product-grid">
      <a href="productdetails.html">
        <img class="img-responsive" src="images/pr2.jpg" alt="">
      </a>
      <div class="ut">
        <p><a href="productdetails.html">三生有缘</a></p>
        <span>&yen3333</span>
        <a href="productdetails.html">加入购物车</a>
      </div>
    </div>
    ……（其余9幅图片的定义代码类似，此处省略）
    <div class="clearfix"> </div>
  </div>
</div>
```

至此，产品列表页制作完毕，读者可以在此基础上根据自己的喜好修改相关的 CSS 规则，进一步美化页面。

11.5 制作产品明细页

产品明细页是浏览者查看产品细节时显示的页面,产品明细区域主要显示产品的图文说明和相关信息的链接,页面效果如图 11-12 所示,布局示意图如图 11-13 所示。

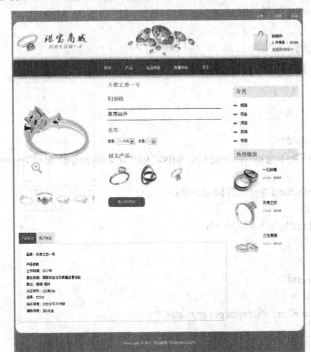
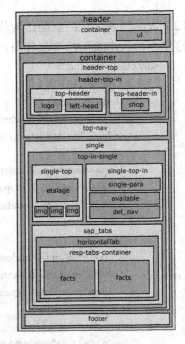

图 11-12　产品明细页的效果　　　　　　图 11-13　布局示意图

产品明细页的布局与首页有极大的相似之处,这里不再赘述其实现过程,而是重点讲解产品明细区域的 CSS 样式定义和页面结构代码。

1. 前期准备

(1) 新建网页

在站点根目录下新建产品明细页 productdetails.html。

(2) 准备图片素材

将用于产品明细展示的图片复制到站点的 images 文件夹中。

2. 制作页面

(1) 产品明细区域的 CSS 样式

产品展示区域的内容被放置在名为 single 的 Div 容器中,用来显示产品大图、缩略图、标题、明细内容、相关产品、商品描述和用户评论等信息。

CSS 代码如下。

```
/*---------产品明细区域---------*/
.single {                           /*产品明细区域样式*/
    padding: 22px 0;
}
.single-top{                        /*产品明细左侧大图容器的样式*/
```

```css
            padding:0;
    }
    .single-para h4{                    /*产品明细右侧标题的样式*/
            font-size:1.5em;
            color:#747272;              /*灰色文字*/
            line-height:1.5em;          /*行高等于高度，内容垂直方向居中对齐*/
            font-weight: 600;           /*字体加粗*/
    }
    .para-grid {                        /*产品明细右侧价格区域的样式*/
            padding: 1.5em 0;
    }
    span.add-to{                        /*产品明细右侧价格文字的样式*/
            float:left;                 /*向左浮动*/
            font-size: 1.7em;
            color: #a336a2;             /*紫色文字*/
            font-weight: 600;           /*字体加粗*/
    }
    a.cart{                             /*加入购物车链接的样式*/
            padding: 7px;
            color: #fff;                /*白色文字*/
            background: #a336a2;        /*紫色背景*/
            border-radius: 10px;        /*边框圆角半径为10px*/
            margin: 1.5em 0 0;
            font-size: 1em;
            display: block;             /*块级元素*/
            line-height: 1.6em;
            width: 32%;
            text-align: center;         /*文本水平居中对齐*/
            text-decoration:none;       /*文本无修饰*/
    }
    a.cart:hover{                       /*加入购物车悬停链接的样式*/
            background: #450345;        /*深褐色文字*/
    }
    .single-para h5{                    /*库存文字的样式*/
            color:#000;                 /*黑色文字*/
            font-size:1.4em;
            border-bottom:1px solid #000;
            border-top:1px solid #000;
            padding:0.5em 0;
    }
    .available {                        /*选项文字的样式*/
            padding: 2em 0 1em;
    }
    .available h6{                      /*选项文字标题的样式*/
            color:#a336a2;              /*紫色文字*/
            font-size:1.4em;
            padding: 0 0 1em;
    }
```

```css
.available ul li{                    /*选项文字列表的样式*/
    display:inline-block;            /*外观为行级元素,内容为块级元素*/
    padding:0 0.5em 0 0;
    color:#4c4c4c;                   /*深灰色文字*/
    font-size:0.9em;
}
.available ul li select {            /*选项文字下拉菜单的样式*/
    outline: none;
    padding: 3px;                    /*内边距 3px*/
}
.det_nav {                           /*相关产品区域的样式*/
    padding: 1em 0;
}
.sap_tabs{                           /*产品描述和用户评论选项卡容器的样式*/
    padding: 3em 0;
}
.resp-tabs-list {                    /*选项卡选项的样式*/
    width: 100%;
    list-style: none;                /*列表项无修饰*/
    padding: 0;
}
.resp-tab-item{                      /*非当前选项内容的样式*/
    font-size: 0.8125em;
    cursor: pointer;
    padding: 12px 10px;
    display: inline-block;           /*外观为行级元素,内容为块级元素*/
    margin: 0 ;                      /*外边距 0px*/
    text-align: center;              /*文本水平居中对齐*/
    list-style: none;                /*列表项无修饰*/
    float: left;                     /*向左浮动*/
    outline: none;
    text-transform: uppercase;
    background: #eee;                /*浅灰色背景*/
    border-right: 1px solid #d4d1d1; /*右侧边框为 1px 浅灰色实线边框*/
    border-top: 1px solid #d4d1d1;   /*顶部边框为 1px 浅灰色实线边框*/
}
.resp-tab-item:first-child{          /*选项卡第一个子元素的样式*/
    border-left:none;                /*左侧无边框*/
}
.resp-tab-active{                    /*当前选项的选项卡样式*/
    background:#a336a2;              /*紫色背景*/
    color:#fff;                      /*白色文字*/
}
.resp-tab-item span{                 /*产品描述和用户评论文字的样式*/
    font-size:1.1em;
}
.resp-tabs-container {               /*选项卡内容容器的样式*/
    padding: 0px;
```

```css
        clear: left;                    /*清除左浮动*/
}
h2.resp-accordion {                     /*当前选项卡标题的样式*/
        cursor: pointer;
        padding: 5px;                   /*内边距 5px*/
        display: none;
}
.resp-tab-content {                     /*非当前选项卡内容容器的样式*/
        display: none;                  /*隐藏显示*/
}
.resp-content-active, .resp-accordion-active {  /*非当前选项卡激活的样式*/
        display: block;                 /*块级元素显示*/
}
h2.resp-accordion {                     /*当前选项卡标题的样式*/
        font-size:1em;
        margin: 0px;
        padding: 10px 15px;
        margin:10px 0;
        color:#fff;                     /*白色文字*/
}
h2.resp-accordion:hover{                /*当前选项卡悬停链接的样式*/
        text-shadow: none;              /*文本无阴影*/
        color: #fff;                    /*白色文字*/
}
.facts{                                 /*选项卡内容的样式*/
        border: 1px solid #d4d1d1;      /*1px 浅灰色实线边框*/
        padding: 2em;
}
.facts p{                               /*选项卡内容段落的样式*/
        color:#000;                     /*黑色文字*/
        font-size:0.9em;
        line-height:2em;
        padding:0 0 1em;
}
.facts ul li{                           /*选项卡内容列表项的样式*/
        list-style:none;                /*列表项无修饰*/
        color:#000;                     /*黑色文字*/
        font-size:0.9em;
        padding:0.3em 0;
}
```

（2）定义页面结构代码

产品明细区域页面结构代码如下。

```html
<div class="single">
  <div class="col-md-9 top-in-single">
    <div class="col-md-5 single-top">
      <ul id="etalage">
        <li>
          <a href="#">
```

```html
            <img class="etalage_thumb_image img-responsive" src="images/s2.jpg" alt="" >
            <img class="etalage_source_image img-responsive" src="images/si1.jpg" alt="" >
          </a>
        </li>
        <li>
            <img class="etalage_thumb_image img-responsive" src="images/s3.jpg" alt="" >
            <img class="etalage_source_image img-responsive" src="images/si2.jpg" alt="" >
        </li>
        <li>
            <img class="etalage_thumb_image img-responsive" src="images/s1.jpg" alt="" >
            <img class="etalage_source_image img-responsive" src="images/si.jpg" alt="" >
        </li>
        <li>
            <img class="etalage_thumb_image img-responsive" src="images/s1.jpg" alt="" >
            <img class="etalage_source_image img-responsive" src="images/si.jpg" alt="" >
        </li>
    </ul>
</div>
<div class="col-md-7 single-top-in">
    <div class="single-para">
        <h4>天使之恋一号</h4>
        <div class="para-grid">
            <span  class="add-to">&yen1988</span>
            <div class="clearfix"></div>
        </div>
        <h5>库存 68 件</h5>
        <div class="available">
            <h6>选项:</h6>
            <ul>
                <li>质量:
                    <select>
                        <option>3.38 克</option>
                        <option>3.58 克</option>
                        <option>4.16 克</option>
                        <option>4.38 克</option>
                    </select>
                </li>
                <li>数量:
                    <select>
                        <option>1</option>
                        <option>2</option>
                        <option>3</option>
                    </select>
                </li>
            </ul>
        </div>
        <div class="det_nav">
            <h4>相关产品:</h4>
```

```html
            <ul>
                <li><a href="#"><img src="images/pi.jpg" class="img-responsive" alt=""></a></li>
                <li><a href="#"><img src="images/pi1.jpg" class="img-responsive" alt=""></a></li>
                <li><a href="#"><img src="images/pi2.jpg" class="img-responsive" alt=""></a></li>
            </ul>
        </div>
        <a href="checkout.html" class="cart ">加入购物车</a>
    </div>
</div>
<div class="clearfix"> </div>
<div class="sap_tabs">
    <div id="horizontalTab" style="display: block; width: 100%; margin: 0px;">
        <ul class="resp-tabs-list">
            <li class="resp-tab-item " aria-controls="tab_item-0" role="tab">
                <span>产品描述</span>
            </li>
            <li class="resp-tab-item" aria-controls="tab_item-1" role="tab">
                <span>用户评论</span>
            </li>
        </ul>
        <div class="resp-tabs-container">
            <h2 class="resp-accordion resp-tab-active" role="tab" aria-controls="tab_item-0">
                <span class="resp-arrow"></span>Product Description
            </h2>
            <div class="tab-1 resp-tab-content resp-tab-content-active" aria-labelledby="tab_item-0"
                style="display:block">
                <div class="facts">
                    <p >品牌: 天使之恋一号</p>
                    <ul>
                        <li>产品参数</li>
                        <li>上市时间: 2017 年</li>
                        <li>鉴定类别: 国家珠宝玉石质量监督检验</li>
                        <li>款式: 戒指/指环</li>
                        <li>认证标识: CAL 和 CMA</li>
                        <li>货 号: RT230</li>
                        <li>钻石净度: 20 分以下不分级</li>
                        <li>镶嵌材质: 白 18K 金</li>
                    </ul>
                </div>
            </div>
            <h2 class="resp-accordion" role="tab" aria-controls="tab_item-1">
                <span class="resp-arrow"></span>Additional Information
            </h2>
            <div class="tab-1 resp-tab-content" aria-labelledby="tab_item-1">
                <div class="facts">
                    <p >用户对产品的评论: </p>
                    <ul >
                        <li>风中的玫瑰: 完美、实物很好看,实体店该有的东西一样都不少地包装在内。
```

很完美的购物、包装盒很美,所有专柜中最好看的!</li>
                    <li>慈祥的母亲: 物流超给力,宝贝儿比实物漂亮。媳妇儿很喜欢。</li>
                    <li>灰太狼: 样式还可以,确实很小,不知道老婆会不会喜欢。</li>
                </ul>
            </div>
        </div>
    </div>
</div>
<script src="js/easyResponsiveTabs.js" type="text/javascript"></script>   <!--Tabs 选项卡切换-->
<script type="text/javascript">
    $(document).ready(function () {
        $('#horizontalTab').easyResponsiveTabs({
            type: 'default',
            width: 'auto',
            fit: true
        });
    });
</script>
</div>
```

至此,产品明细页制作完毕。

## 11.6 制作查看购物车页

当客户单击产品明细页面中的"加入购物车"按钮时,将打开查看购物车页面。页面中显示添加到购物车中的商品信息及金额,客户可以修改购买商品的数量,页面效果如图 11-14 所示,布局示意图如图 11-15 所示。

图 11-14　查看购物车页的效果

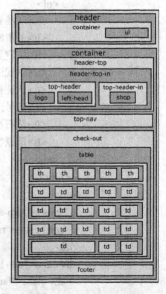

图 11-15　布局示意图

查看购物车页的布局与首页有极大的相似之处,这里不再赘述其实现过程,而是重点讲解
```

购物车区域的CSS样式定义和页面结构代码。

1．前期准备

（1）新建网页

在站点根目录下新建查看购物车页checkout.html。

（2）准备图片素材

将用于产品明细展示的图片复制到站点的images文件夹中。

2．制作页面

（1）购物车区域的CSS样式

购物车区域的内容被放置在名为check-out的Div容器中，内容包括商品名称、数量、单价、运费、小计和总计等信息。

CSS代码如下。

```
/*---------购物车区域---------*/
.check-out{                          /*购物车容器样式*/
    padding:3em 1em;
}
.check-out h2 {                      /*购物车标题文字样式*/
    font-size: 3em;                  /*字体大小是3倍的默认字体大小*/
    color: #a336a2;                  /*紫色文字*/
    text-align: center;              /*文本水平居中对齐*/
    font-family: 'Courgette', cursive;
    padding: 0 0 1em;
}
table{                               /*表格样式*/
    width:100%;
}
table, th, td {                      /*表格、标题行单元格、数据行单元格样式*/
    border: 1px solid #000;          /*1px黑色实线边框*/
}
th{                                  /*标题行单元格样式*/
    color:#a336a2;                   /*紫色文字*/
    font-size:1em;
}
th, td {                             /*标题行单元格、数据行单元格样式*/
    padding: 10px;                   /*内边距10px*/
}
td{                                  /*数据行单元格样式*/
    color:#000;                      /*黑色文字*/
}
.ring-in{                            /*数据行单元格内容的样式*/
    width:45%;                       /*宽度是外围容器宽度的45%*/
}
a.at-in {                            /*产品图片的样式*/
    float: left;                     /*向左浮动*/
}
```

· 263 ·

```css
.sed {                          /*产品简介容器的样式*/
    float: right;               /*向右浮动*/
    width: 74%;
}
.sed h5{                        /*产品名称的样式*/
    color:#a336a2;              /*紫色文字*/
    font-size:1em;
    font-weight:600;            /*字体加粗*/
}
.sed p{                         /*产品简介段落的样式*/
    color:#000;                 /*黑色文字*/
    font-size:1em;
    line-height:1.8em;
    padding:1em 0 0;
}
.check{                         /*产品数量容器的样式*/
    width:6%;                   /*宽度是外围容器宽度的 6%*/
}
.check input[type="text"]{      /*产品数量文本域的样式*/
    width: 76%;
    padding: 0.3em;
    margin: 1em 0;
    background: #fff;           /*白色背景*/
    outline: none;
    text-align: center;         /*文本水平居中对齐*/
    border: 1px solid #000;     /*1px 黑色实线边框*/
}
a.proceed {                     /*结算按钮链接的样式*/
    padding: 7px 18px;          /*上、下内边距 7px，左、右内边距 18px */
    color: #fff;                /*白色文字*/
    background: #a336a2;        /*紫色背景*/
    border-radius: 10px;        /*边框圆角半径 10px*/
    margin: 1.5em 0 0;
    font-size: 1em;
    display: block;             /*块级元素*/
    line-height: 1.6em;
    text-decoration: none;      /*链接无修饰*/
    float:right;                /*向右浮动*/
}
a.proceed:hover {               /*结算按钮悬停链接的样式*/
    background: #450345;        /*深褐色背景*/
}
```

（2）定义页面结构代码

购物车区域页面结构代码如下。

```html
<div class="check-out">
    <h2>购物车</h2>
    <table >
        <tr>
```

```html
                    <th>商品</th>
                    <th>数量</th>
                    <th>单价</th>
                    <th>运费</th>
                    <th>小计</th>
                </tr>
                <tr>
                    <td class="ring-in">
                        <a href="productdetails.html" class="at-in">
                            <img src="images/pi.jpg" class="img-responsive">
                        </a>
                        <div class="sed">
                            <h5>天使之恋</h5>
                            <p>高贵典雅</p>
                        </div>
                        <div class="clearfix"> </div>
                    </td>
                    <td class="check">
                        <input type="text" onfocus="this.value='';" onblur="if (this.value == '') {this.value='';}"
                            value="1">
                    </td>
                    <td>&yen;3366</td>
                    <td>免运费</td>
                    <td>&yen;3366</td>
                </tr>
                ……（其余两行单元格的定义代码类似，此处省略）
                <tr>
                    <td colspan="3" align="right"><a href="#">更新</a></td>
                    <td>总计</td>
                    <td>&yen;11353</td>
                </tr>
            </table>
            <a href="#" class="proceed">结算</a>
            <div class="clearfix"> </div>
        </div>
```

至此，珠宝商城前台的主要页面制作完毕，读者可以在此基础上根据自己的喜好修改相关的 CSS 规则，进一步美化页面。

另外，前台页面还包括其余 6 个页面，分别是礼品包装页（gift.html）、客服中心页（custom.html）、关于页（about.html）、会员登录页（account.html）、会员注册页（register.html）和联系页（contact.html）。这几个页面和本章讲解的页面在网站的 Logo、导航菜单、版权区域等方面非常相似，局部内容的布局和页面制作在前面的章节中大部分已经讲解，请读者结合本章所学内容，从页面整体布局的角度重新制作完整的页面。

习题 11

1. 综合使用 Div+CSS 技术制作珠宝商城礼品包装页（gift.html），如图 11-16 所示。

2. 综合使用 Div+CSS 技术制作珠宝商城关于页（about.html），如图 11-17 所示。

图 11-16 题 1 图

图 11-17 题 2 图

第 12 章 珠宝商城后台管理页面

前面的章节主要讲解的是商城前台页面的制作，一个完整的商城网站还应包括后台管理页面。管理员登录后台管理页面之后，可以进行商品管理、订单管理、会员管理、广告管理和网店设置等操作。本章主要讲解珠宝商城后台管理登录页、查询商品页、添加商品页和会员管理页的制作。

12.1 制作后台管理登录页

商城后台管理登录页是管理员在登录表单中输入用户名和密码进而登录系统的页面，该页面的效果如图 12-1 所示，布局示意图如图 12-2 所示。

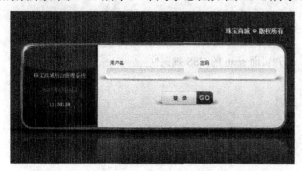

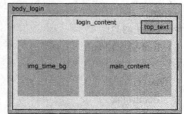

图 12-1 商城后台管理登录页的效果　　　　图 12-2 页面的布局示意图

在实现了后台管理登录页的布局后，接下来就要完成页面的制作，制作过程如下。

1．前期准备

（1）目录结构

后台管理页面需要单独存放在一个目录中，以区别于前台页面。在第 11 章中，已经在网站根目录中建立了一个名为 admin 的目录，该目录用于存放后台管理的页面和子目录。另外，在 admin 目录中还应建立后台管理页面存放图片的目录 images 和样式表目录 style，后台管理页面的目录结构如图 12-3 所示。

需要说明的是，这里新建的 images 和 style 目录虽然与网站根目录下的相应目录同名，但其位于 admin 目录中，两者互不影响。设计人员在制作后台管理页面时，要注意使用相对路径访问相关文件。

图 12-3 后台页面的目录结构

（2）新建网页

在 admin 目录下新建后台管理登录页 login.html、查询商品页 search.html、添加商品页 addgoods.html 和会员管理页 manage.html。

(3) 页面素材

将后台管理页面需要使用的图像素材存放在新建的 images 目录下。

(4) 外部样式表

在新建的 style 目录下建立一个名为 style.css 的样式表文件。

2. 制作页面

(1) 公共属性的 CSS 定义

以上 4 个页面公共属性的 CSS 定义代码如下。

```css
body{                              /*页面 body 的 CSS 规则*/
    padding:0px;                   /*内边距为 0px*/
    margin:0px;                    /*外边距为 0px*/
    font:"宋体" "微软雅黑";
    font-size:12px;
}
a{                                 /*页面超链接的 CSS 规则*/
    color:#333;
    text-decoration:none;          /*链接无修饰*/
}
span{                              /*页面 span 的 CSS 规则*/
    color:#333;
    font-size:12px;
}
.float_r{                          /*页面右浮动区的 CSS 规则*/
    float:right;                   /*向右浮动*/
}
.float_l{                          /*页面左浮动区的 CSS 规则*/
    float:left;                    /*向左浮动*/
}
.clear{
    clear:both;                    /*清除浮动*/
}
h3, h4,h1,h2,p,ul{                 /*1~4 级标题、段落、无序列表的 CSS 规则*/
    margin:0px;                    /*外边距为 0px*/
    padding:0px;                   /*内边距为 0px*/
    color:#333;
    font-size:12px;
    list-style:none;               /*无列表类型*/
}
img{
    border:none;                   /*图像不显示边框*/
}
```

(2) 页面整体的制作

登录页 login.html 的整体内容被放在名为 body_login 的 Div 容器中，主要用来显示页面整体背景。body_login 容器中又包含 login_container 容器，主要用来显示框架背景。

CSS 代码如下。

```css
.body_login{
```

```css
    background:url(../images/bgtwo.jpg) repeat-x -3px -3px #491d6a;   /*页面整体背景水平重复*/
}
div.login_container{
    background:url(../images/frame.jpg) no-repeat center 13px;   /*框架背景无重复*/
    height:421px;
    margin-top:248px;                  /*上外边距248px*/
}
```

(3) 页面内容区域的制作

页面内容区域被放在名为 login_content 的 Div 容器中，主要用来显示左侧的系统信息和右侧的登录表单，如图 12-4 所示。

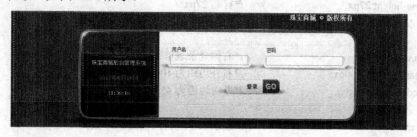

图 12-4　页面内容区域的显示效果

CSS 代码如下。

```css
div.login_content{                     /*页面内容区域的 CSS 规则*/
    width:1002px;                      /*内容区域的整体宽度*/
    margin:0px auto;                   /*设置元素自动居中对齐*/
}
p.top_text{                            /*版权区域段落文字的 CSS 规则*/
    text-align:right;                  /*文字右对齐*/
    padding-right:130px;               /*右内边距 130px*/
    color:#333;
    font-weight:bold;                  /*文字加粗*/
    font-size:16px;
}
div.img_time_bg{                       /*当前时间区域的 CSS 规则*/
    margin-top:85px;                   /*上外边距为 85px*/
    margin-left:180px;                 /*左外边距为 180px*/
    float:left;                        /*向左浮动*/
    width:183px;
    height:81px;
}
div.img_time_bg p{                     /*当前时间区域段落的 CSS 规则*/
    text-align:center;
    height:30px;
    line-height:30px;                  /*行高 30px*/
    margin:8px 0px;                    /*上、下内边距为 8px、右、左内边距为 0px*/
    color:#333;
    font-size:14px;
}
div.img_time_bg p.current_time{        /*当前时间文字的 CSS 规则*/
```

```css
    color:#665673;
    font-weight:bold;                          /*文字加粗*/
}
div.main_content{                              /*右侧内容的 CSS 规则*/
    float:left;                                /*向左浮动*/
    width:500px;                               /*右侧内容的宽度为 500px*/
    margin-top:61px;                           /*上外边距为 60px*/
}
div.main_content p{                            /*右侧内容段落的 CSS 规则*/
    height:27px;
    line-height:27px;                          /*行高 27px*/
    color:#491a6a;
}
span.user{                                     /*右侧登录表单中文字的 CSS 规则*/
    margin-right:200px;                        /*右外边距为 100px*/
    padding-left:45px;                         /*左内边距为 45px*/
}
input.text{                                    /*登录表单中输入框的 CSS 规则*/
    margin-left:40px;                          /*左外边距为 40px*/
    width:199px;
    height:24px;
    border:none;                               /*不显示边框*/
    background:none;
}
p.button{                                      /*按钮所在段落的 CSS 规则*/
    text-align:center;
    margin-top:32px;                           /*上外边距为 32px*/
}
input.log_button{                              /*按钮的 CSS 规则*/
    background:url(../images/login.jpg) no-repeat left top;    /*按钮背景图像无重复*/
    border:none;
    width:172px;
    height:39px;
    cursor:pointer;                            /*光标样式为指针形状*/
    text-align:left;
    padding-left:50px;                         /*左内边距为 50px*/
    letter-spacing:10px;                       /*"登录"两个文字的间隔为 10px*/
    font-weight:bold;
    color:#491a6a;
}
```

(4) 页面结构代码

为了使读者对页面的样式与结构有一个全面的认识，最后说明整个页面（login.html）的结构代码，代码如下。

```html
<html>
<head>
<title>珠宝商城后台管理系统-系统登录</title>
<link type="text/css" rel="stylesheet" href="style/style.css" />
```

```html
        </head>
        <body class="body_login">
            <div class="login_container">
                <div class="login_content">
                    <p class="top_text">珠宝商城 &copy; 版权所有</p>
                    <div class="img_time_bg">
                        <p>珠宝商城后台管理系统</p>
                        <p class="current_time">2017 年 6 月 15 号</p>
                        <p>11:30:10</p>
                    </div>
                    <div class="main_content">
                        <p><span class="user">用户名</span> <span>密码</span></p>
                        <p>
                            <input type="text" class="text"/>
                            <input type="text" class="text"/>
                        </p>
                        <p class="button">
                            <input type="button" value="登录" class="log_button" />
                        </p>
                    </div>
                    <div class="clear">
                    </div>
                </div>
            </div>
        </body>
    </html>
```

至此，后台管理登录页面制作完毕，读者可以在此基础上根据自己的喜好修改相关的 CSS 规则，进一步美化页面。

12.2 制作查询商品页

当管理员成功登录商城后台管理系统后，就可以执行后台管理常见的操作了。例如，查询商品、添加商品、会员管理及网店设置等。

查询商品页是管理员在搜索栏中输入关键字后，通过系统搜索找出符合条件的商品列表页面。查询商品页的效果如图 12-5 所示，布局示意图如图 12-6 所示。

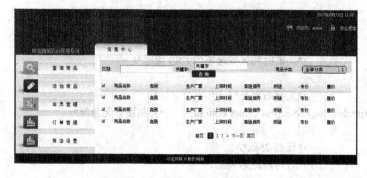

图 12-5 查询商品页的效果

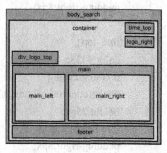

图 12-6 布局示意图

1. 前期准备

当用户需要根据日期来查询商品情况时，如果直接在日期输入框中输入日期操作起来比较麻烦，这里采用 JavaScript 脚本来解决这个问题。用户只需单击日期输入框就可以弹出一个选择日期的小窗口，进而方便地选择日期。实现这个功能的操作将在本页的制作过程中讲解，由于该脚本的代码较长，这里采用链接 JavaScript 脚本到页面中的方法来实现这一功能。

在建立商城首页的准备工作中，用户曾经在网站根目录中建立了一个专门存放 JavaScript 脚本的目录 js，这里提前将查询商品页中需要用到的脚本文件 calender.js 复制到目录 js 中。

2. 制作页面

（1）页面整体的制作

页面的整体内容被放在名为 body_search 的 Div 容器中，主要用来显示页面背景。body_search 容器中又包含 container 容器，主要用来设置容器的宽度和对齐方式。

CSS 代码如下。

```
.body_search{
    background:url(../images/divbg.jpg) repeat left top;     /*页面整体背景图像水平且垂直重复*/
}
div.container{
    width:1002px;                    /*设置容器的宽度*/
    margin:0px auto;                 /*设置容器的自动水平对齐*/
}
```

（2）页面欢迎信息区域的制作

页面欢迎信息区域包括当前时间和欢迎文字。当前时间被放置在名为 time_top 的 Div 容器中，欢迎文字被放置在名为 logo_right 的 Div 容器中，如图 12-7 所示。

图 12-7 页面欢迎信息区域的显示效果

CSS 代码如下。

```
div.time_top{                                                /*当前时间区域的 CSS 规则*/
    background:url(../images/timeline.jpg) no-repeat center top;    /*背景图像无重复*/
    text-align:right;                /*文字右对齐*/
    height:25px;
    line-height:25px;                /*行高 25px*/
    color:#333;
    padding-right:8px;               /*右内边距为 8px*/
}
p.time_top{                                                  /*当前时间区域段落的 CSS 规则*/
    color:#333;
    text-align:right;                /*文字右对齐*/
    background:url(../images/timeline.jpg) no-repeat center bottom;    /*背景图像无重复*/
    height:25px;
    line-height:25px;                /*行高 25px*/
    padding-right:8px;               /*右内边距为 8px*/
}
```

```css
p.logo_right{                              /*欢迎文字的 CSS 规则*/
    margin-top:18px;                       /*上外边距为 18px*/
    text-align:right;                      /*文字右对齐*/
}
p.logo_right a{                            /*文字超链接的 CSS 规则*/
    color:#333;
}
span.welcome{                              /*"欢迎您"文字区域的 CSS 规则*/
    background:url(../images/trumpet.png) no-repeat left center;   /*背景图像无重复*/
    padding-left:27px;                     /*左内边距为 27px*/
    margin-right:22px;                     /*右外边距为 22px*/
}
span.lock{                                 /*"安全退出"文字区域的 CSS 规则*/
    background:url(../images/lock.png) no-repeat left center;      /*背景图像无重复*/
    padding-left:27px;                     /*左内边距为 27px*/
}
```

（3）页面 Logo 和信息中心文字的制作

页面 Logo 被放在名为 div_logo_top 的 Div 容器中，信息中心文字被放在名为 nav_top 的 Div 容器中，如图 12-8 所示。

图 12-8　页面 Logo 和信息中心文字的显示效果

CSS 代码如下。

```css
div.div_logo_top{                          /*页面 Logo 的 CSS 规则*/
    width:1002px;
}
div.logo_img{                              /*页面 Logo 背景图像的 CSS 规则*/
    background:url(../images/logo.jpg) no-repeat left center;
    margin-top:0px;                        /*上外边距为 0px*/
    margin-left:30px;                      /*左外边距为 30px*/
    width:176px;
    height:69px;
}
div.logo_img p{                            /*页面 Logo 段落的 CSS 规则*/
    color:#333;
    font-size:14px;
    text-align:center;                     /*文字居中对齐*/
    padding-top:52px;                      /*上内边距为 52px*/
}
ul.nav_top{                                /*信息中心文字区域的 CSS 规则*/
    margin-top:38px;                       /*上外边距为 38px*/
    margin-left:27px;                      /*左外边距为 27px*/
}
ul.nav_top li{
    background:url(../images/navtop.jpg) no-repeat left top;       /*背景图像无重复*/
    width:155px;
```

```css
        height:34px;
        line-height:34px;            /*行高 34px*/
        text-align:center;           /*文字居中对齐*/
        letter-spacing:8px;          /*"信息中心"4个文字的间隔为 8px*/
    }
```

(4) 页面主体内容区域的制作

页面主体内容区域被放在名为 main 的 Div 容器中,包括左侧的导航菜单和右侧的相关信息两部分。导航菜单被放在名为 main_left 的 Div 容器中,右侧的相关信息被放在名为 main_right 的 Div 容器中, 如图 12-9 所示。

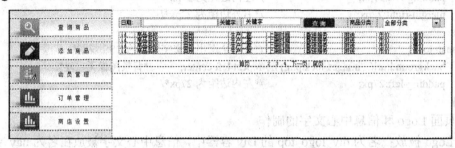

图 12-9 页面主体内容区域的显示效果

CSS 代码如下。

```css
    div.main{                        /*页面主体内容区域的 CSS 规则*/
        background:#fff;
    }
    div.main_left{                   /*主体内容左侧区域的 CSS 规则*/
        width:233px;
        padding:18px 0px;            /*上、下内边距为 18px,右、左内边距为 0px*/
        background:#efefef;
    }
    ul.button_bg li a{               /*左侧区域按钮列表超链接的 CSS 规则*/
        letter-spacing:8px;font:"宋体" "微软雅黑";   /*字符间距为 8px*/
        width:233px;
        height:38px;
        line-height:38px;            /*行高 38px*/
        color:#3c1558;
        display:block;               /*块级元素*/
        text-align:center;
        text-indent:65px;            /*文字缩进 65px*/
    }
    ul.button_bg li.button_1 a{      /*第 1 个按钮超链接的 CSS 规则*/
        background:url(../images/button_1.png) no-repeat left top;   /*按钮背景图像无重复*/
    }
    ul.button_bg li.button_1 a:hover{  /*第 1 个按钮鼠标悬停的 CSS 规则*/
        background:url(../images/button_1.jpg) no-repeat left top;
    }
    ul.button_bg li.button_2 a{      /*第 2 个按钮超链接的 CSS 规则*/
        background:url(../images/button_2.png) no-repeat left top;
        margin:14px 0px;             /*偶数行按钮设置上、下外边距实现按钮的分隔显示*/
```

```css
}
ul.button_bg li.button_2 a:hover{        /*第2个按钮鼠标悬停的CSS规则*/
    background:url(../images/button_2.jpg) no-repeat left top;
    margin:14px 0px;                     /*偶数行按钮设置上、下外边距实现按钮的分隔显示*/
}
ul.button_bg li.button_3 a{              /*第3个按钮超链接的CSS规则*/
    background:url(../images/button_3.png) no-repeat left top;
}
ul.button_bg li.button_3 a:hover{        /*第3个按钮鼠标悬停的CSS规则*/
    background:url(../images/button_3.jpg) no-repeat left top;
}
ul.button_bg li.button_4 a{              /*第4个按钮超链接的CSS规则*/
    background:url(../images/button_4.png) no-repeat left top;
    margin:14px 0px;                     /*偶数行按钮设置上、下外边距实现按钮的分隔显示*/
}
ul.button_bg li.button_4 a:hover{        /*第4个按钮鼠标悬停的CSS规则*/
    background:url(../images/button_4.jpg) no-repeat left top;
    margin:14px 0px;                     /*偶数行按钮设置上、下外边距实现按钮的分隔显示*/
}
ul.button_bg li.button_5 a{              /*第5个按钮超链接的CSS规则*/
    background:url(../images/button_4.png) no-repeat left top;
}
ul.button_bg li.button_5 a:hover{        /*第5个按钮鼠标悬停的CSS规则*/
    background:url(../images/button_4.jpg) no-repeat left top;
}
div.main_right{                          /*主体内容右侧区域的CSS规则*/
    width:739px;
    background:#fff;
    padding:15px;                        /*内边距为15px*/
}
table.table_search{                      /*右侧区域查询表单所在表格的CSS规则*/
    border:1px solid #ccc;               /*边框为1px灰色实线*/
    border-right:none;                   /*不显示右边框*/
    border-left:none;                    /*不显示左边框*/
    margin-bottom:8px;                   /*下外边距为8px*/
    border:1px solid #ccc;
    border-bottom:none;                  /*不显示下边框*/
}
table.table_search tr{                   /*表格行的CSS规则*/
    height:31px;
}
table.table_search tr td{                /*表格单元格的CSS规则*/
    text-indent:5px;
    border-right:1px solid #ccc;         /*右边框为1px灰色实线*/
    padding-right:1px;                   /*右内边距为1px*/
}
table.table_search tr.trback td{
    border-right:none;                   /*不显示右边框*/
```

```css
tr.trback{
    background:url(../images/trline.jpg) repeat-x left top;    /*行背景图像水平重复*/
}
table.table_result{                          /*右侧区域查询结果表格的CSS规则*/
    width:739px;
}
table.table_result tr{                       /*查询结果表格行的CSS规则*/
    height:34px;
}
table.table_result tr.tabletop{              /*查询结果表格标题行的CSS规则*/
    background:url(../images/tabletop.jpg) repeat-x left top;  /*行背景图像水平重复*/
    height:34px;
}
table.table_result tr td{                    /*查询结果表格标题行单元格的CSS规则*/
    border-right:1px solid #ebebeb;          /*右边框为1px细实线*/
    padding-left:5px;
}
select.goods_type{                           /*商品分类下拉列表的CSS规则*/
    width:130px;
}
input.search{                                /*查询按钮的CSS规则*/
    background:url(../images/search.jpg) no-repeat left top;  /*按钮背景图像无重复*/
    border:none;                             /*不显示边框*/
    width:74px;
    height:20px;
}
```

（5）页面底部区域的制作

页面底部区域的内容被放在名为 footer 的 Div 容器中，用来显示版权信息，如图 12-10 所示。

图 12-10 页面底部区域

CSS 代码如下。

```css
div.footer{
    background:#2a0940;
    text-align:center;                       /*文字居中对齐*/
    height:25px;
    line-height:25px;                        /*行高等于高度，内容垂直方向居中对齐*/
    color:#333;
}
```

（6）页面结构代码

为了使读者对页面的样式与结构有一个全面的认识，最后说明整个页面（search.html）的结构代码，代码如下。

```html
<!doctype html>
<html>
```

```html
<head>
<title>珠宝商城后台管理系统-查询商品</title>
<link type="text/css" href="style/style.css" rel="stylesheet" />
</head>
<body class="body_search">
  <div class="container">
    <p class="time_top">2017 年 6 月 15 日   11:30</p>
    <p class="logo_right">
      <span class="welcome"><a href="" title="">欢迎您：admin</a></span>
      <span class="lock"><a href="" title="" class="lock">安全退出</a></span>
    </p>
    <div class="div_logo_top">
      <div class="logo_img float_l">
        <p>珠宝商城后台管理系统</p>
      </div>
      <ul class="nav_top float_l"><li>信息中心</li></ul>
    </div>
    <div class="clear"></div>
    <div class="main">
      <div class="main_left float_l">
        <ul class="button_bg">
          <li class="button_1"><a href="search.html">查询商品</a></li>
          <li class="button_2"><a href="addgoods.html">添加商品</a></li>
          <li class="button_3"><a href="#">会员管理</a></li>
          <li class="button_4"><a href="#">订单管理</a></li>
          <li class="button_5"><a href="#">商店设置</a></li>
        </ul>
      </div>
      <div class="main_right float_l">
        <table width="739" cellpadding="0" cellspacing="0"  class="table_search">
          <tr class="trback">
            <td style=" width:50px;">日期:</td>
            <td style=" width:150px;">
              <input   type="text"   value=""/>
            </td>
            <td>关键字:</td>
            <td style=" width:240px;">
              <input width="130px;"   type="text" value="关键字">
              <input type="button" value="" class="search" />
            </td>
            <td>商品分类:</td>
            <td style=" text-align:center;">
              <select class="goods_type">
                <option selected>全部分类</option>
                <option>按品牌分类</option>
                <option>按对象分类</option>
                <option>按用途分类</option>
                <option>按尺寸分类</option>
```

```html
                </select>
            </td>
        </tr>
    </table>
            <table class="table_result" cellpadding="0" cellspacing="0">
                <tr class="tabletop">
                    <td style="width:31px;">id</td>
                    <td style="width:100px;">商品名称</td>
                    <td style="width:100px;">类别</td>
                    <td style="width:80px;">生产厂家</td>
                    <td style="width:80px;">上架时间</td>
                    <td style="width:80px;">配送服务</td>
                    <td>附送</td>
                    <td>市价</td>
                    <td style=" border-right:none;">售价</td>
                </tr>
                <tr>
                    <td style="width:31px;">id</td>
                    <td style="width:100px;">商品名称</td>
                    <td style="width:100px;">类别</td>
                    <td style="width:80px;">生产厂家</td>
                    <td style="width:80px;">上架时间</td>
                    <td style="width:80px;">配送服务</td>
                    <td>附送</td>
                    <td>市价</td>
                    <td style=" border-right:none;">售价</td>
                </tr>
                <tr>
                    <td style="width:31px;">id</td>
                    <td style="width:100px;">商品名称</td>
                    <td style="width:100px;">类别</td>
                    <td style="width:80px;">生产厂家</td>
                    <td style="width:80px;">上架时间</td>
                    <td style="width:80px;">配送服务</td>
                    <td>附送</td>
                    <td>市价</td>
                    <td style=" border-right:none;">售价</td>
                </tr>
                <tr>
                    <td style="width:31px;">id</td>
                    <td style="width:100px;">商品名称</td>
                    <td style="width:100px;">类别</td>
                    <td style="width:80px;">生产厂家</td>
                    <td style="width:80px;">上架时间</td>
                    <td style="width:80px;">配送服务</td>
                    <td>附送</td>
                    <td>市价</td>
                    <td style=" border-right:none;">售价</td>
```

```html
                </tr>
            </table>
            <div class="indexpage">
                <a href="" title="">首页</a>
                <a class="ononepage" href="" title="">1</a><a href="" title="">2</a>
                <a href="" title="">3</a>
                <a href="" title="">4</a>
                <a href="" title="">下一页</a>
                <a href="" title="">尾页</a>
            </div>
        </div>
        <div class="clear"></div>
        <div class="footer">珠宝商城 &copy; 版权所有</div>
    </div>
</body>
</html>
```

在前面的章节中,已经讲到表格布局仅适用于页面中数据规整的局部布局。在本页面主体内容右侧相关信息区域就用到了表格的布局,读者一定要明白表格布局的适用场合,即只适用于局部布局,而不适用于全局布局。

(7) 添加 JavaScript 脚本实现网页特效

以上制作过程完成了网页的结构和布局,接下来可以在此基础上添加 JavaScript 脚本实现日期输入框的简化输入。制作过程如下。

① 首先,链接外部 JavaScript 脚本文件到页面中。在页面的<head>和</head>代码之间添加以下代码。

```
<script type="text/javascript" src="../js/calender.js"></script>
```

② 定位到日期输入框的代码,增加日期输入框获得焦点时的 onFocus 事件代码,调用 calender.js 中定义的设置日期函数 HS_setDate(),代码如下。

```
<input type="text" value="" onFocus="HS_setDate(this)"/>
```

需要注意的是,函数 HS_setDate()的大小写一定要正确。

以上操作完成后,重新打开页面预览,当浏览者单击日期输入框时就可以看到弹出的选择日期窗口,进而便捷地选择日期,如图 12-11 所示。

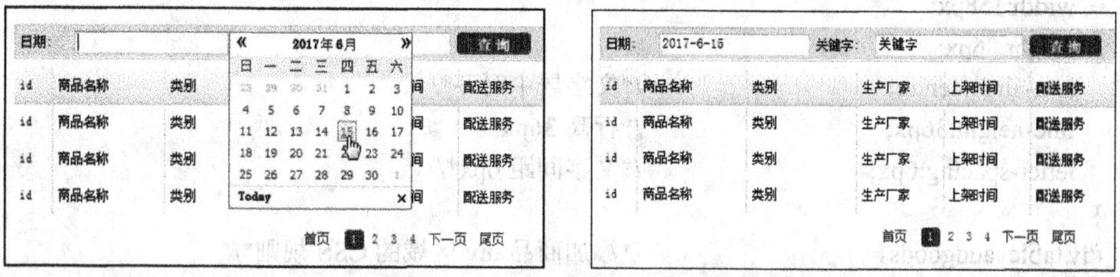

图 12-11 使用选择日期窗口选择日期

至此,查询商品页制作完毕,读者可以在此基础上根据自己的喜好修改相关的 CSS 规则,进一步美化页面。

12.3 制作添加商品页

添加商品页是管理员通过表单输入新的商品数据，然后提交到网站数据库中的页面。添加商品页的效果如图 12-12 所示，布局示意图如图 12-13 所示。

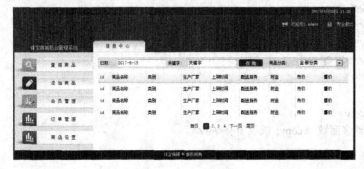
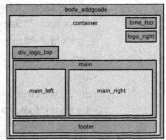

图 12-12　添加商品页的效果　　　　　　　　图 12-13　布局示意图

添加商品页的布局与查询商品页有极大的相似之处，这里不再赘述相同部分的实现过程，而是重点讲解页面不同部分的制作。

上述两个页面的不同之处在于页面主体内容右侧相关信息的内容不同，右侧的相关信息被放在名为 main_right 的 Div 容器中，如图 12-14 所示。

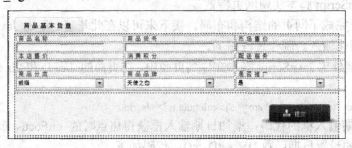

图 12-14　右侧相关信息的显示效果

CSS 代码如下。

```
h3.goods_title{                                    /*"商品基本信息"文字的 CSS 规则*/
    background:url(../images/goods_title.png) no-repeat left top;    /*背景图像无重复*/
    width:158px;
    height:36px;
    text-align:center;                             /*文字居中对齐*/
    line-height:36px;                              /*行高 36px*/
    letter-spacing:6px;                            /*文字间距 6px*/
}
div.table_addgoods{                                /*添加商品 div 区域的 CSS 规则*/
    border-top:1px solid #e1e1e1;                  /*右边框为 1px 灰色实线*/
    width:739px;
    background:#f7f7f7;
}
table.table_addgoods{                              /*添加商品表单所在表格的 CSS 规则*/
    padding-left:20px;                             /*左内边距为 20px*/
    width:739px;
```

```css
}
table.table_addgoods tr{              /*表格行的 CSS 规则*/
    height:35px;
}
table.table_addgoods tr td{           /*表格单元格的 CSS 规则*/
    width:247px;
}
table.table_addgoods tr td.tabletop{  /*表单元素上方说明文字的 CSS 规则*/
    letter-spacing:6px;               /*文字间距为 6px*/
    text-indent:6px;                  /*段落缩进为 6px*/
    font-size:12px;
    color:#5a1e8f;
}
input.goods_input{                    /*表单输入框的 CSS 规则*/
    background:url(../images/ininputbg.png) no-repeat left top;   /*背景图像无重复*/
    width:201px;
    height:18px;
    border:none;                      /*不显示边框*/
    padding-left:2px;                 /*左内边距为 2px*/
    padding-top:4px;                  /*上内边距为 4px*/
}
td.linetable{                         /*输入框和下拉列表之间水平分隔线的 CSS 规则*/
    background:url(../images/linetable.png) no-repeat center;     /*背景图像无重复*/
}
select.goods_add{                     /*表单下拉列表的 CSS 规则*/
    width:201px;
    height:24px;
    border:1px solid #ccc;            /*边框为 1px 灰色实线*/
}
div.submit{                           /*表单提交按钮区域的 CSS 规则*/
    text-align:right;
    margin:5px 0px;                   /*上、下外边距为 5px,右、左内边距为 0px*/
    padding:25px 0px;                 /*上、下内边距为 25px,右、左内边距为 0px*/
}
input.submit_button{                  /*提交按钮的 CSS 规则*/
    cursor:pointer;                   /*鼠标形状为指针*/
    color:#fff;
    letter-spacing:10px;              /*文字间距为 10px*/
    text-indent:25px;                 /*段落缩进为 25px*/
    background:url(../images/submit.png) no-repeat left top;      /*背景图像无重复*/
    width:175px;
    height:44px;
    border:none;                      /*不显示边框*/
}
div.indexpage{                        /*分页区域的 CSS 规则*/
    text-align:center;
    margin:15px 0px 0px 0px;          /*上、右、下、左的外边距依次为 15px、0px、0px、0px*/
}
```

```css
div.indexpage a{                            /*分页区域超链接的 CSS 规则*/
    margin:3px;                             /*外边距为 3px*/
    color:#461d69;
}
div.indexpage a.ononepage{                  /*分页区域第一页的 CSS 规则*/
    background:url(../images/pagebg.png) no-repeat center;    /*背景图像无重复*/
    padding:8px;                            /*内边距为 8px*/
    color:#fff;
}
```

为了使读者对以上局部页面的样式与结构有一个全面的认识,最后说明添加商品页(addgoods.html)右侧相关信息这部分的结构代码。

代码如下。

```html
<div class="main_right float_l">
    <h3 class="goods_title">商品基本信息</h3>
    <div class="table_addgoods">
        <table class="table_addgoods">
            <tr>
                <td class="tabletop">商品名称</td>
                <td class="tabletop">商品货号</td>
                <td class="tabletop">市场售价</td>
            </tr>
            <tr>
                <td><input type="text" value="" class="goods_input"/></td>
                <td><input type="text" value="" class="goods_input" /></td>
                <td><input type="text" value="" class="goods_input"/></td>
            </tr>
            <tr>
                <td class="tabletop">本店售价</td>
                <td class="tabletop">消费积分</td>
                <td class="tabletop">配送服务</td>
            </tr>
            <tr>
                <td><input type="text" value="" class="goods_input"/></td>
                <td><input type="text" value="" class="goods_input" /></td>
                <td><input type="text" value="" class="goods_input"/></td>
            </tr>
            <tr><td class="linetable" colspan="3"></td></tr>
            <tr>
                <td class="tabletop">商品分类</td>
                <td class="tabletop">商品品牌</td>
                <td class="tabletop">是否推广</td>
            </tr>
            <tr>
                <td>
                    <select class="goods_add">
                        <option>戒指</option>
                        <option>吊坠</option>
```

```html
                    <option>项链</option>
                    <option>耳饰</option>
                    <option>手链</option>
                </select>
            </td>
            <td>
                <select class="goods_add">
                    <option>天使之恋</option>
                    <option>一见钟情</option>
                    <option>缘定三生</option>
                    <option>梦幻时分</option>
                    <option>璀璨年华</option>
                </select>
            </td>
            <td>
                <select class="goods_add">
                    <option>是</option>
                    <option>否</option>
                </select>
            </td>
        </tr>
    </table>
    <div class="submit">
        <input type="button" value="提交" class="submit_button" />
    </div>
</div>
<div class="indexpage">
    <a href="" title="">首页</a>
    <a  class="ononepage" href="" title="">1</a>
    <a href="" title="">2</a>
    <a href="" title="">3</a>
    <a href="" title="">4</a>
    <a href="" title="">下一页</a>
    <a href="" title="">尾页</a>
</div>
</div>
```

至此，添加商品页制作完毕，读者可以在此基础上根据自己的喜好修改相关的 CSS 规则，进一步美化页面。

12.4 制作会员管理页

在会员管理页中，管理员可以通过表单搜索会员，然后在搜索的会员列表中修改会员资料或删除会员。会员管理页的效果如图 12-15 所示，布局示意图如图 12-16 所示。

会员管理页的布局与查询商品页有极大的相似之处，这里不再赘述相同部分的实现过程，而是重点讲解页面不同部分的制作。

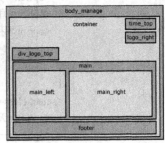

图 12-15 会员管理页的效果　　　　　图 12-16 布局示意图

上述两个页面的不同之处在于页面主体内容右侧相关信息的内容不同，右侧的相关信息被放在名为 main_right 的 Div 容器中，如图 12-17 所示。

图 12-17 右侧相关信息的显示效果

本页面中使用的所有 CSS 代码都已讲解，因此，这里只给出会员管理页（manage.html）右侧相关信息的网页结构代码，代码如下。

```html
<div class="main_right float_1">
    <table width="739" cellpadding="0" cellspacing="0"   class="table_search">
        <tr class="trback">
            <td style=" width:80px;">会员等级:</td>
            <td style=" width:150px;">
                <select class="goods_type">
                    <option selected>所有等级</option>
                    <option>注册用户</option>
                    <option>VIP 用户</option>
                </select>
            </td>
            <td style=" width:80px;">会员名称:</td>
            <td style=" width:240px;">
                <input width="130px;" type="text">
                <input type="button" value="搜索" />
            </td>
        </tr>
    </table>
    <table class="table_result" cellpadding="0" cellspacing="0">
        <tr class="tabletop">
            <td style="width:50px;text-align:center;">编号</td>
            <td style="width:90px;text-align:center;">会员名称</td>
```

```html
            <td style="width:90px;text-align:center;">邮件地址</td>
            <td style="width:80px;text-align:center;">是否验证</td>
            <td style="width:80px;text-align:center;">会员等级</td>
            <td style="width:80px;text-align:center;">消费积分</td>
            <td style="width:80px;text-align:center;">注册日期</td>
            <td colspan="2" style="text-align:center;">操作</td>
        </tr>
        <tr>
            <td style="width:50px;"><input type="checkbox" name="userid" >001</td>
            <td style="width:90px;">tiger</td>
            <td style="width:90px;">tiger@126.com</td>
            <td style="width:80px;">是</td>
            <td style="width:80px;">注册会员</td>
            <td style="width:80px;">2000</td>
            <td style="width:80px;">2017-06-05</td>
            <td><a href="#"><img src="images/icon_edit.gif" ></a><a href="#">修改</a></td>
            <td style="border-right:none;">
                <a href="#"><img src="images/icon_delete.gif"></a><a href="#">删除</a>
            </td>
        </tr>
……（此处省略表格第 2 行和第 3 行"会员信息"雷同的代码）
        </table>
        <div class="indexpage">
            <a href="" title="">首页</a>
            <a class="ononepage" href="" title="">1</a><a href="" title="">2</a>
            <a href="" title="">3</a>
            <a href="" title="">4</a>
            <a href="" title="">下一页</a>
            <a href="" title="">尾页</a>
        </div>
    </div>
```

至此，会员管理页制作完毕，读者可以在此基础上根据自己的喜好修改相关的 CSS 规则，进一步美化页面。

12.5 栏目的整合

在前面讲解的珠宝商城的相关示例中，都是按照某个栏目进行页面制作的，并未将所有的页面整合在一个统一的站点下。读者完成珠宝商城所有栏目的页面之后，需要将这些栏目页面整合在一起形成一个完整的站点。

这里以珠宝商城网购学堂页面为例，讲解整合栏目的方法。由于在最后两章的综合案例中建立了网站的站点，其对应的文件夹是 D:\web\ch11，因此可以按照栏目的含义在 D:\web\ch11 下建立网购学堂栏目的文件夹 class，然后将前面章节中做好的网购学堂页面及素材一起复制到文件夹 class 中。

采用类似的方法，读者可以完成所有栏目的整合。最后还要说明的是，当这些栏目整合完成之后，记得正确地设置各级页面之间的链接，使之有效地完成各个页面的跳转。

习题 12

1. 制作企业后台管理登录页，如图 12-18 所示。

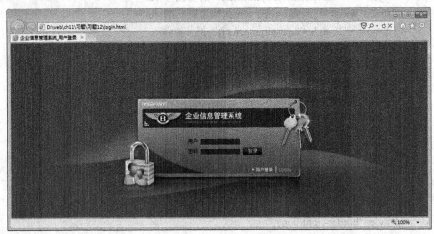

图 12-18 题 1 图

2. 制作企业后台管理业务中心页面，如图 12-19 所示。

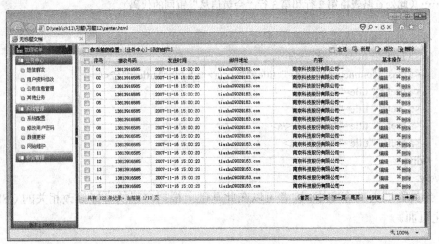

图 12-19 题 2 图

参考文献

[1] 刘西杰，张婷．HTML+CSS+JavaScript 网页制作从入门到精通（第3版）[M]．北京：人民邮电出版社，2016.

[2] 孔祥盛．网页制作综合实训[M]．北京：机械工业出版社，2017.

[3] 吕凤顺．JavaScript 网页特效案例教程[M]．北京：机械工业出版社，2017.

[4] 王柯柯，周宏．网页设计技术——HTML5+CSS3+JavaScript[M]．北京：清华大学出版社，2017.

[5] 郑娅峰，张永强．网页设计与开发——HTML、CSS、JavaScript 实验教程[M]．北京：清华大学出版社，2017.

[6] 孙甲霞，吕莹莹．HTML5 网页设计教程[M]．北京：清华大学出版社，2017.

[7] 青软实训．Web 前端设计与开发-HTML+CSS+JavaScript+HTML 5+jQuery[M]．北京：清华大学出版社，2016.

[8] 王庆桦，王新强．HTML5 + CSS3 项目开发实战[M]．北京：电子工业出版社，2017.

[9] 董丽红．HTML+JavaScript 动态网页制作[M]．北京：电子工业出版社，2016.

[10] 李军．HTML5+CSS3+JavaScript 网页设计项目教程[M]．北京：电子工业出版社，2014.

反侵权盗版声明

电子工业出版社依法对本作品享有专有出版权。任何未经权利人书面许可，复制、销售或通过信息网络传播本作品的行为，歪曲、篡改、剽窃本作品的行为，均违反《中华人民共和国著作权法》，其行为人应承担相应的民事责任和行政责任，构成犯罪的，将被依法追究刑事责任。

为了维护市场秩序，保护权利人的合法权益，我社将依法查处和打击侵权盗版的单位和个人。欢迎社会各界人士积极举报侵权盗版行为，本社将奖励举报有功人员，并保证举报人的信息不被泄露。

举报电话：（010）88254396；（010）88258888
传　　真：（010）88254397
E-mail：　dbqq@phei.com.cn
通信地址：北京市海淀区万寿路 173 信箱
　　　　　电子工业出版社总编办公室
邮　　编：100036